图书在版编目(CIP)数据

航天元器件监制和验收指导手册 / 蒋顺成主编 . --
北京：中国宇航出版社，2019.6
ISBN 978 - 7 - 5159 - 1644 - 6

Ⅰ. ①航… Ⅱ. ①蒋… Ⅲ. ①航天器－电子元器件－
手册 Ⅳ. ①V443 - 62

中国版本图书馆 CIP 数据核字(2019)第 118088 号

责任编辑 彭晨光
责任校对 祝延萍　　**封面设计** 宇星文化

出　版 发　行	
社　址	北京市阜成路 8 号　**邮　编** 100830
	(010)60286808　　　(010)68768548
网　址	www.caphbook.com
经　销	新华书店
发行部	(010)60286888　　　(010)68371900
	(010)60286887　　　(010)60286804(传真)
零售店	读者服务部　　　　(010)68371105
承　印	河北画中画印刷科技有限公司

版　次	2019 年 6 月第 1 版
	2019 年 6 月第 1 次印刷
规　格	787×1092
开　本	1/16
印　张	23
字　数	560 千字
书　号	ISBN 978 - 7 - 5159 - 1644 - 6
定　价	298.00 元

本书如有印装质量问题，可与发行部联系调换

航天科技图书出版基金资助出版

航天元器件监制和验收指导手册

蒋顺成　主编

中国宇航出版社

·北京·

航天科技图书出版基金简介

航天科技图书出版基金是由中国航天科技集团公司于 2007 年设立的，旨在鼓励航天科技人员著书立说，不断积累和传承航天科技知识，为航天事业提供知识储备和技术支持，繁荣航天科技图书出版工作，促进航天事业又好又快地发展。基金资助项目由航天科技图书出版基金评审委员会审定，由中国宇航出版社出版。

申请出版基金资助的项目包括航天基础理论著作，航天工程技术著作，航天科技工具书，航天型号管理经验与管理思想集萃，世界航天各学科前沿技术发展译著以及有代表性的科研生产、经营管理译著，向社会公众普及航天知识、宣传航天文化的优秀读物等。出版基金每年评审 1～2 次，资助 20～30 项。

欢迎广大作者积极申请航天科技图书出版基金。可以登录中国宇航出版社网站，点击"出版基金"专栏查询详情并下载基金申请表；也可以通过电话、信函索取申报指南和基金申请表。

网址：http://www.caphbook.com

电话：(010) 68767205，68768904

前　言

当前，我国正处于由航天大国向航天强国迈进的重要时期，航天型号任务进入了重自主研发投入、大批量可控生产、高密度成功发射的新常态——所配套的航天元器件如何与时俱进、满足需求，这对航天元器件质量保证工作提出了更高要求。航天元器件质量保证工作涉及多个方面，作为该工作必不可少的一环，监制和验收在提高其使用可靠性方面发挥着关键作用。《航天元器件监制和验收指导手册》一书由中国航天电子技术研究院组织编写，涵盖6大类元器件，从基本概念、质量保证标准与质量等级出发，梳理了监制中相关产品典型缺陷，明确了监制的要求，细化了验收的方法；同时，结合航天元器件典型失效案例，对有关机理进行剖析，做出警示。本书旨在推动航天元器件监制和验收工作规范化发展，提升航天元器件质量保证人员实际操作水平与工作效率，加强元器件生产单位对产品缺陷的全面掌握，促进使用单位对配套航天元器件质量问题的有效辨识，同时加强航天元器件相关工作学子的系统培育，使各方以例为鉴、引以为戒、举一反三、学习效法、牢牢把握、准确防控、不断降低航天元器件质量风险。

本书共分6章，第1章为绪论，第2至6章分别为集成电路、半导体分立器件、电阻和电容、继电器和电连接器。本书的主要使用对象是型号元器件质量保证人员，也可供与型号元器件可靠性工作有关的各级管理人员参考，还可作为教材供师生选用。

限于时间和水平，本书难免存在疏漏和不妥之处，欢迎读者批评指正。

编　者

2018 年 9 月

目　录

第 1 章　绪　论

1.1　航天元器件

GJB 8118—2013《军用电子元器件分类与代码》中 3.1 定义：元器件是在电子线路或电子设备中执行电气、电子、电磁、机电和光电等功能的基本单元，该基本单元可以由一个或多个零件组成，通常不破坏是不能将其分解的。

航天元器件是在航天器上使用、满足特定功能和性能，并具备空间环境适应性的电子、电气和机电（EEE）元器件。航天元器件是航天型号研发、生产所需的重要配套产品，其性能、寿命、成本等影响着航天型号研制的方方面面，十分关键。

1.1.1　航天元器件的分类

航天元器件的分类执行 Q/QJA 40.1—2007《航天型号配套物资分类与代码　第 1 部分：电气、电子和机电元器件》（附录 A），共分为 20 大类，包括：集成电路、半导体分立器件、光电子器件、真空电子器件、电阻器、电容器、电连接器、继电器、滤波器、频率元件、磁性元件、开关、微波元件、微特电机、敏感元件及传感器、电池、熔断器、电声器件、电线电缆、光纤光缆。这 20 大类元器件还可以分为不同的中类、小类和细类。

1.1.2　航天元器件的特点

航天元器件不同于一般军用或工业用元器件，是元器件领域中一个"特殊的群体"。航天型号工作环境复杂多变、使命重大艰巨，要求航天元器件具有以下特点：

（1）高可靠、抗劣境

航天型号一经发射，在运行过程中无法"停车"维修，元器件的失效将导致型号的某些功能异常甚至整个任务失败，航天器的长期空间运行，须要航天元器件高可靠长期工作，导弹的长期储存，需要航天元器件高可靠长期待命。同样，航天器暴露于空间，导弹、火箭穿越不同区域，也需要航天元器件具有抗恶劣多变环境的能力，其中包括真空环境、空间辐射环境、高低温交变环境、高湿环境、盐雾环境、高过载环境等，部分武器系统还要求元器件具有抗战场电磁环境，甚至要有抗核辐射的能力。

（2）多品种、小批量

每个航天型号产品的研制都是一项系统工程，且弹、箭、星、船任务迥异，即使同为一类型号，因不同用途，功能性能也相差巨大，这就需要用到种类繁杂功能各异的电子设备；但航天型号产品总体数量不大，目前每年虽已达到高密度发射，却远不能称为批量生产。因此航天型号产品所用元器件虽种类繁多且不少为专用，但整体需求数量却不大，这也造成了航天元器件生产效率难以提高，成本难降，不易实现自动化，计划与组织较为复杂的局面。

（3）难选用、易断档

航天元器件除了要经历一般元器件常规测试外，还须经历各种可靠性试验、环境试验等，通过层层筛选，新型的元器件还须进行严格复杂的应用验证，确保万无一失。此外，元器件的发展，特别是集成电路按照摩尔定律，约两年一代，新的制造工艺将取代老工艺，航天元器件从选用设计到应用经历的时间长，服役周期更长，这与其快速迭代的特点形成了尖锐的矛盾，不仅困扰着新型航天元器件的量产，也影响着成熟航天型号的稳定供货。

航天元器件的上述主要特点，也是其制造和供应的难点，尤其造成了高档（高质量等级）、高端（高性能）航天元器件较难获得。当前，航天元器件的可获得性已成为世界各国航天界共同关注的问题。

1.2　航天元器件标准体系

我国航天元器件标准体系是随着航天型号的发展而逐步建立起来的，经历了"三定""七专（含'加严七专'）""贯标""可靠性增长""宇航元器件标准体系"等不同控制阶段，各阶段分别制定了相应的技术条件、规范和标准。

1.2.1　"三定"阶段

航天元器件标准体系始于20世纪50年代（航天型号仿制时期）的"三定"（定品种、定技术条件、定厂家）元器件供应模式。时值计划经济期间，根据航天用户提出的元器件需求清单，由国家下达计划，按规定品种、数量和规定的技术条件与供货时间，由规定好的生产单位供应。"三定"中的"定技术条件"是用产双方结合我国航天型号试验阶段的需求，并参照当时苏联元器件技术条件协商提出的，这些技术条件已具备了航天元器件标准的雏形。

60年代中期至70年代中期，一些供应商不愿接受航天订货，用户只能采取"大路货加筛选"的办法，派驻厂代表密切联系生产厂家，并承担部分元器件的验收工作。

1.2.2　"七专"和"加严七专"阶段

20世纪70年代初期，我国国防工业开展"三抓"工程（抓三项重点工程的简称），暴露出一系列基础问题，其中元器件质量问题导致系统故障的比例高达30％以上，"大路货加筛选"已无法满足新工程的需求。70年代中期，航天元器件"七专"开始实施，即以保证战略导弹控制系统配套用元器件为重点，针对当时元器件存在的问题，按电子行业标准（SJ），在国内原有生产线上（当时大多为地方小厂）增加航天用户提出的"专人、专机、专料、专批、专检、专技、专卡"质量控制措施。航天元器件"七专"在一定程度上满足了"三抓"中的两项重点工程以及其他新型武器装备的需求，但尚无法达到"三抓"工程中试验卫星的要求。因此，1984 年又在"七专"的基础上于四个方面进行了加严：

1）加严生产过程控制（使用方下厂监制，协助生产方加强生产过程的控制）；

2）加严筛选（规定了参数允许变化率以及允许不合格品率）；

3）加严考核（对半导体器件按 LTPD＝7 抽样进行 1 000 h 高温储存试验、按 LTPD＝10 抽样进行 1 000 h 功率老炼）；

4）加严验收（除按"七专"7905 技术协议要求进行验收外，对半导体空封器件增加开帽镜检）。

按照加严要求生产的元器件被称为"加严七专"，其不仅保障了试验卫星成功发射，有力支撑了"三抓"工程圆满完成，且一直沿用至 21 世纪初。此外，国家从 1979 年开始陆续投入，至 1992 年建成了 140 余条"七专"生产线，能够生产元器件品种 1200 余个，确保了航天型号等武器装备的元器件配套工作。

1979 年召开的全国第 5 次军用电子元器件协调会议（7905 会议）发布了 6 个"七专"元器件技术协议（7905 技术协议）；1984 年召开的全国第 6 次军用电子元器件协调会议（8406 会议）发布了一系列"七专"元器件技术条件（8406 技术条件）。在此期间，我国处于改革开放初期，部分"七专"8406 技术条件引用了美军标准（MIL），我国军用元器件标准（包括航天元器件标准）逐步与国际接轨。

1.2.3　"贯标"阶段

20 世纪 80 年代中期，原国防科工委主管的电子工业部门提出，要为我国军用元器件打好基础、提高水平，具体措施为：等效采用美国军用标准（MIL）制定国家军用标准（GJB），并实施生产线认证和产品（元器件）鉴定。1986 年，15 家单位 18 条生产线开始试点贯彻国军标。

90 年代初，国家提出航天元器件"七专"要向"国军标"过渡。但受限于国内基础工业水平，国军标平台的建设需要一个漫长的过程。这期间，航天用户为维持设计的继承性，结合型号发展的需求，在"七专"和"加严七专"的基础上，全面总结航天元器件质量保证工作，于 1997 年初发布并在全行业推广"五统一"管理，即以型号院（基地）为主进行实施，统一选用、统一采购、统一监制和验收、统一筛选和复验、统一进行失效分析；1998 年发布《航天型号用元器件质量管理规定》及配套的管理标准，按型号院建立了元器件保证的技术支撑机构——元器件可靠性中心，大力推广元器件 DPA（破坏性物理分析）工作，设立元器件可靠性专家组，开展专题评审，建立信息通报制度，最终形成了以航天各型号总体院采购规范为依据的航天元器件产品体系和供应商体系。与此同时，"贯标"工作也在有条不紊地进行着，目前已有 130 条生产线成功"贯标"，1 000 多个品种通过鉴定。

相对"七专"，"贯标"使元器件质量保证工作向着与国际标准接轨的目标又迈进了一步。

1.2.4 "可靠性增长"阶段

21 世纪初，中国航天科技集团公司提出以系统工程的方式提高国产元器件的可靠性水平，建议由总装备部、国防科工委、工信部（中华人民共和国工业和信息化部）和中国航天科技集团公司联合开展航天元器件可靠性增长工程，从提高航天重点型号配套急需的元器件可靠性入手，推动军用元器件可靠性总体水平的提高，进而满足军工系统武器装备研制和批生产的需求。

该工程自 2001 年 9 月正式启动，以国军标为基础，附加航天工程对元器件的特殊需求，摸索出了一些元器件质量保证的措施和方法，制定了一系列具有中国航天特色的"可靠性增长工程"规范，形成了既充分吸收国外先进经验又结合我国实际的产品保证技术规范体系，有效推动了整个军工系统的产品质量保证和能力建设工作，促使国产元器件的可靠性持续提升。

1.2.5 "宇航元器件标准体系"阶段

随着国防科技工业从关注科研生产的当前需求为主转化为关注当前需求与未来需求并重，国防科技工业标准化工作从单纯强调标准制修订转化为既重视标准制修订又重视标准化基础能力建设。由于航天元器件中涉及宇航空间应用的元器件，即宇航元器件（主要应用于箭、星、船，可靠性要求极高，应用环境非常复杂），由于其十分特殊，即使国军标体系中规定的最高质量等级也不能完全满足新宇航工程对元器件的要求；且航天各型号院执行各自的规范（标准），造成了不同用户使用同一产品的标准不同、不同生产单位生产同一产品的标准不同等问题；同时，"可靠性增长"工程主要面对型号急需，以需求牵引元器件质量保证工作，未能统筹考虑兼顾未来发展。

2008 年，我国将宇航元器件标准体系建设列入"核高基"重大科技专项中的核心电子器件工程项目，旨在从全局角度出发，规范宇航元器件的设计选型、研制生产、质量保证等工作，不断提升我国宇航元器件的技术水平和应用水平，保障航天型号任务的顺利实施，促进航天事业健康发展。依据我国宇航元器件标准体系框架，宇航元器件标准分为：管理标准、保证标准、基础标准和产品标准。其中，管理标准和保证标准多数是基于当前组织结构、管理体系而制定的管理要求类标准；基础标准是规范产品分类以及产品测试和试验的方法、步骤、条件等内容的标准；产品标准是规范产品功能性能、结构材料要求、指标参数、质量考核要求、质量保证要求等内容的标准。宇航元器件标准体系框架如图 1-1 所示。

据不完全统计，截至 2018 年 10 月，宇航元器件标准体系建设工作在中央军委装备发展部的大力支持下，中国航天科技集团有限公司已累计发布实施 1 000 余项宇航元器件标准，覆盖宇航元器件目录管理、元器件保证、元器件应用验证、产品规范（包括集成电路、半导体分立器件、电阻器、电容器、电连接器、继电器、开关、电线电缆、熔断器 9类）等。宇航元器件标准体系已初具规模，后续建设工作将持续深入开展，全面满足航天用户特殊需求，夯实向航天强国迈进的基础。

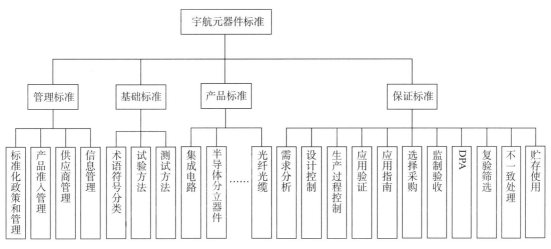

图 1-1　宇航元器件标准体系框架

1.3　航天元器件质量保证

航天元器件质量保证的主要活动包括选用控制、监制、验收、复验筛选、失效分析等内容。

1.3.1　选用控制

元器件选用控制是航天元器件质量保证的源头。通过科学合理的选用，在航天型号产品设计时即最大程度地关注下游配套和生产环节中可能产生的元器件质量、进度与成本问题，有效地控制元器件配套风险。"按目录选用、超目录审批"是航天元器件选用控制的主要内容。

1.3.2　监制

监制是航天用户单位代表到供应商处，根据合同采购的品种及技术条件，对制造中的元器件生产及其关键工艺过程进行质量监督。监制的工作方式分为：重点工序逐批监制、生产全程监制和生产过程随机抽查 3 种方式，如何选择由工程型号的要求决定，一般会在元器件详细规范和（或）采购合同要求中明确。

1.3.2.1　监制内容

监制应按照采购合同中规定的质量技术条款和技术规范进行，并根据元器件的设计、结构、工艺、质量特点和关键工序等有关规定对以下几个方面进行重点检查（如有特殊要求，则按特殊要求进行）。

（1）元器件生产情况检查

元器件生产情况检查包括元器件生产线状态控制审查和文件审查。

元器件生产线状态控制审查应包括：

1）核实生产线资质认证是否在有效期内。

2）审查质量控制文件状态是否发生变化。

3）审查生产用关键设备是否发生变化；如果发生变化，是否得到鉴定机构批准或元器件主管部门认可。

4）审查生产关键岗位人员变动情况，新变化人员是否具备上岗资格。

5）审查外协管理、原材料采购是否符合要求。

6）对元器件生产和试验过程中的静电防护控制情况进行现场复核性抽查，要求生产单位按照《元器件生产单位静电放电防护情况点检表》（附录 B）进行自查，并对生产单位自查结果进行签字确认。

文件审查包括：

1）审查外购关键原材料入厂检验记录。

2）审查批流程卡。

3）审查设计、工艺文件。

4）审查合同规定的监制前应提供的其他文件、报告。

（2）实物检查监督

实物检查监督包括元器件的外部目检和内部目检，详见本书第 2 章至第 6 章相关内容。

针对部分元器件（如：混合集成电路、固体继电器等）内部目检只能在特定工序阶段开展，相关供应商应积极开展此类元器件生产全过程的多媒体记录工作。监制人员在进行元器件内部目检时，应对元器件多媒体记录工作进行现场复核性抽查，对多媒体记录文件的符合性进行检查，具体可参考《多媒体记录要求》（附录 C）。

1.3.2.2 监制问题报告及处理

（1）问题的报告

对于监制过程中发现的以下问题，监制人员应作为重要问题向元器件质量保证机构报告：

1）在元器件生产情况审查中发现设计、工艺、原材料等方面有重大更改。

2）发现较大比例的不合格在制品，需要生产厂做针对检查后重新提交监制。

3）厂家的生产状态发生重大更改。

4）影响批次质量的问题。

（2）问题的处理原则

1）监制人员可在现场处理除上述重要问题外的一般问题，并进行记录。

2）监制人员在报告上述重要问题的同时，应提出问题的处理建议，提交质量保证机构尽快处理。

3）对于监制过程有遗留问题时，监制人员负责跟踪遗留问题的处理情况，并在监制报告中体现问题处理过程及结果。

　　4）必要时，可要求生产厂家进行技术和管理归零。

　　（3）监制不合格品的处理

　　监制发现的不合格品应剔除并记录编号，当监制不合格率达到规定的淘汰率时，监制人员应要求生产单位重新检验后再提交监制。

　　当发现监制产品存在批次性缺陷、严重缺陷，或生产过程控制存在问题并直接影响到批次产品质量时，监制人员应拒收该批产品，监督承制单位对其进行归零，并及时通报质量保证机构和订货单位，订货单位负责协调处理。对新批次产品再次监制时，承制单位应提供归零评审结论，监制人员应对整改措施的落实情况进行检查。

1.3.2.3　监制报告

　　无论监制是否合格，监制人员在监制过程中，均应记录监制元器件品种、数量、批次、合格数量、不合格数量、不合格品存在的问题，明确给出是否准予进行下道工序的结论等情况，填写监制报告，并请承制方对监制情况提出意见，最终签字确认，监制报告可参考《元器件监制和验收报告》（附录 D）编制。

1.3.3　验收

　　元器件质量一致性（鉴定）检验合格，方可开展验收工作。验收是航天用户代表到供应商处，根据采购合同规定的品种及技术条件，对交付的元器件进行质量检验，通过后予以接收的工作。开展验收前，可要求供应商根据详细规范规定的验收内容，填写《提交验收元器件自查表》，具体参考《元器件监制和验收报告》（附录 D）。

1.3.3.1　验收内容

　　验收应按照采购合同中规定的质量技术条款和技术规范进行，下厂验收内容主要包括：

　　（1）元器件生产质量控制状态审查

　　验收人员到达生产厂后，应首先审查元器件生产质量控制状态，审查内容如下：

　　1）核实生产线资质认证和二方认证是否在有效期内。

　　2）审查过程识别文件版本状态是否发生变化（宇航元器件验收要求，其他元器件可参照执行）。

　　3）审查生产、试验所用关键设备的状态及情况；如果有变化，是否得到鉴定机构批准（宇航元器件验收要求，其他元器件可参照执行）。

　　4）审查生产关键岗位人员变动情况，例如，新变化人员是否具备上岗资格（宇航元器件验收要求，其他元器件可参照执行）。

　　5）审查外协管理、原材料采购是否符合要求。

　　6）检查交验元器件的贮存期是否满足订购合同规定的规范或技术条件的要求，一般应是一个月以上、十二个月以内的产品。

　　（2）元器件文件审查

　　验收人员应按照合同规定的采购规范要求，审查与元器件验收有关的文件：

1）审查生产厂提交的元器件批次，历史上是否出现过批次性质量问题，了解元器件生产过程中发生的质量问题及分析、处理结果和纠正措施。

2）审查采购规范规定的各项文件，至少应包括：筛选试验报告、工艺流程卡、质量一致性检验报告和产品合格证，必要时应审查鉴定检验报告。

3）审查产品数据包是否满足采购规范要求。

4）审查元器件生产过程不一致的情况，不一致情况是否通报用户并得到用户认可。

5）审查合同规定的其他有关文件、报告。

（3）交收试验

与生产厂共同完成交收试验，交收试验应符合如下要求：

1）按照合同规定的采购规范要求进行试验。

2）对合同附加的其他性能指标进行检验。

3）需质量保证机构验收人员与用户单位技术人员共同进行的，应明确提出。

4）当个别检测试验项目或全部检测试验项目不能在生产厂进行时，可在双方认可的实验室进行，质量保证机构人员应参加全部验收工作。

5）检查元器件包装。

1.3.3.2　验收问题报告及处理

（1）问题的报告

对于验收过程中发现的以下问题，验收人员应作为重要问题向元器件质量保证机构报告：

1）在元器件生产情况审查中发现设计、工艺、原材料等方面有重大更改。

2）发现较大比例不合格品，需要生产厂检查后重新提交验收。

3）厂家的生产状态发生重大更改。

4）产生影响批次质量的问题。

（2）问题的处理原则

1）验收人员可在现场处理除上述重要问题外的一般问题，对上述重要问题提出处理意见并报告，同时进行记录。

2）验收人员在报告上述重要问题的同时，应提出问题的处理建议，提交质量保证机构处理决定。

3）对于验收过程有遗留问题时，验收人员应向本人所属的质量保证机构提交遗留问题报告，在报告中描述问题情况，提出处理问题的建议，并征得质量保证机构主管领导同意，负责跟踪处理这些遗留问题。

4）必要时，要求生产厂家进行技术和管理归零。

（3）验收不合格品的处理

元器件在验收过程中出现下列情况之一者，应予以拒收：

1）元器件存在严重质量隐患。

2）筛选或质量一致性检验（或鉴定检验）未通过。

3）DPA试验（有要求时）未通过。

4）内部水汽含量检测或内部气氛含量检测（有要求时）不符合要求。

5）交收试验未通过。

6）生产过程控制不满足要求，并直接影响到元器件质量。

7）提供的相关报告不符合要求。

8）没有达到需求方其他技术及质量要求。

当批次中存在验收未通过的元器件时，若采购合同和技术规范没有规定，验收人员在征得本单位主管领导和元器件订货单位同意后，可允许承制单位进行有针对性筛选后重新提交验收，具体要求如下：

1）验收未通过的元器件，应通过有资质单位的失效分析确认，属于非批次性问题的，可通过有针对性筛选进行剔除，且能保证针对性筛选的试验方法不会对元器件质量和可靠性产生不良影响。

2）验收未通过的元器件完成针对性筛选后可重新进行一次验收，若不通过应予以拒收且不能再次进行重新验收。

3）重新验收的过程及情况应在验收报告中进行详实记录。

1.3.3.3　验收报告

不论验收是否通过，下厂验收人员均应编写验收工作报告。验收工作报告要求内容填写完整、数据真实、文字简明和清晰，签署齐全，一个承制单位编写一份，验收报告参考《元器件监制和验收报告》（附录 D）编制，并由负责验收的单位进行整理、编号和归档。

不同类别元器件的验收，除"交收试验"外基本一致，故本书第 2 章至第 6 章有关"验收"的内容，不再重复给出上述步骤，仅对"交收试验"做区分细化。

1.3.4　复验筛选

为保证采购的元器件满足型号质量和可靠性要求，应按规定对检验合格的元器件或超过贮存期的库存元器件进行复验筛选，对不满足质量等级要求的元器件进行升级筛选，复验筛选的项目应根据元器件的固有质量情况和航天型号的特殊要求确定，主要包括辐照试验、寿命试验、破坏性物理试验（DPA）等项目，确认合格后由可靠性中心开具合格证。

1.3.5　失效分析

对质量保证过程以及型号研制、生产和使用过程中出现失效的元器件（如出现短路、开路、参数超差及其他失效现象的元器件），需送失效分析中心进行失效分析，由失效分析中心出具失效分析报告。通过失效分析，找出失效机理和原因，确定失效元器件的性质，对于固有质量问题，由供应商开展质量问题归零工作。

参 考 文 献

［1］ 中国航天工业总公司 . QJ 3065.3－98 元器件监制与验收管理要求 . 北京：中国航天工业总公司，1998.

［2］ 中国航天科技集团公司 . Q/QJA 40.1 — 2007 航天型号配套物资分类与代码 第 1 部分：电气、电子和机电元器件 . 北京：中国航天科技集团公司，2007.

［3］ 中国航天科技集团公司 . Q/QJA 20072 — 2012 宇航用元器件监制与验收管理要求 . 北京：中国航天科技集团公司，2012.

［4］ 余振醒，等 . 军用元器件使用质量保证指南［M］. 北京：航空工业出版社，2003.

［5］ 夏泓，等 . 航天型号元器件工程［M］. 北京：中国宇航出版社，2011.

［6］ 张海利，等 . 航天物资保证［M］. 北京：中国宇航出版社，2012.

［7］ 袁赵祥 . 宇航元器件在航天工程中应用管理研究［D］. 北京：首都经济贸易大学，2013.

［8］ 黄姣英，等 . 元器件质量与可靠性工程基础［M］. 北京：国防工业出版社，2018.

［9］ 卿寿松，夏泓，等 . 加速构建中国宇航元器件标准体系 大力支撑宇航元器件产品体系建设［J］. 航天标准化，2010（02）：7－10.

第 2 章 集成电路

2.1 概述

集成电路（Integrated Circuit，IC）是 20 世纪 60 年代发展起来的一种半导体器件，它是以半导体晶体材料为衬底，经加工制造，将元件、器件和互连线集成在基片内部、表面或基片之上，执行某种电子功能的微型化电路。

集成电路的分类繁多，以下主要按制造工艺分类对单片集成电路和混合集成电路进行介绍。

2.1.1 单片集成电路

单片集成电路又称半导体集成电路，它由硅平面技术发展而来。利用氧化、扩散、注入、外延、光刻、蒸发等平面技术，将电路中的全部电子元器件集成在半导体基片上，利用特殊的结构使电子元器件在电性能上相互隔离，电子元器件之间采用蒸发或溅射铝层或其他导电金属层，通过光刻法刻蚀所需金属条（或其他材料，如多晶硅）实现电气连接。半导体材料一般用硅（Si），在某些应用领域（如高频领域），多采用砷化镓（GaAs）材料。单片集成电路的内部单元示意如图 2-1 所示。

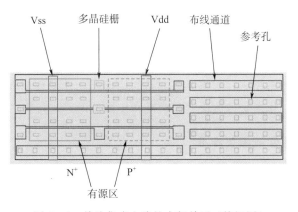

图 2-1 单片集成电路的内部单元（俯视图）

2.1.2 混合集成电路

混合集成电路是一种将不同功能的片式器件，在预置图案的绝缘基片上进行电气互连的电路。之所以叫"混合"，是因为它们在一种结构内组合了两种不同的工艺技术：有源芯片器件（如：半导体器件）和批量制造的无源元件（如：电阻器和导体），分立的片式元器件，有时还有电容器和电感器。

按制造互连基片工艺的不同，混合集成电路常可分为厚膜和薄膜。这种命名方式可指膜的厚度，也可指工艺方法。

2.1.2.1　厚膜混合集成电路

厚膜混合集成电路制造工艺通常是运用印刷技术在陶瓷基片上印制图形并经高温烧结形成无源网络。其制造工序包括：电路图形平面化设计、电路基片及浆料选择、丝网印刷、高温烧结、激光调阻、表面贴装、电路测试、电路封装、成品测试。厚膜混合集成电路（HIC）具备高密度集成、高功率密度、高工作频率、高性能、轻质量、小体积、高可靠性和较强的环境适应力等性能指标，广泛地应用于航天、航空、兵器、船舶、电子等武器装备领域。典型厚膜集成电路结构示意如图 2-2 所示。

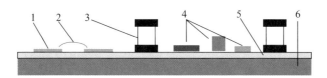

图 2-2　典型厚膜集成电路结构示意图

1—芯片；2—引线；3—电感器；4—其他表面安装器件；5—陶瓷基板；6—底座/管壳

2.1.2.2　薄膜混合集成电路

薄膜混合电路制造工艺是利用蒸发、溅射沉积等物理方式或气相沉积等化学方式在衬底材料表面形成一层新的二维金属材料，随后通过光刻等方式形成电路元件、器件及其接线，并加以封装的工艺过程。目前常见的金属薄膜电路制造工艺沉积技术为磁控溅射，该技术相比于蒸发技术具有膜层与基材的结合力强、膜层致密、均匀，成分容易控制等优点，特别适合对可靠性、一致性要求高的军工领域应用。

与厚膜混合集成电路相比，薄膜混合电路的特点是元件参数范围宽、精度高、温度频率特性好，特别适合工作在毫米波段的高精度军用微波电路进行应用。

2.1.3　集成电路质量保证相关标准

与集成电路质量保证相关的标准包括：GJB 597《半导体集成电路通用规范》、GJB 2438《混合集成电路通用规范》、GJB 548《微电子器件试验方法和程序》、GJB 7400《合格制造厂认证用半导体集成电路通用规范》、QJA 20084《宇航用半导体集成电路通用规范》、QJA 20085《宇航用混合集成电路通用规范》等。

2.1.4　集成电路质量保证等级

集成电路的质量保证等级（以下简称"质量等级"）与其生产过程执行的标准、规范有关，同一规范中要求质量控制的严格程度不同，决定了其质量等级的高低。目前型号用国产集成电路采用的控制标准、规范包括：国家军用标准（GJB）、宇航元器件标准、航天型号总体院标准（LMS、CAST、SAST）、企业军用标准、协议等。现已制定实施的宇航元器件标准将逐步替代各航天型号总体院标准。型号用国产集成电路质量等级如表 2-1 所示。

表 2-1　国产集成电路质量等级

质量等级代号	质量等级名称	质量等级依据的标准	备注
S	S 级	GJB 597B—2012 半导体集成电路通用规范	
BG	BG 级		
B	B 级		
K	K 级	GJB 2438B—2017 混合集成电路通用规范	
H	H 级		
G(GJB)	G 级		
D	D 级		
V	V 级	GJB 7400—2011 合格制造厂认证用半导体集成电路通用规范	
Q	Q 级		
T	T 级		
N	N 级		塑封器件
YA	YA 级	Q/QJA 20084A—2017 宇航用半导体集成电路通用规范	
YB	YB 级		
YC	YC 级	Q/QJA 20085A—2017 宇航用混合集成电路通用规范	
QJB	企军标级	相关企业军用标准	
QJB+	企军标+协议	相关企业军用标准和型号技术协议、条件	

2.2　集成电路的监制

2.2.1　外部目检

集成电路的外部目检执行 GJB 548B—2009，外部目检的目的是检验集成电路封装的工艺质量，也可以用来检验已封装器件在装运、安装、试验过程中引起的缺陷。外部目检是集成电路监制和验收过程中不可缺少的工作内容。若集成电路呈现标准中（见 2.2.2）规定的任何一种缺陷，应予以拒收。

2.2.2　军用标准中的规定及图例

2.2.2.1　一般判据

如果呈现以下任何一种情况，器件应视为失效。

1）标志不清晰、标志内容或位置不符合适用的规范（图 2-3 和图 2-4）。

图 2-3　标志脱落、不清楚

图 2-4　标志不清楚

2）密封区（即气密性封接界面）有涂覆材料。

3）不符合订购文件要求[注]，或缺少某些必要的特性。

注：有关的订购文件应规定以下内容：

1）标志、引线（引出端）或引出端识别要求；

2）材料、设计、结构和工艺质量的其他详细要求。

2.2.2.2　外来或错位的物质

如果呈现以下任何一种情况，器件应视为失效。

1）焊料或其他外来物（即沾污物或侵蚀物）使引线间或焊区间的绝缘间距减小到小于引线间距（对钎焊引线为焊区间距）的 50%，或未达到外形尺寸中的最低要求（图 2-5）。

2）引线或引出端上存在任何无关的外来物，例如油漆或其他附着的沉积物。

2.2.2.3　结构缺陷

如果呈现以下任何一种情况，器件应视为失效。

1）在封装底部安装表面上的突起物超出安装平面。

2）有引线封装的任一表面存在高度超过引线厚度的突起物（不包括玻璃溢出物）。

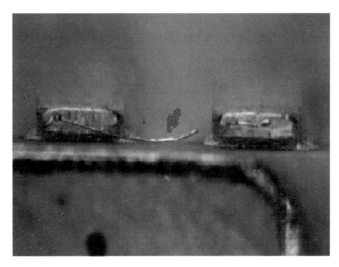

图 2 - 5　外来物使引线间绝缘间距减小

3）无引线封装盖板或帽上的突起物、或焊区平面的延展物高度超过引出端宽度的 25％。

4）无引线封装的焊区之间、导热结构之间、密封环之间、导热结构和密封环之间、帽盖与金属化城堡状区（图 2 - 15）之间存在非设计要求的金属化区，使得它们之间的绝缘间距小于焊区间距的 50％。

2.2.2.4　封装壳体或盖帽的镀涂层

如果呈现以下任何一种情况，器件应视为失效。

1）存有镀涂层缺陷，如剥落、起皮、起泡（图 2 - 6）、凹坑或腐蚀（图 2 - 7）。没有这些缺陷的退色可以接收。

图 2 - 6　镀层起泡

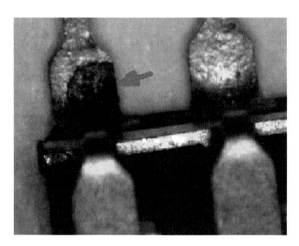

图 2 - 7　引线表面腐蚀

　　2）由于损伤或工艺造成的划伤、擦伤或凹陷，使基底金属暴露。若仅是暴露底镀层，是可以接收的。

2.2.2.5　引线

　　如果呈现以下任何一种情况，器件应视为失效。

　　1）断线（图 2 - 8）。

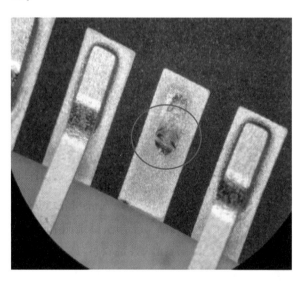

图 2 - 8　断线

　　2）引线或引出端受损伤，或没位于规定位置，或弯曲成有尖角状，或有不符合规定的弯曲（图 2 - 9），或扭曲使引线偏离正常引线平面20°以上。

　　3）引线上凹坑、凹陷的直径或最大宽度超过引线宽度（圆引线按直径计算）的25%，深度大于引线厚度的50%。

　　4）引线上的毛刺高度超过引线厚度的50%（圆引线按直径计算）。

图 2 - 9　引线发生非要求的弯曲

5）引线未对准焊区，致使与焊区相接部分小于引线焊区面积的 75%。

6）金属化（包括焊接引线镀层）使各引线之间或引线与其他封装金属化区间的绝缘间距减小到小于引线间距（对钎焊引线为焊区间距）的 50%，或未达到外形尺寸中的最低要求。

7）焊料使得安装平面与陶瓷壳体之间的引线尺寸大于引线最大设计厚度的 1.5 倍，或使安装平面下的引线尺寸超过最大设计值。

8）划痕使得引线暴露出的基底金属面积大于引线表面积的 5%。暴露引线末端截面的基底金属是可以接收的，不计算在 5% 之内。

2.2.2.6　焊球/焊柱阵列引出端

如果呈现以下任何一种情况，器件应视为失效。

1）任何与设计规则的不符。

2）焊柱/焊球偏离或歪斜出焊区中心，使焊区有超过 20% 的区域未被覆盖（图 2 - 10）。

3）焊柱/焊球破裂、扭曲或受损。因受损（划伤、凹槽），焊柱/焊球不满足规定的尺寸要求。

4）焊柱因弯曲或未对准，不满足设计图纸要求。

5）焊柱/焊球包含任何超过柱/球直径或体积 15% 的孔隙、孔洞或凹坑，对小于直径或体积 15% 的孔隙、孔洞或凹坑，全部累计应不超过柱/球直径的一半。

6）焊柱/焊球有裂缝。

7）焊柱/焊球有超过柱/球直径 20% 的毛刺或隆起。

8）焊柱/焊球存在脱皮、剥落、起泡或缺失。

9）焊料角未 100% 覆盖焊盘上的柱/球接触区域。

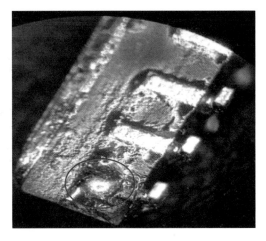

图 2-10　焊柱偏离出焊区中心

10）对铜加固柱，存在以下任一情况：

a）柱圆周超过 25％的范围出现铜带分层。

b）铜线柱露铜（暴露柱末端切口处的铜是可以接收的）。

11）焊柱/焊球由于腐蚀、结壳或残留助焊剂而变色（焊料外观应该连续、光亮）。在放大 3 倍到 10 倍的情况下，可以看到助焊剂残留、沾污、生锈或腐蚀。

12）外来物、变色或粘附的沉积物在距焊柱末端 0.5 mm 的范围内。

13）焊柱/焊球不符合设计文件中对器件共面性/均匀性要求（通常是小于 150 μm）。

2.2.2.7　有引线器件的封装壳体或盖帽

如果呈现以下任何一种情况，器件应视为失效。

1）封装壳体破裂或有裂纹（图 2-11～图 2-13）。出现表面划痕不应视为失效，除非与本方法中所列的其他标志、涂层等判据相违背。

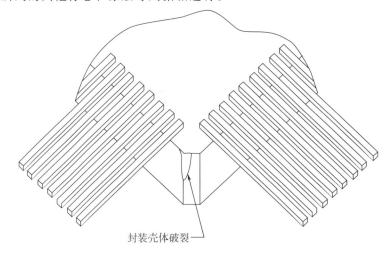

封装壳体破裂

图 2-11　封装壳体破裂

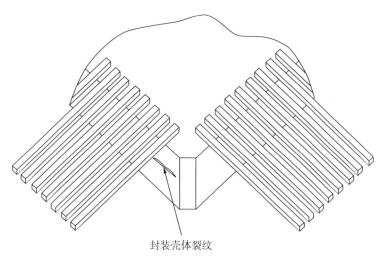

图 2 - 12　封装壳体裂纹

图 2 - 13　封装壳体上存在裂纹

2) 表面上任何缺口在任何方向上的尺寸均大于 1.5 mm，并且其深度超过受损封装部件（如盖板、底板或壁）厚度的 25％。

3) 与钎焊引线相连的外引线金属化条存在大于自身宽度 25％ 的空洞（图 2 - 14）。

4) 在任何多层陶瓷封装上有明显的裂纹、分层、分离或空洞。

2.2.2.8　无引线器件的封装壳体或盖帽

如果呈现以下任何一种情况，器件应视为失效。

1) 在受损表面（边缘或棱角）的任一方向上存在几何尺寸超过引出端间距 50％ 以上的陶瓷裂缝，且其深度超过受损封装部件（例如盖帽、底板或壁）厚度的 25％。

2) 在任一封装部件上存在裂纹、分层、分离或空洞。

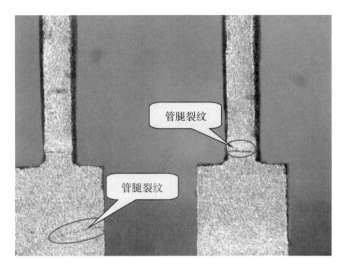

图 2-14　管腿上存在裂纹

　　3）城堡状区与焊接区未对准。除环形区外，在城堡状区内的金属均应在焊盘的可见延伸区域内（图 2-15）。

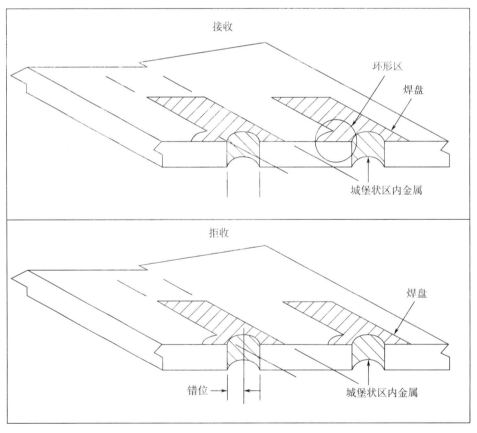

图 2-15　城堡状区与焊接区的对准

4）城堡状区图形要求如图 2 - 16 所示。城堡状区应呈凹形，此凹形在封装边缘由贯穿所有城堡状区的陶瓷层的三维空间所限定。城堡状区表面可能是不规则的。此三维空间的尺寸分别为：

　　a）最小宽度大于封装引出端焊盘宽度的 1/3；

　　b）最小深度大于城堡状区最小宽度的 1/2；

　　c）长度等于设计值（图 2 - 16）；

　　d）最大宽度小于等于封装引出端的焊盘宽度；

　　e）最大深度小于等于城堡状区最大宽度的 1/2。

这些尺寸用以保证在极端的情况下，城堡状区在封装边缘上不会呈现为平面，同时也不会成为闭合的通孔。

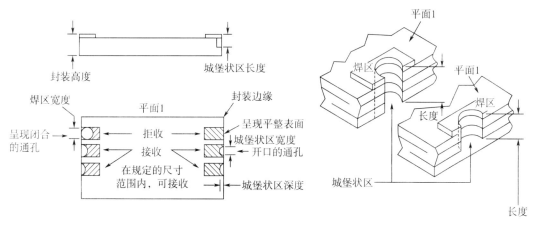

图 2 - 16　城堡状区的要求

注：由于陶瓷层位移、冲压后边界粗糙、涂覆装配不光滑等各种封装过程中的问题，使得对城堡状区的测量很困难。因此，在确定城堡状区是否符合接收条件时若出现意见分歧，应根据外形尺寸标准规定的极限进行直接测量。

2.2.2.9　玻璃密封

如果呈现以下任何一种情况，器件应视为失效。

1）玻璃密封表面龟裂（图 2 - 17）。

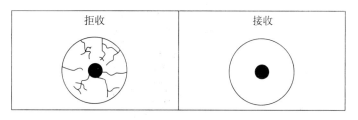

图 2 - 17　玻璃表面龟裂

2）任一超过一个坐标象限范围（即超过 90°扇形或围绕引线的 90°弧形）的单个圆弧

状裂纹（或重叠的裂纹），它超过或正处于从引线到外壳距离一半以外的区域（图 2 - 18）。

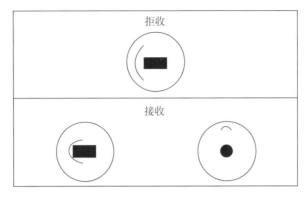

图 2 - 18　圆弧形裂纹

3）径向裂纹达到如下任一情况：

a）裂纹不是在引线处起始［图 2 - 19（a）、图 2 - 19（b）］；

b）三条或更多条超过引线到外壳距离一半的裂纹［图 2 - 19（c）］；

c）两条位于同一象限的超过引线到外壳距离一半的裂纹［图 2 - 19（d）、图 2 - 20］；

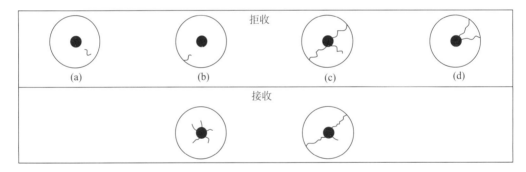

图 2 - 19　径向裂纹

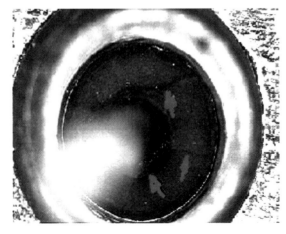

图 2 - 20　两条位于同一象限的超过引线到外壳距离一半的裂纹

4）任何深度大于玻璃弯月区的劈形。玻璃弯月区指围绕在引线或引出端的隆起玻璃的区域。由于弯月区劈开暴露了底层金属，只要保证暴露区域的深度不大于 0.25mm（图 2 - 21），这种情况是可以接收的。

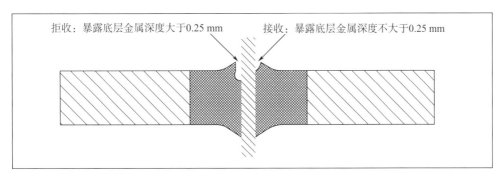

图 2 - 21　劈形

5）表面气泡达到如下任一情况：

a）玻璃密封处的开口泡直径超过 0.13 mm。对玻璃填充端头的封装，开口泡直径超过 0.25 mm，或者距引线 0.25 mm 范围内的开口泡直径超过 0.13 mm［图 2 - 22（a）］；

b）开口泡串或簇的尺寸大于引线到外壳距离的 2/3。

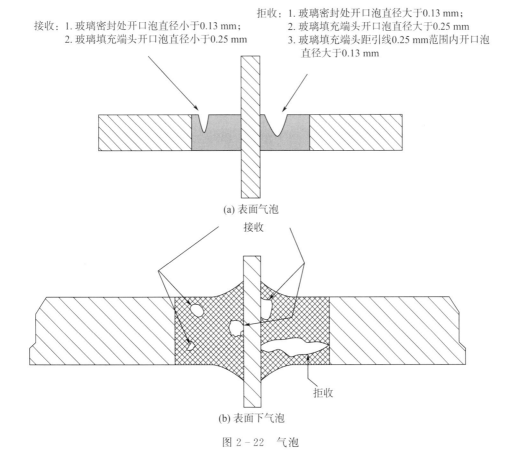

图 2 - 22　气泡

6）表面下气泡［图2-22（b）］达到如下任一情况：

a）大气泡或空洞的总面积超过玻璃密封面积的1/3［图2-23（a）］；

b）单个气泡或空洞的尺寸大于引线到外壳距离的2/3［图2-23（b）］；

c）两个气泡在一条直线上，且总尺寸大于引线到外壳距离的2/3［图2-23（c）］；

d）互连的气泡大于引线到外壳距离的2/3［图2-23（d）］。

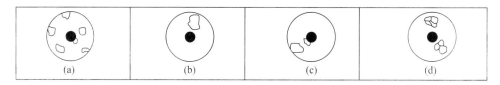

图2-23　表面下的气泡

7）在引线处和（或）壳体界面处存在与毛细现象不一致的凹形密封（即反弯月形）（图2-24）。

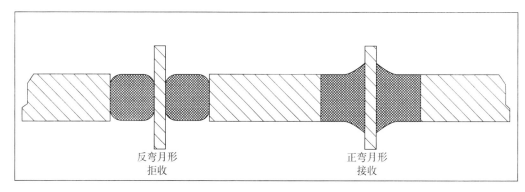

图2-24　凹形密封

2.2.3　内部目检

集成电路按照其分类，分别执行不同的内部目检标准：

1）单片集成电路的内部目检按GJB 548B方法2010进行。

2）混合集成电路的内部目检按GJB 548B方法2017进行。

3）混合集成电路内部无源元件的目检按GJB 548B方法2032进行。

内部目检的目的是为了检查电路的内部材料、结构和工艺是否符合有关订购文件的要求。内部目检是集成电路监制过程中不可缺少的工作内容。若集成电路呈现标准中（见2.2.4）规定的任何一种缺陷，应予以拒收。

2.2.4　军用标准中的规定及图例

标准一：GJB 548B方法2010

高放大倍数检查：对每个器件都应进行本章2.2.4.1～2.2.4.3要求的内部目检。此外，对器件中采用了玻璃钝化层、介质隔离和膜电阻器的相应区域，还应进行2.2.4.4～

2.2.4.7 要求的目检。

对于试验条件 A（S 级）高放大倍数的检查是在 100～200 倍的范围。对于试验条件 B（B 级）高放大倍数的检查是在 75～150 倍的范围。

2.2.4.1 金属化层缺陷

（1）金属化层划伤

1）条件 A（S 级）：除键合区和梁式引线以外的金属化层划伤使未受破坏的金属宽度小于原始金属条宽度的 50%（图 2-25）。

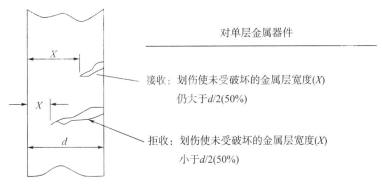

图 2-25 S 级的金属化层划伤判据

条件 B（B 级）：除键合区和梁式引线以外，金属化层划伤沿长度方向暴露出下层钝化层，使保留的未被破坏的金属宽度小于原始金属条宽度的 50%（图 2-26～图 2-28）。

注：对于 GaAs 微波器件，划伤处在栅金属条或栅金属化层的过渡区。

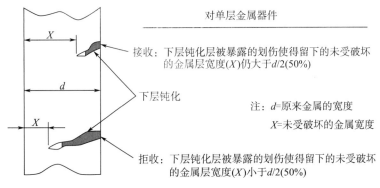

图 2-26 B 级的金属化层划伤判据

2）条件 A（S 级）：同上述 1）所述内容。

条件 B（B 级）：仅对试验条件 B，划伤完全横穿过金属化层通路，并破坏了环绕的钝化层、玻璃钝化层的表面或破坏了任何一边衬底的表面（对 MOS 器件，通路是栅长 L 方向）（图 2-29 和图 2-30）。

注：当标准的金属化层划伤判据应用于栅区时，应把尺寸 (W) 和 (L) 分别看作原始的沟道宽度和长度。

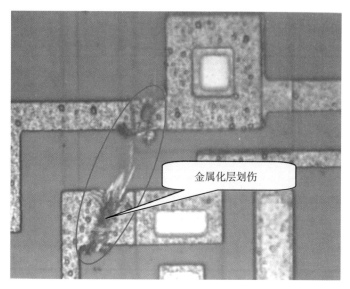

图 2-27　金属化层划伤

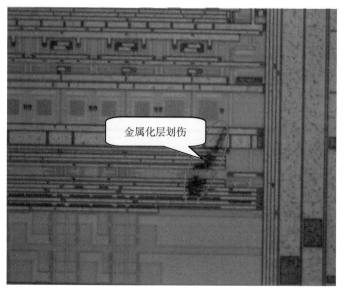

图 2-28　金属化层划伤

3）条件 A（S 级）：除键合区和梁式引线以外的多层金属化层中的划伤沿长度方向暴露出下层金属或钝化层，使保留的未受破坏金属宽度小于原始金属层宽度的 75％（图 2-31）。

条件 B（B 级）：除键合区和梁式引线以外的多层金属化层中的划伤沿长度方向暴露出下层金属或钝化层，使保留的未受破坏金属宽度小于原始金属层宽度的 25％（图 2-32）。

注：仅对于试验条件 B（B 级），1）、2）和 3）的要求不包括采用多条平行的电源或地线的金属化层通路。这时因划伤而使一条金属化层开路不会造成通路的意外开路。

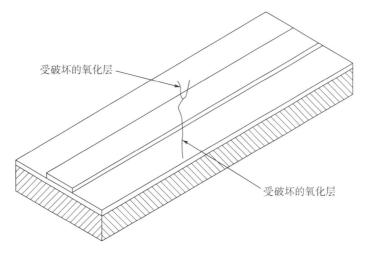

图 2 - 29 MOS 划伤判据

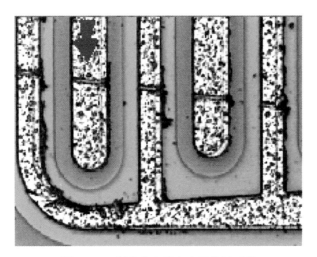

图 2 - 30 划伤完全横穿金属化层通路

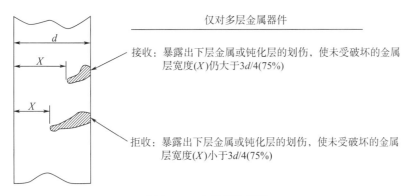

图 2 - 31 S 级划伤判据

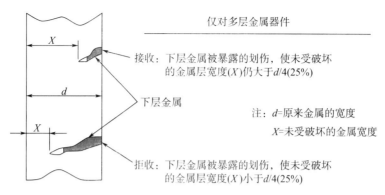

图 2 - 32　B 级划伤判据

4）条件 A（S 级）和条件 B（B 级）：钝化层台阶上的金属化层划伤使未受破坏的部分小于台阶处原始金属条宽度的 75％。

注：仅对试验条件 B（B 级），对于沿走线方向接触窗口且离窗口边距离为窗口长度 25％范围内的金属化层，以及超过接触窗口的金属化层端部，可不采用 1）、2）、3）和 4）判据，在这种情况下，要求金属化层至少覆盖接触窗口区的 50％，并且至少接触窗口区连续周长的 40％覆盖未被破坏的金属化层（图 2 - 33）。

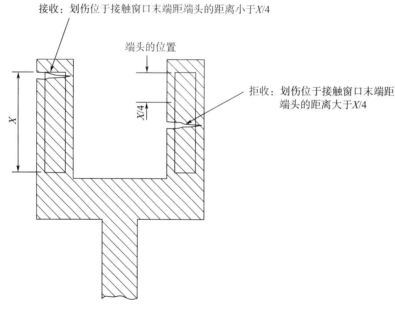

图 2 - 33　金属走线端头

5）条件 A（S 级）：栅氧化层上金属化层划伤（仅适用于 MOS 结构）（图 2 - 34）。

条件 B（B 级）：栅氧化层上金属化层划伤，使其下层钝化层暴露，并使未受破坏的部分小于源与漏扩散区之间的金属化层的长度或宽度的 50％（仅适用于 MOS 结构）（图 2 - 35）。

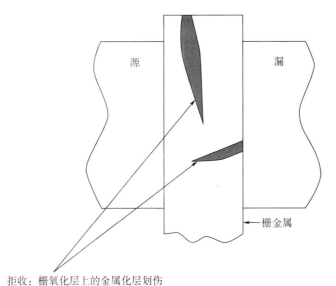

拒收：栅氧化层上的金属化层划伤

图 2 - 34　S 级 MOS 划伤判据

拒收：划伤暴露出下层栅氧化层，使留下的未受破坏的
　　　金属层宽度Y小于W/2(50%)

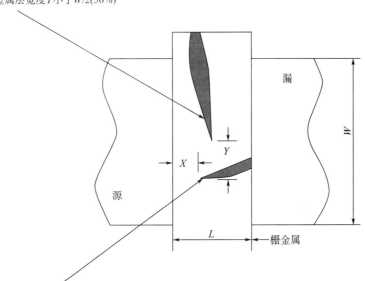

拒收：划伤暴露出下层栅氧化层，使留下的未受破坏的
　　　金属层长度X小于L/2(50%)

图 2 - 35　B 级 MOS 划伤判据

6）条件 A（S 级）和条件 B（B 级）：金属化层划伤暴露出薄膜电容器的介质层或跨

接结构的介质材料（不适用于空气桥①）。

7）条件 A（S 级）：键合区或过渡区的划伤，使与该键合区相连部分的金属条宽度减小到为其进入键合区的相连金属条最窄宽度的 50%。如果有两条或多条金属与键合区相连，应按此要求分别检查每条金属条。

条件 B（B 级）：键合区或过渡区的划伤暴露了下层钝化层或衬底，使与该键合区相连部分的金属条宽度减小到为其进入键合区的相连金属条最窄宽度的 50%。如果有两条或多条金属与键合区相连，应按此要求分别检查每条金属条。

8）条件 A（S 级）和条件 B（B 级）：键合区的划伤（如探针压痕等）暴露出下层钝化层或衬底，使未被破坏的面积小于未被玻璃钝化层覆盖的键合区金属化层面积的 75%（图 2 - 36）。

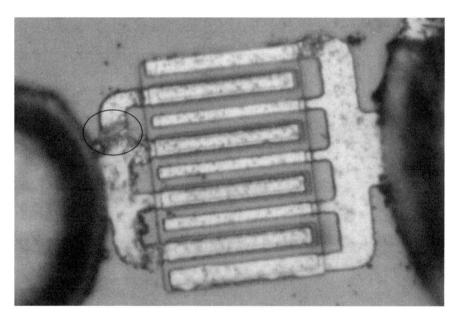

图 2 - 36　划伤暴露出下层钝化层

9）条件 A（S 级）和条件 B（B 级）：仅对 GaAs 器件，在金属化层中出现任何裂纹、剥落、缺口或横向位移。

（2）金属化层的空洞

1）条件 A（S 级）：金属化层中的空洞使未受破坏的部分小于原始金属条宽度的 75%（图 2 - 37）。

条件 B（B 级）：金属化层中的空洞使未受破坏的部分小于原始金属条宽度的 50%（图 2 - 38～图 2 - 41）。

———————————

①　空气桥（air - bridge）是一种三维金属固态互连结构，采用半导体工艺方法在制作微带电路的同时直接制作在电路基片上。从字面意思解释，就是以空气作为桥梁，在两个不相邻的微带上托起互连的金属带线。空气桥是微波集成电路（MIC）中一种不可或缺的高速互连技术，它可以实现导体带之间、接地板之间或者导体带和接地板之间的交叉互连。相比传统的引线焊接互连，它能有效减少寄生电容和寄生电感，增加互连的可靠性。

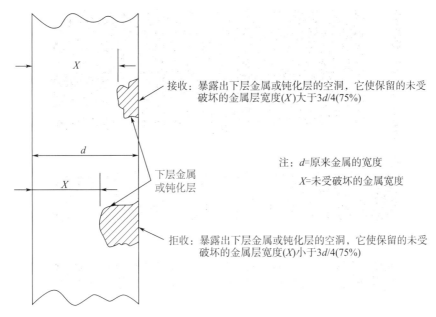

图 2 - 37　S 级空洞判据

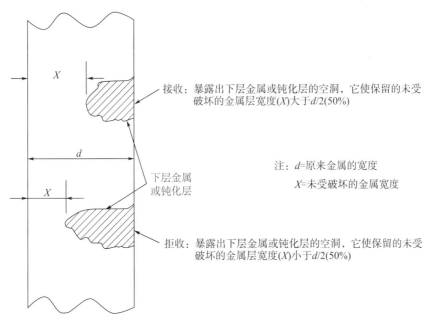

图 2 - 38　B 级空洞判据

注：仅对试验条件 B，该要求不包括存在多条平行的周边电源或地线的金属化层通路。这时因空洞使一条金属化层开路不会造成通路的意外开路。

2）条件 A（S 级）和条件 B（B 级）：在钝化层台阶上的金属化层空洞，使未受破坏的部分小于该台阶上原有金属宽度的 75%。

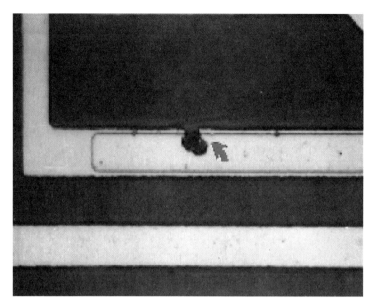

图 2 - 39　金属化空隙超过线宽的 50%

图 2 - 40　金属化层的空洞 1

注：仅对试验条件 B，对于沿走线方向的接触窗口上离窗口末端距离为窗口长度 25% 范围内的金属化层，以及超过接触窗口端部的金属化层，可不采用 1）和 2）判据。在这种情况下，未被破坏的金属化层至少应覆盖接触窗口周长的 50%（图 2 - 42）。

3）条件 A（S 级）和条件 B（B 级）：在栅氧化层上的金属化层空洞使未受破坏的部分小于源与漏扩散区金属化层长度 L 或宽度 W 的 75%（仅适用于 MOS 结构）（图 2 - 43）。

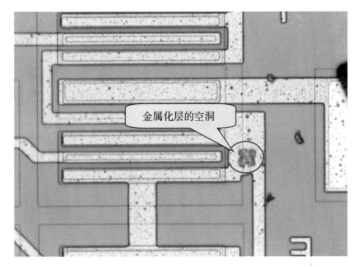

图 2-41　金属化层的空洞 2

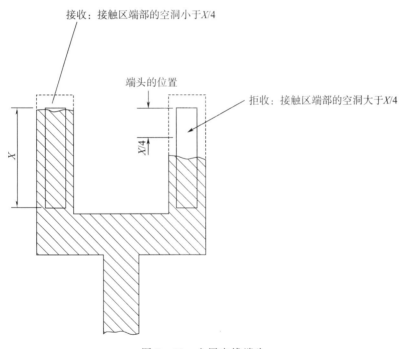

图 2-42　金属走线端头

4）条件 A（S 级）：空洞使未受破坏的部分小于原来栅氧化层上金属化层面积的 75%（仅适用于 MOS 结构）。

条件 B（B 级）：空洞使未受破坏的部分小于原来栅氧化层上金属化层面积的 60%（仅适用于 MOS 结构）。

5）条件 A（S 级）和条件 B（B 级）：空洞使未受破坏部分小于与源或漏扩散结线相重合的金属化层宽度的 75%（仅适用于 MOS 结构）（图 2-43）。

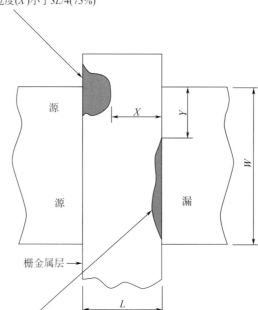

拒收：暴露出底层氧化物的空隙，它使未受破坏的金属
宽度(X)小于3L/4(75%)

拒收：暴露出底层氧化物的空隙，它使未受破坏的金属
长度(Y)小于3W/4(75%)

图 2-43 MOS 空洞判据

6）条件 A（S 级）和条件 B（B 级）：键合区中的空洞使未受破坏部分小于其原来的无玻璃钝化金属化层面积的 75%（图2-44）。

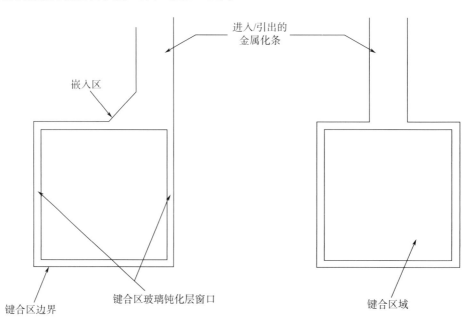

图 2-44 键合区的术语

7）条件 A（S 级）：在键合区或过渡区上的空洞使与该键合区相连部分的金属条宽减到进入键合区的互连金属条最窄宽度的 75％以下。如果与一个键合区有两条或两条以上的互连金属条，应对每条单独考虑（图 2-44）。

条件 B（B 级）：在键合区或过渡区上的空洞使与该键合区相连部分的金属条宽减到进入键合区的互连金属条最窄宽度的 50％以下。如果一个键合区有两条或两条以上的互连金属条，应对每条单独考虑（图 2-44）。

在有过渡区时，应将其看作为键合区的进入/引出的金属条的一部分。

8）条件 A（S 级）和条件 B（B 级）：在薄膜电容器金属化层中的空洞使保留的金属化层面积小于金属化层设计面积的 75％。

9）条件 A（S 级）和条件 B（B 级）：仅对 GaAs 微波器件，栅条中有空洞。

（3）金属化层的腐蚀

金属化层的腐蚀指任何一种金属化层的腐蚀。对于金属化层中任何变色的局部区域应仔细进行检查。除非可以证实这种变色是由那些无害的薄膜、玻璃钝化层界面或使其变色的其他无害因素所致，否则这种金属化层应予以拒收。

这里讲的金属化层腐蚀主要是指铝金属化层腐蚀，在金相显微镜下观察能发现金属化层局部变色发黑，金属条宽度"发胖"（金属化层的烧毁也存在局部变色发黑现象，但金属化层烧毁一般会导致铝条变细），在扫描电子显微镜下观察变色部分为白色不导电的晶体，如图 2-45～图 2-48 所示。

图 2-45　金属化层的腐蚀

（4）金属化层的附着性不良

金属化层的附着性不良包括金属化层的隆起、脱皮或起泡。

（5）金属化层的探针损伤

应用"金属化层划伤"条款及规定的目检要求检查探针损伤（图 2-49）。

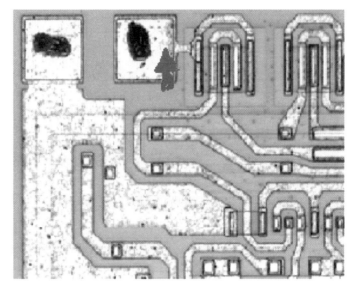

图 2 - 46　键合区金属化层的腐蚀

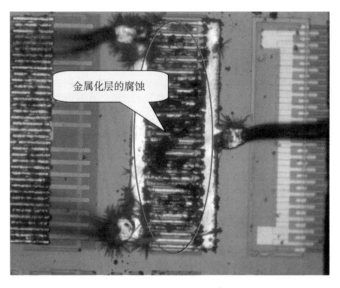

图 2 - 47　金属化层的腐蚀

（6）金属化层的跨接

注：对 SOS[①] 器件，不包括绝缘划片槽。

1）条件 A（S 级）：金属化层的跨接使金属条之间的距离减到小于原始设计间距的 50%（图 2 - 50 和图 2 - 51）。

---

① SOS（Silicon on Sapphire，蓝宝石上的硅）是 SOI（Silicon on Insulator，绝缘衬底上的硅）的一种，是指在蓝宝石衬底上采用异质外延方法生长一层约 0.6 μm 硅单晶膜，用于 CMOS 器件制作的一种工艺技术。SOS 器件是指采用 SOS 工艺技术制作的器件（集成电路）。

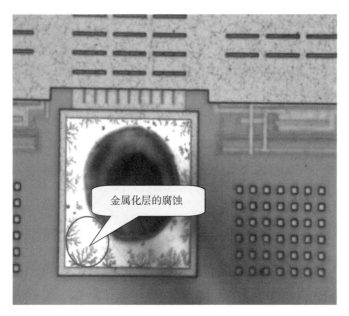

图 2 - 48　芯片内部金属化层的腐蚀

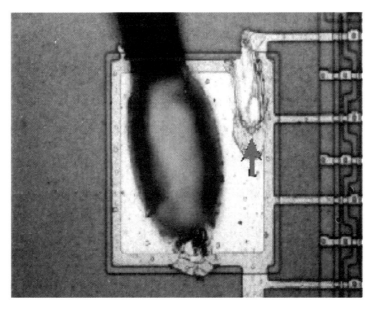

图 2 - 49　中测探针对金属化层造成的损伤

条件 B（B 级）：金属化层的跨接使金属条之间看不到明显的间隔线（图 2 - 52～图 2 - 55）。

注：仅对条件 B（B 级），GaAs 微波器件中横跨间距小于 1 μm 的金属化层跨接，在 400～1 000 倍下进行检查，如果不能看清明显间隔线，只需在晶圆级对器件进行功能测试。

图 2-50　金属化层间距减小 1

图 2-51　金属化层间距减小 2

2）条件 A（S 级）：由于键合使原来在键合区的金属发生移位（挤出金属）超过 25 μm，或者使未经玻璃钝化的工作金属化层或划片槽与键合区之间的间距减小到小于原设计间距的 50% 或 6 μm（取较小值）。

条件 B（B 级）：由于键合使原来在键合区的金属发生移位（挤出金属），使未经玻璃钝化的工作金属化层或划片槽与键合区之间的间距减小，不能看清明显间隔线。

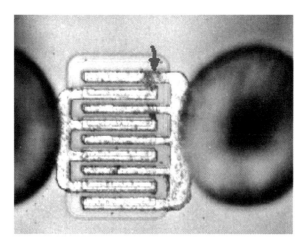

图 2-52 金属擦伤导致看不到明显的间隔线

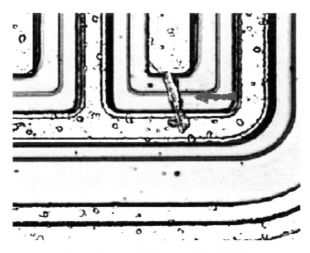

图 2-53 金属屑造成金属化层跨接

图 2-54 测试划伤引起的跨接

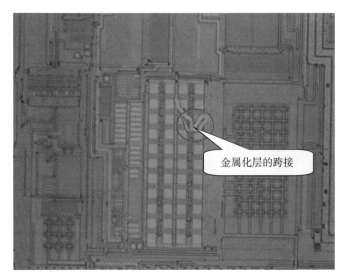

图 2 - 55　金属化层的跨接

（7）金属化层的对准偏差

1）条件 A（S 级）：被金属化层覆盖的接触窗口面积小于整个接触窗口面积的 75%。

条件 B（B 级）：被金属化层覆盖的接触窗口面积小于整个接触窗口面积的 50%。

2）条件 A（S 级）：连续被金属化层覆盖的接触窗口周边长度小于接触窗口周长的 50%。

条件 B（B 级）：连续被金属化层覆盖的接触窗口周边长度小于接触窗口周长的 40%。

3）条件 A（S 级）和条件 B（B 级）：接触窗口两个相邻边上被金属化层覆盖的长度小于该两边总长度的 75%（仅适用于 MOS 结构）。

注：若按照设计要求，金属化层应完全包含在接触窗口内或不需要完全覆盖整个接触窗口的周边时，只要满足设计要求，1）、2）和 3）要求可以不予考虑。

4）条件 A（S 级）和条件 B（B 级）：不应该覆盖接触窗口的金属化层通路与接触窗口之间，使之看不到明显间隔线。

5）条件 A（S 级）和条件 B（B 级）：栅氧化层的任何暴露（即在源和漏扩散区之间的氧化层未被栅电极覆盖，仅适用于 MOS 结构）（图 2 - 56）。

6）条件 A（S 级）和条件 B（B 级）：对含有扩散保护环的 MOS 结构，栅金属化层未与扩散保护环重合或超越保护环（图 2 - 56）。

（8）金属化通孔

仅对 GaAs 器件。出现下述情况的器件，不得接收。

1）条件 A（S 级）和条件 B（B 级）：焊盘周围过量腐蚀形成的孔或可见的错位孔。

2）条件 A（S 级）和条件 B（B 级）：粘附不良（隆起、脱皮或起泡）。

3）条件 A（S 级）和条件 B（B 级）：任何起源于通孔的裂纹。

4）条件 A（S 级）和条件 B（B 级）：通孔上金属隆起迹象。

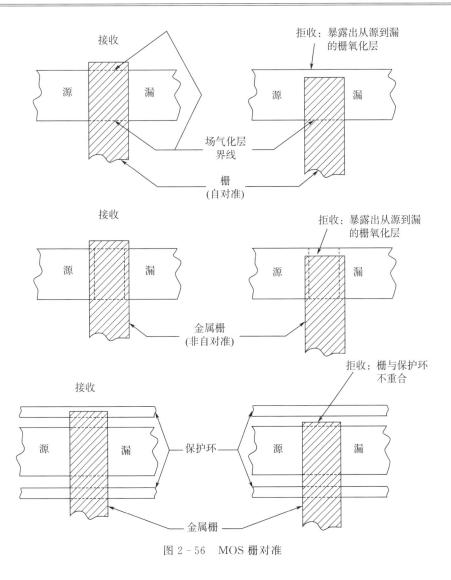

图 2-56　MOS 栅对准

5）条件 A（S 级）和条件 B（B 级）：当芯片安装到载体上时，焊料连接通孔焊盘的迹象。

（9）耦合（空气）桥缺陷（高放大倍数）

仅对 GaAs 器件。呈现下述情况的器件，不得接收。

1）条件 A（S 级）和条件 B（B 级）：耦合（空气）桥金属化中的空洞使没受到破坏的金属化层宽度小于原始金属化宽度的 75%（图 2-57）。

2）条件 A（S 级）和条件 B（B 级）：金属化核或金属化泡在任何方向上大于耦合（空气）桥原始金属化层宽度（图 2-57）。

3）条件 A（S 级）和条件 B（B 级）：耦合（空气）桥与下层工作金属化层接触（图 2-57）。

4）条件 A（S 级）和条件 B（B 级）：附着的导电外来物，其尺寸在任何方向上大于

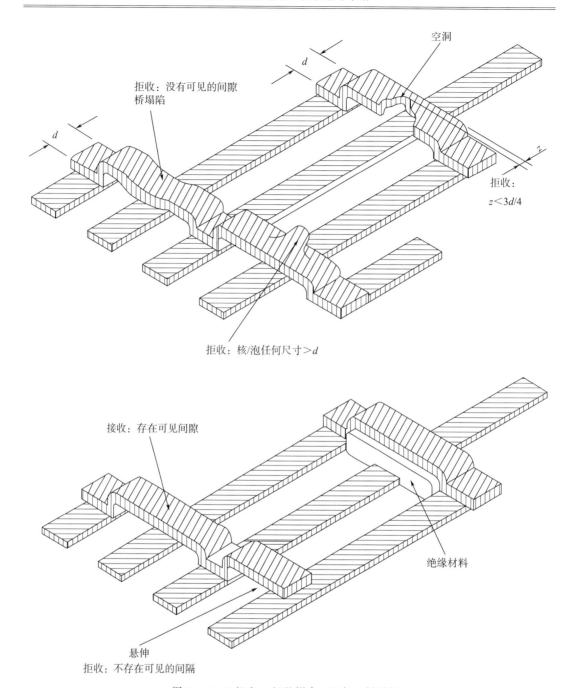

图 2-57　S 级和 B 级的耦合（空气）桥判据

耦合（空气）桥原始金属化层宽度的 50％。

　　5）条件 A（S 级）和条件 B（B 级）：耦合（空气）桥与下层工作金属化层之间没有可见的间隔。

　　注：当耦合（空气）桥与下层工作金属化层之间有绝缘材料时，本条标准不适用（图 2-57）。

6）条件 A（S 级）和条件 B（B 级）：耦合（空气）桥悬于相邻的工作金属化层之上（非设计要求），且不存在可见的间隔（图 2 - 57）。

7）条件 A（S 级）和条件 B（B 级）：由于机械性破坏使得下层工作金属化层上的耦合（空气）桥塌陷。

注：由正常背面工艺形成的下层工作金属化层上的耦合（空气）桥塌陷不能认为是机械性破坏，耦合（空气）桥与下层工作金属化层之间的可见间隔仍按 5）。

2.2.4.2　扩散和钝化层缺陷

（1）扩散缺陷

1）条件 A（S 级）和条件 B（B 级）：引起扩散区之间出现桥连的扩散缺陷（图 2 - 58）。

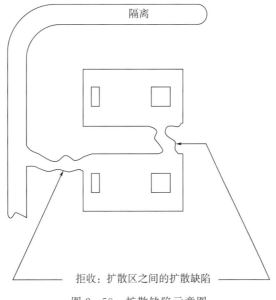

图 2 - 58　扩散缺陷示意图

2）条件 A（S 级）和条件 B（B 级）：隔离扩散区不连续（未用区或未用键合区周围的隔离墙除外），或任何扩散区保留的宽度小于原始扩散宽度的 25%（对电阻器是小于 50%）（图 2 - 59～图 2 - 63）。

（2）钝化层缺陷

注：对于 SOS 器件，如果在表层导电连线（金属化层、多晶硅等）与蓝宝石芯片之间无其他有源电路元件，那么它们之间的缺陷不作为失效判据。

1）条件 A（S 级）和条件 B（B 级）：在金属化层的边缘并延续到金属层下面，能看到钝化层的多条干涉条纹或钝化层的缺损（对 GaAs 器件有设计要求的除外）。多条干涉条纹表示缺陷有足够的深度，已渗透到了半导体材料本体上。

注 1：若在金属化层淀积之前还要有二次钝化，以及对位于隔离岛上的键合区，可不采用多条干涉条纹判据。

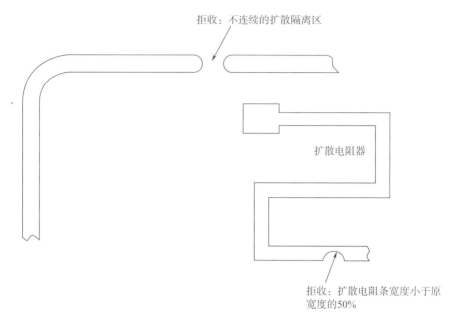

拒收：不连续的扩散隔离区

扩散电阻器

拒收：扩散电阻条宽度小于原
宽度的50%

图 2-59　扩散缺陷

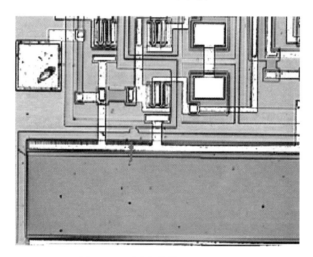

图 2-60　隔离扩散区不连续 1

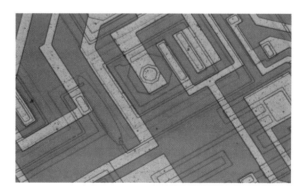

图 2-61　隔离扩散区不连续 2

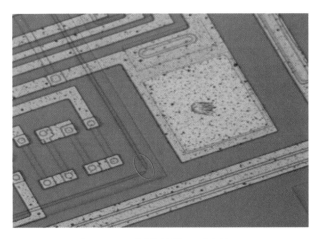

图 2 - 62　隔离扩散区不连续 3

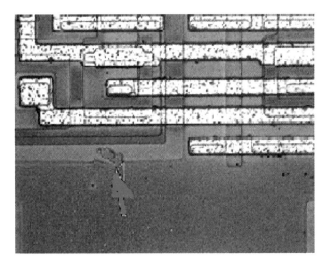

图 2 - 63　扩散区保留的宽度小于原始扩散宽度的 25%

　　注 2：仅对条件 B（B 级），在缺陷区无玻璃钝化层或有玻璃钝化层存在的特征，可通过颜色或颜色对比来验证钝化层是否存在，也可以采用干涉条纹方法（图 2 - 64 和图 2 - 65）。

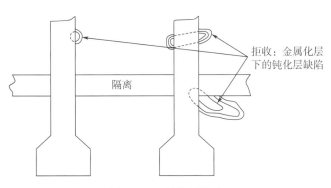

图 2 - 64　钝化层缺陷

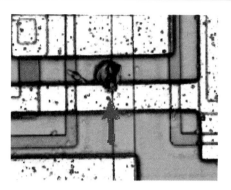

图 2 - 65　钝化层缺陷及多条干涉条纹

2）条件 A（S 级）和条件 B（B 级）：非设计要求的有源结界线上的无钝化层覆盖。

3）条件 A（S 级）和条件 B（B 级）：非设计要求的接触窗口跨过一条结界线。

2.2.4.3　划片和芯片缺陷

呈现下列情况的器件不得接收。

1）条件 A（S 级）：工作金属化层或键合区边缘与裸露的半导体材料之间的可见钝化层小于 6.5 μm（图 2 - 66）。

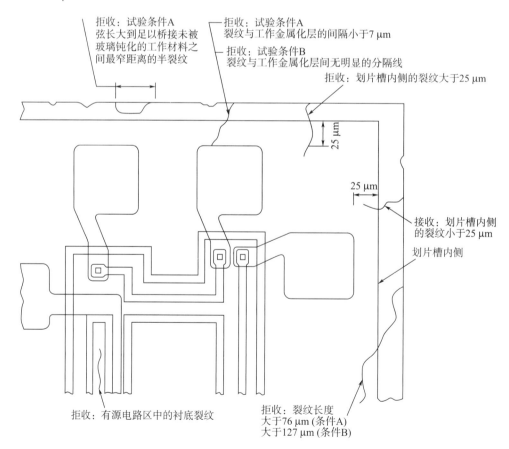

图 2 - 66　划片和芯片缺陷

条件 B（B 级）：工作金属化层或键合区边缘与裸露半导体材料之间看不到明显间隔线（图 2 - 66 和图 2 - 67）。

图 2 - 67　芯片边缘间距过小

注 1：仅对 GaAs 器件，工作金属化层或键合区边缘与芯片边缘之间的可见衬底小于 2.5 μm。

注 2：本条要求不适用于梁式引线以及电位与芯片衬底相同的键合区和周边金属化层。

注 3：本条要求不适用于 SOS 器件。

2）条件 A（S 级）和条件 B（B 级）：有源电路区中出现缺损或裂纹（图 2 - 66～图 2 - 69）。此外，对 GaAs 器件，缺损进入功能金属化层（如键合区、电容、周边金属化层等）或在功能金属化层下面，但不包括器件的测试结构。

注：本条要求不适用于其电位与衬底相同的周边金属化层。因缺损使保留的未受破坏的金属化层宽度应至少还有 50%。

3）条件 A（S 级）：裂纹长度超过 76 μm 或裂纹与任何工作金属化层、功能电路元件的距离小于 6.5 μm，电位与衬底相同的周边金属层除外（图 2 - 66）。

条件 B（B 级）：裂纹长度超过 127 μm 或裂纹与任何工作金属化层、功能电路元件之间看不到明显间隔线。电位与衬底相同的周边金属层除外（图 2 - 66、图 2 - 70 和图 2 - 71）。

4）条件 A（S 级）：终止于芯片边缘的半圆形裂纹，其弦长能跨接未被玻璃钝化层覆盖的工作材料（如金属化层、裸露半导体本体材料、装配材料、键合线等）之间的最窄距离（图 2 - 66）。

条件 B（B 级）：无此项要求。

5）条件 A（S 级）和条件 B（B 级）：在从芯片出来的梁式引线处，露出的半导体材料扩展超过了该处的钝化层边缘（仅适用于梁式引线结构）（图 2 - 68）。

6）条件 A（S 级）和条件 B（B 级）：芯片上附着有另一个芯片的有源电路区的一部分。

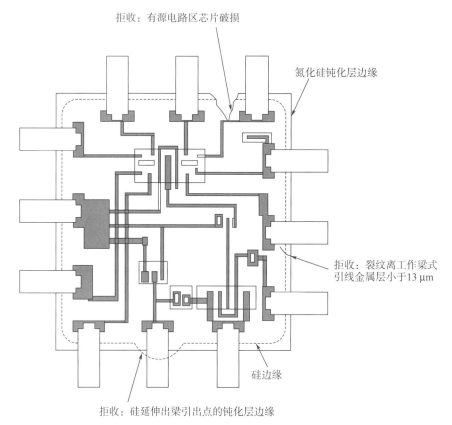

图 2-68　梁式引线键合芯片缺陷

图 2-69　芯片缺损

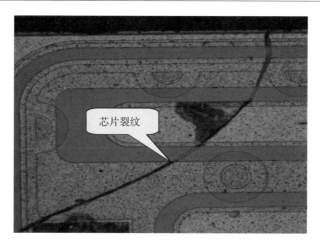

图 2 - 70　芯片裂纹 1

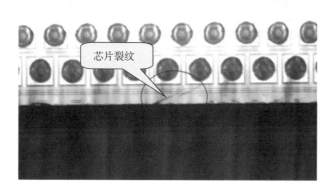

图 2 - 71　芯片裂纹 2

7）条件 A（S 级）和条件 B（B 级）：划片槽内侧（或梁式引线器件的半导体材料边缘）裂纹长度超过 25 μm，且裂纹指向工作金属化层或功能电路元件（图 2 - 66）。

8）条件 A（S 级）和条件 B（B 级）：裂纹与工作梁式引线金属化层的距离小于13 μm（图 2 - 68）。

注 1：梁式引线器件中的缺损或裂纹未扩展到半导体材料中，可不考虑 3）和 8）的要求。

注 2：3）和 8）的要求不适用于 GaAs 器件。

9）条件 A（S 级）和条件 B（B 级）：对倒装焊芯片，在衬底材料中缺损或裂纹扩展超过了衬底厚度的 50% 或裂纹在衬底材料中的长度大于 127μm（图 2 - 72）。

10）条件 A（S 级）和条件 B（B 级）：玻璃钝化层、金属、层间介质或其他层中的起泡、脱皮、分层、侵蚀及其他严重的缺陷。

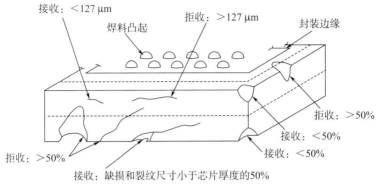

图 2-72　划片和芯片缺陷

2.2.4.4　玻璃钝化层缺陷

以下要求同时适用于条件 A（S 级）和条件 B（B 级）。呈现下列情况的器件不得接收。

注：仅对试验条件 B，上述判据对由于激光修正引起的缺陷可不考虑。在这种情况下，激光修正使切痕外面的缺陷不应超过所保留的电阻宽度的一半。主要电阻通路应没有钝化层缺陷，且应等于或大于最窄电阻器宽度的一半（图 2-73）。

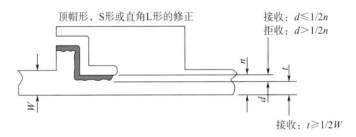

图 2-73　激光修正的玻璃钝化层缺陷

1）玻璃钝化层中出现龟裂或破损，使本条所要求的目检内容难以进行（图 2-74～图 2-82）。

2）玻璃钝化层中的起泡或剥落出现在有源区中，或它们扩展超过玻璃钝化层的设计周界 25 μm（图 2-83）。

3）除设计规定以外，玻璃钝化层中的空洞暴露出两条或两条以上的有源金属化层通路。

4）除设计规定以外，在任一方向上未被玻璃钝化层覆盖的区域尺寸超过 127 μm。

5）除设计规定以外，在键合区边缘未被玻璃钝化层覆盖的区域暴露了半导体材料。

6）由设计确定的键合区接触窗口的 25％ 以上被玻璃钝化层覆盖。

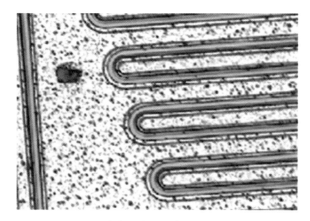

图 2-74　玻璃钝化层缺损和金属化层缺陷

图 2-75　玻璃钝化层划伤

图 2-76　玻璃钝化层缺损 1

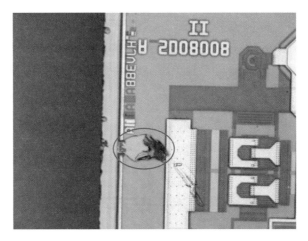

图 2-77　玻璃钝化层缺损 2

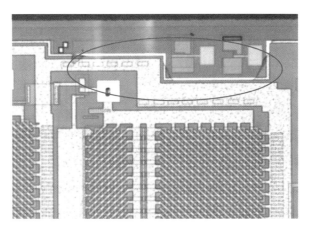

图 2-78　玻璃钝化层缺损 3

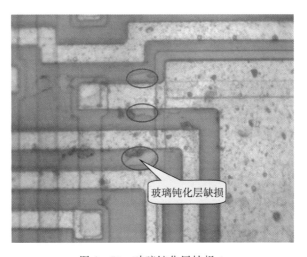

图 2-79　玻璃钝化层缺损 4

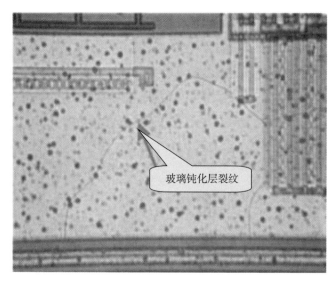

图 2 - 80　玻璃钝化层裂纹 1

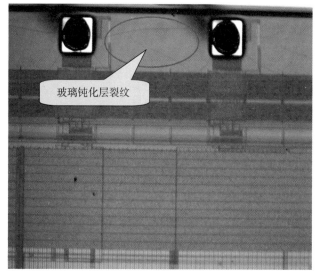

图 2 - 81　玻璃钝化层裂纹 2

7）在膜电阻器上出现龟裂。

8）玻璃钝化层中的划伤破坏了金属层，并跨接了几条金属化层通路。

9）玻璃钝化层中的裂纹（不是龟裂）跨接了相邻的金属化层通路，形成了闭合回路。

10）玻璃钝化层中的空洞暴露出了薄膜电阻器或熔连线。按设计要求在玻璃钝化层上开窗的除外。

11）对 GaAs 器件，玻璃钝化层中的空洞扩展超过了 FET 的栅沟道。

12）对 GaAs 器件，在 FET 栅沟道上面的玻璃钝化层中有划伤。

13）对 GaAs 器件，在 FET 栅衬垫上面的玻璃钝化层中有划伤。

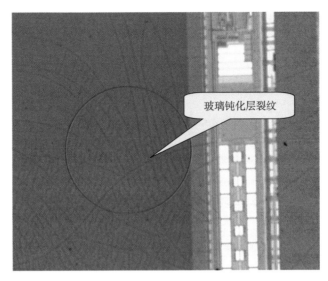

图 2-82　玻璃钝化层裂纹 3

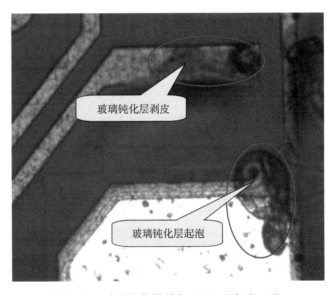

图 2-83　玻璃钝化层剥皮（上）和起泡（下）

14）对 GaAs 器件，玻璃钝化层中的裂纹在划片槽内侧超过 25 μm，或其长度大于划片槽和任一功能元件或有源元件之间距离的 50%，且裂纹是指向功能元件或有源元件（如电容器、电阻器和 FET 等），除非该裂纹已终止于器件外围部分（例如馈电线或直流电源线）。

2.2.4.5　介质隔离

以下要求同时适用于条件 A（S 级）和条件 B（B 级）。呈现下列情况的器件不得接收。

1）在含有功能电路元件的每个隔离岛周围隔离线（典型的为一条黑线）不连续（图 2-84 和图 2-85）。

2）在含有功能电路元件的相邻隔离岛之间缺少连续的隔离线（图 2-84 和图 2-85）。

3）扩散区与介质隔离材料重叠，与相邻的隔离岛之间看不到明显间隔线，或一个以上的扩散区同时与该介质隔离材料重叠（图 2-84 和图 2-85）。

4）接触窗口与介质材料接触或重叠，有设计要求的除外。

注：若介质隔离台阶上的金属化层中存在划伤和空洞缺陷，该器件应拒收。

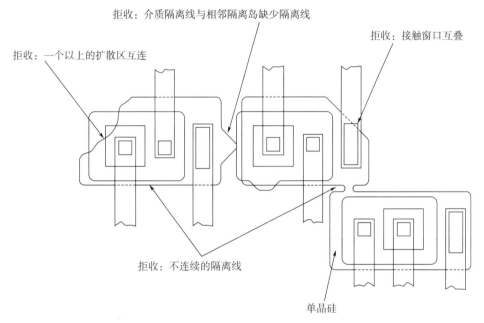

图 2-84 介质隔离缺陷 1

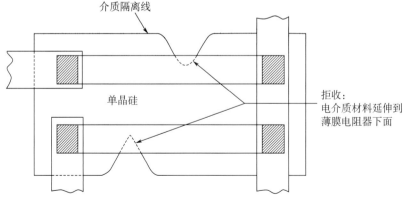

图 2-85 介质隔离缺陷 2

2.2.4.6　膜电阻器

应根据膜电阻器的有效使用部位存在的缺陷情况决定器件是否拒收。金属化层中缺陷的检查要求同样适用于本条。

以下同时适用于条件 A（S 级）和条件 B（B 级）。呈现下列情况的器件不得接收。

1）互连线和电阻器之间存在任何错位，使相互交叠的实际宽度 X 小于电阻器原始宽度的 50%（图 2 - 86）。

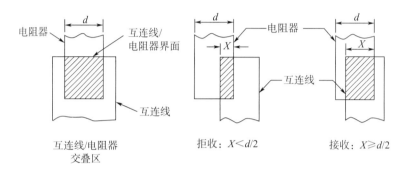

图 2 - 86　膜电阻器的接触区

2）膜电阻器和金属化层之间没有可见的接触交叠线（图 2 - 87）。

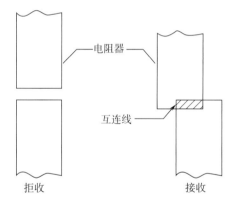

图 2 - 87　膜电阻器的接触区

3）空洞和缩颈使膜电阻端部宽度未受破坏的部分小于膜电阻器宽度的 75%。

4）备用的电阻器将有源电路上不该相连的两点连接起来。

5）两个电阻器之间或电阻器与金属化层通路之间的距离小于 7 μm 或小于设计距离的 50%（取其小者）。

6）薄膜电阻器在衬底上的不规则跨接（如越过介质隔离线、氧化层/扩散层台阶等）。

注：本条标准不适用于多晶硅区域中的单晶硅方形隔离岛。

7）由于空洞、划伤或两者同时存在的结果，使电阻器宽度减小到小于电阻器最窄宽度的一半（图 2 - 88 和图 2 - 89）。

注：不应该超过最大允许电流密度的要求。

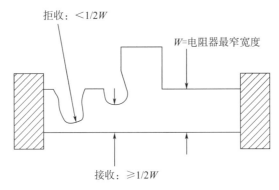

图 2-88　未修正的电阻器的划伤和空洞判据

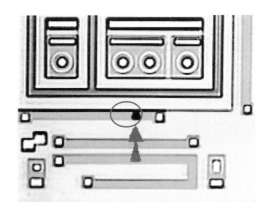

图 2-89　空隙使电阻条保留的宽度小于原始宽度的 50%

8）在电阻器/连接器引出端的 3 μm 范围内，电阻器材料的颜色出现突变。

2.2.4.7　激光修调的薄膜电阻器

应根据薄膜电阻器有效使用部位缺陷的情况决定是否拒收器件。以下要求同时适用于条件 A（S 级）和条件 B（B 级）。呈现下列现象的器件不得接收。

1）除设计要求之外，切痕宽度小于 3 μm。

注：本要求不适用于边线修正情况。

2）切痕内含有碎屑颗粒。

3）切痕内含有未受到修正的电阻器材料，除非电阻器材料连续地越过该切痕，且在宽度上未受到破坏的部分大于电阻器最窄宽度的一半（图 2-90），有设计要求的除外。

注：不应超过最大允许电流密度要求。

4）在修正区域中，因修正，包括空洞、划伤及其组合的影响，使电阻器的宽度小于电阻器最窄宽度的一半（图 2-91）。

注：按设计规定对梯形电阻网络中电阻分路条的修正大于给定电阻分路条宽度的 50% 是可以接收的，其条件是梯形电阻网络最后一个电阻分路条的修正不大于 50%。在设计图上，应当规定所有可修正的电阻器分路条。

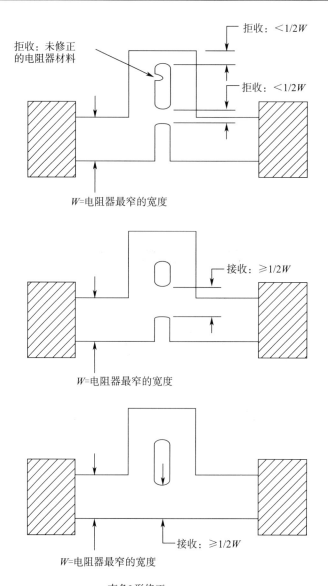

直角L形修正

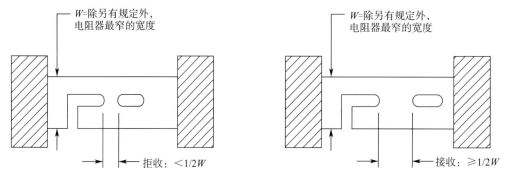

图 2-90　电阻器判据

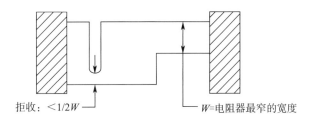

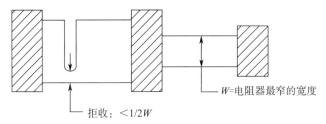

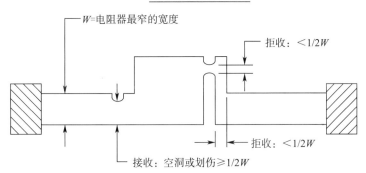

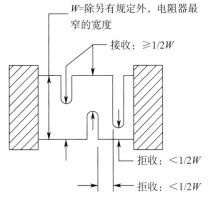

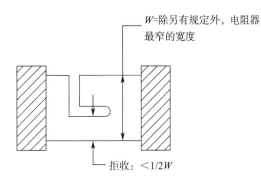

图 2-91　电阻器划伤、空洞和修正判据

5) 修正路径进入了金属化层（块状电阻器除外）。

注：对进入金属化层走线端头的修正路径，本条要求可不采用。导体或电阻器由设计规定或对连条修正时可以修正成开路。

6) 块状电阻器修正区进入金属化层（不包括键合区）的尺寸大于原金属宽度的 25%（图 2-92）。

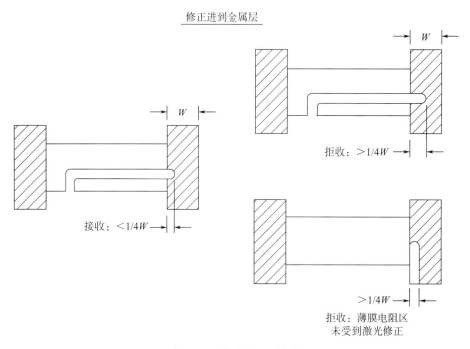

图 2-92　块状电阻器判据

7) 凹槽进入切痕中的二氧化硅，使凹槽与电阻器材料之间没有间隔线。

低放大倍数检查：对每个器件都应进行 2.2.4.8～2.2.4.10 要求的内部目检，放大倍数在 30～60 倍的低放大倍数范围。此外，2.2.4.11 的标准可适用于梁式引线工艺，2.2.4.12 的检查应在所规定的高和低放大倍数下进行。

2.2.4.8　低放大倍数下引线键合检查

本项检查和需要的标准适用于对各种键合类型和位置从上面观察的键合（图 2-93）。

注：本检验方法中，键合（也称为楔形键合或键）的判据适用于图中以"L"和"W"表示的包括刀具压痕在内的全部或局部变形区域。本检验方法中，键合尾端（或键尾）的判据适用于键合引线扩展而超过键合的长度部分，如图 2-93 中"T"所表示的部分。键合尾端不属于键合的一部分。

（1）金丝球焊键合

以下要求同时适用于条件 A（S 级）和条件 B（B 级）。呈现下列情况的器件，不得接收。

1) 芯片或外引线键合区上的金丝球焊键合，其球形键合的直径小于引线直径的 2.0

月牙形键合

没有滑移   扭曲   滑移或滑动

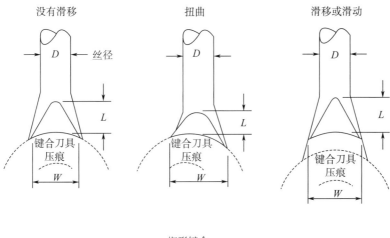

楔形键合

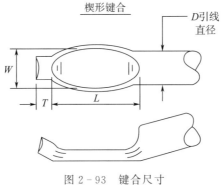

图 2-93 键合尺寸

倍或大于 5.0 倍。

2）金丝球焊键合的引出线不完全在球的周界内。

3）金丝球焊键合引出线中心不完全在未被玻璃钝化层覆盖的键合区界限内。

（2）楔形键

以下要求同时适用于条件 A（S 级）和条件 B（B 级）。呈现下列情况的器件，不得接收。

1）芯片或外引线键合区上的超声楔形键合，其宽度小于引线直径的 1.2 倍或大于 3.0 倍，或其长度小于引线直径的 1.5 倍或大于 6.0 倍。

2）芯片或外引线键合区上的热压楔形键合，其宽度小于引线直径的 1.5 倍或大于 3.0 倍，或其长度小于引线直径的 1.5 倍或大于 6.0 倍。

3）对直径为 51 μm 或更大的铝引线，键合宽度小于引线直径。

4）在楔形键合处，刀具压痕未完全覆盖整个键合线宽度。

（3）无尾键合（月牙形键合、毛细终止键合）

以下要求同时适用于条件 A（S 级）和条件 B（B 级）。呈现下列情况的器件，不得接收。

1）芯片或外引线键合区上的无尾键合，其宽度小于引线直径的 1.2 倍或大于 5.0 倍，或其长度小于引线直径的 0.5 倍或大于 3.0 倍。

2）在无尾键合处，刀具压痕未完全覆盖整个键合线宽度。

（4）一般情况（金丝球焊、楔形和无尾键）

从上面观察时呈现下列情况的器件，不得接收。

1）条件 A（S 级）：芯片上的键，其 75％以下部分在未被玻璃钝化层覆盖的键合区内（图 2 - 94）。

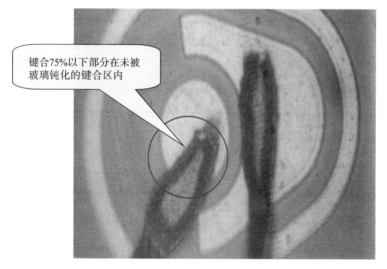

图 2 - 94　键合 75％以下部分在未被玻璃钝化的键合区内

条件 B（B 级）：芯片上的键，其 50％以下部分在未被玻璃钝化层覆盖的键合区内（图 2 - 95）。

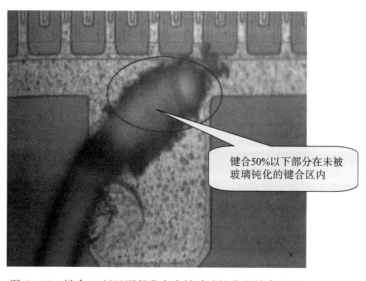

图 2 - 95　键合 50％以下部分在未被玻璃钝化的键合区内

2）条件 A（S 级）和条件 B（B 级）：除公共导线和键合区外，键尾和无玻璃钝化层的金属化层、另一条引线、引线键合、引线键尾之间没有间隔线。

3）条件 A（S 级）和条件 B（B 级）：除公共导线外，键合尾部延伸到有玻璃钝化层的金属化层上（图 2-96），而该玻璃钝化层存在扩展到键尾下面的裂纹或龟裂。

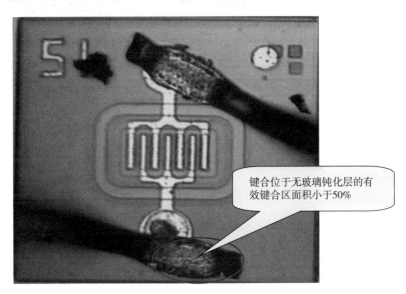

图 2-96　键合位于无玻璃钝化层的有效键合区面积小于 50%

4）条件 A（S 级）和条件 B（B 级）：在芯片或在外引线端上键合尾部的长度超过引线直径的两倍（图 2-97～图 2-99）。

图 2-97　尾丝过长 1

5）条件 A（S 级）和条件 B（B 级）：键合没有完全在封装引线端范围内（图 2-100）。对玻璃包封封装，键合没有在引线端终端的 508 μm 之内。

6）条件 A（S 级）：键（不包括键尾）与有玻璃钝化层或无玻璃钝化层的非公共金属

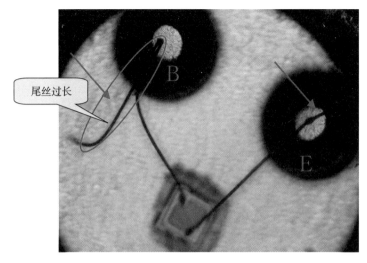

图 2 - 98　尾丝过长 2

图 2 - 99　尾丝过长 3

化层、划片槽、另一条键合线或键与键之间的水平距离小于 6.5 μm。

条件 B（B 级）：键（不包括键尾）与有玻璃钝化层或无玻璃钝化层的非公共金属化层、划片槽、另一条键合线或键与键之间的水平距离没有可见的间隔线。

注 1：若设计规定在一个公共键区或公共引出地上有多个键，它们不应使相邻键的宽度减小 25% 以上。

注 2：对 SOS 器件，不包括绝缘划片槽。

7）条件 A（S 级）和条件 B（B 级）：键（不包括键尾）的周界（在有玻璃钝化层或无玻璃钝化层的区域上）暴露出与键合区相连的进入/引出键合区的未受破坏金属化通路的部分小于 51 μm（图 2 - 101）。

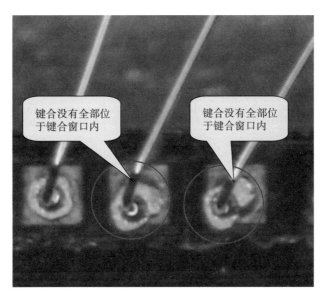

图 2 - 100　键合没有全部位于键合窗口

注 1：若由于键尾的掩盖而看不到明显的连接通道，且邻近键尾处的金属化层已被破坏，则该器件不得接收。

注 2：若键合区处有过渡区，应将其看作进入/引出键合区金属条的一部分。

注 3：本判据是对 1）键放置判据的增补。

8）条件 A（S 级）和条件 B（B 级）：键面积的 25% 以上位于芯片安装材料之上。

9）条件 A（S 级）和条件 B（B 级）：有用附加材料通过桥连的方式返修互连导线的明显迹象。

10）条件 A（S 级）和条件 B（B 级）：位于多余物上的键合（图 2 - 102～图 2 - 103）。

11）条件 A（S 级）和条件 B（B 级）：金属间化合物在金属层中沿整个金丝球焊区周界向外延伸，径向尺寸大于 2.5 μm。

（5）单片器件的重新键合

单片器件的重新键合受到下列条件限制，呈现下列情况的器件，不得接收。

1）条件 A（S 级）和条件 B（B 级）：在暴露的钝化层上或有明显起皮的金属上面重新键合。在任一设计键合区上试图进行一次以上的重新键合。重新键合触及因金属剥落而暴露氧化层的区域。

2）条件 A（S 级）：键完全或部分位于另一键、键尾或引线残留部分上（图 2 - 104）。

条件 B（B 级）：键完全或部分位于另一键、键尾或引线残留部分上或与其相交，交叠宽度大于 25%。

3）条件 A（S 级）和条件 B（B 级）：在器件中重新键合超过了该电路全部键数目的 10%。（例如，对于 28 引线键合封装，有 56 个键合点，引线一端的键合计为一次键合。替换一根两端已键合的引线计为两次重新键合）。

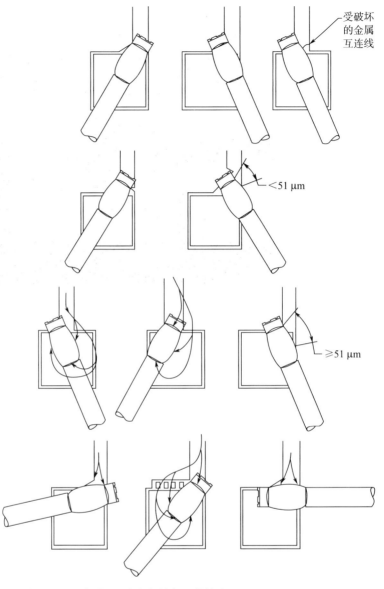

拒收：在(钝化或未钝化区上)键的周界(不包括键尾部分)与进入/引出键合区金属条之间的未受破坏的芯片金属连线"连接通道"小于51 μm

受破坏的金属互连线

拒收：由于键尾的掩盖而看不到明显的连接通道，并且邻近键尾处的金属化层已被破坏

<51 μm

接收：在(钝化或未钝化区上)键的周界(不包括键尾部分)与进入/引出键合区金属条之间的未受破坏的芯片金属连线"连接通道"不小于51 μm

≥51 μm

箭头表示与键周界的连接通道

图 2-101　在进入/引出金属条上的键合

　　注：仅对条件 B，在第一次不成功的键合后，用于清除键的键剥离可不计为重新键合，只要能证实确实为键剥离。

　　4）条件 A（S 级）和条件 B（B 级）：引线的短缺或多余的引线。

　　(6) 带倒装焊凸点芯片

　　以下要求同时适用于条件 A（S 级）和条件 B（B 级）。呈现下述特征的带凸点芯片不可接收（图 2-105）。

　　1）原设计有凸点的位置上没有凸点；

　　2）焊球小于或大于设计值（标称值）的 20%；

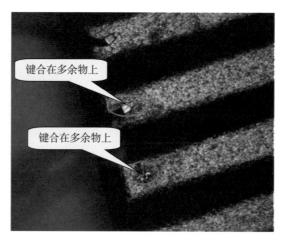

图 2 - 102　键合在多余物上 1

图 2 - 103　键合在多余物上 2

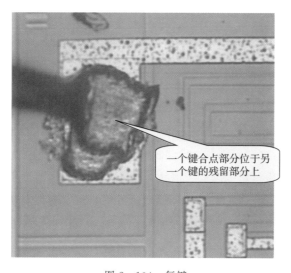

图 2 - 104　复键

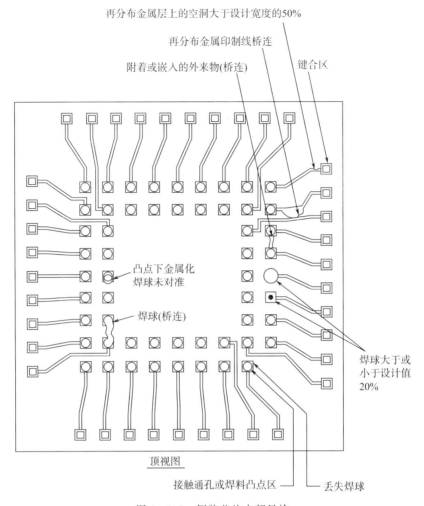

再分布金属层上的空洞大于设计宽度的50%

再分布金属印制线桥连

附着或嵌入的外来物(桥连)

键合区

凸点下金属化焊球未对准

焊球(桥连)

焊球大于或小于设计值20%

顶视图

接触通孔或焊料凸点区　　丢失焊球

图 2-105　倒装芯片内部目检

3）焊球间的桥连；

4）导致焊球或再分布金属层桥连的任何附着或嵌入的外来物；

5）在接触孔上暴露出凸点下层金属化的焊球未对准；

6）再分布金属层上的空洞大于设计宽度的 50％；

7）再分布金属层上的任何桥连；

8）任何因凸点下层金属层未被腐蚀干净而引起的焊球或再分布金属层的桥连；

9）使焊球高度或直径减小大于 20％的机械划伤；

10）再扩散层或介质材料的隆起、脱皮。

注：焊球的轻微划伤或凸点未对准可以通过对焊球再次回流及恢复进行返工。

2.2.4.9　内引线

在检查内引线的要求时，应从不同角度观察器件，以确定完全符合要求，除非这种观察可能损坏器件。呈现下列情况的器件不得接收。

1）条件 A（S 级）：引线与未被玻璃钝化层覆盖的工作金属化层之间、或与另一键之间、或与另一引线之间（公用引线除外）、或与外引线键合区之间、或与芯片上未被钝化的区域之间（与芯片或衬底等电位的引线和键合区除外）以及与封装外壳的任一部分（包括封装后封帽及封接平面）之间的距离小于引线直径的两倍。

条件 B（B 级）：引线与未被玻璃钝化层覆盖的工作金属化层之间、或与另一键之间、或与另一引线之间（公用引线除外）、或与外引线键合区之间、或与芯片上未被钝化的区域之间（与芯片或衬底等电位的引线和键合区除外），以及与封装外壳任一部分（包括封装后封帽封接平面）之间的距离小于引线的直径（图 2 - 106）。

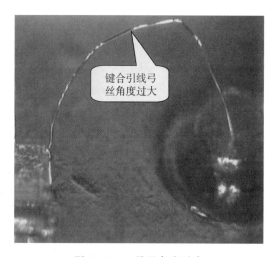

图 2 - 106　弓丝角度过大

注 1：仅对条件 A，在芯片上从键周界算起径向距离为 127 μm 的范围内，间距最小要求为 25 μm。

注 2：仅对条件 B，在芯片上从键周界算起径向距离为 254 μm 的范围内必须有一条明显的间隔线。

注 3：对 SOS 器件，不包括未钝化的绝缘区。

2）条件 A（S 级）和条件 B（B 级）：引线上存在有裂口、弯曲、割口、卷曲、刻痕或颈缩，使引线直径减小了 25% 以上（图 2 - 107 和图 2 - 108）。

3）条件 A（S 级）和条件 B（B 级）：引线和键的接合处出现撕裂。

4）条件 A（S 级）和条件 B（B 级）：从芯片键合区到外引线键合区之间的引线为直线形，而不呈弧形（图 2 - 109）。

5）条件 A（S 级）：从上面观察到引线与引线交叉（公共导线除外）。但对多层封装，交叉发生在较低层引线键合层的边界之内或向下键合的封装内，而且它们之间的最小间隙应为引线直径的两倍以上，这种引线交叉是可接收的（图 2 - 110）。

注：引线不能与一根以上的其他引线交叉，不允许多于 4 个交叉或交叉包含引线多于引线总数的 10%，对任何单独封装腔体取其大者。

条件 B（B 级）：从上表面观察到引线与引线交叉（公共导线除外）（图 2 - 111～图 2 -

图 2 - 107　引线损伤

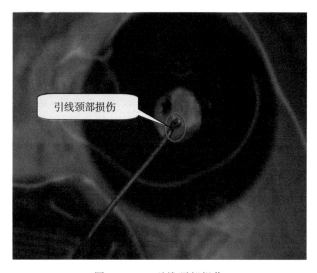

图 2 - 108　引线颈部损伤

114）。引线与键合到不同高度引线柱上的引线交叉，或者与键合到腔体的引线交叉，如果它们之间的最小间隙保持在两个引线直径以上时，这种交叉是可以接收的（如多层封装或带有向下键合芯片的封装）。

　　6）条件 A（S 级）和条件 B（B 级）：引线不符合键合图的要求。

2.2.4.10　芯片安装

　　（1）芯片共晶安装

　　以下要求同时适用于条件 A（S 级）和条件 B（B 级）。呈现下列现象的器件不得接收。

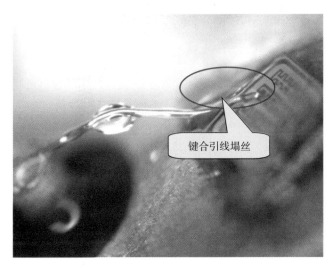

图 2 - 109　键合引线塌丝

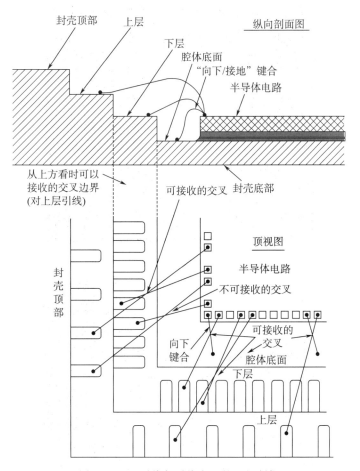

图 2 - 110　引线与引线交叉的 S 级判据

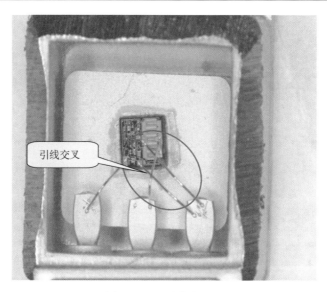

图 2 - 111　引线交叉 1

图 2 - 112　引线交叉 2

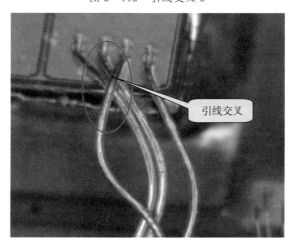

图 2 - 113　引线交叉 3

图 2 - 114　设计不合理导致引线交叉

1）芯片安装材料聚集并延伸至芯片顶部表面或垂直延伸高于芯片顶部表面（图 2 -
115 和图 2 - 116）。

图 2 - 115　焊料上溢到芯片表面 1

2）至少在芯片的两条完整边上完全看不到或是在芯片周边的 75％以上部分看不到芯
片与底座间的安装材料（共晶体）（图 2 - 117 和图 2 - 118），"透明"芯片除外。

3）"透明"芯片的键合面积小于芯片面积的 50％。

4）芯片装架材料剥落。

5）芯片安装材料成球形或聚集，当从顶部观察时可看到周界焊接轮廓不到 50％，或
芯片安装材料的堆积使堆积高度大于底部的最长尺寸，或在任何位置上有堆积颈缩（图
2 - 119）。

图 2 - 116　焊料上溢到芯片表面 2

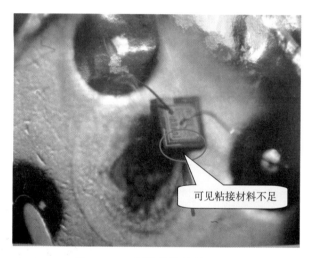

图 2 - 117　可见粘结材料不足 1

（2）芯片非共晶安装

以下要求同时适用于条件 A（S 级）和条件 B（B 级）。呈现下列情况的器件不得接收。

1）芯片四周焊接材料延伸至芯片顶部表面或垂直延伸高于芯片顶部表面。

2）沿着芯片的每个边的 75％ 长度上没有明显的焊接轮廓。

3）焊接材料出现任何剥落、起皮或隆起。

4）在腔壁或腔体底面上出现焊接材料的分离、裂纹宽度大于或等于 51 μm。

5）焊接材料中存在龟裂。

6）焊接材料导致封装引出端之间形成桥接，或在引出端的键合区上有焊接材料。

图 2-118 可见粘结材料不足 2

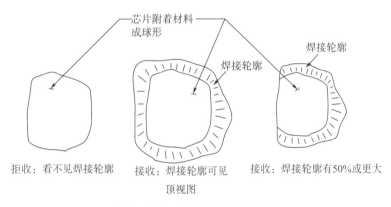

图 2-119 芯片附着材料呈球状

7）焊接材料与导电腔体或内缘相连，并延伸到腔壁上与封装引出端的距离小于 25 μm（金属封装基座或陶瓷封装中的金属化层平面均为导电腔体的实例）。

8）"透明"芯片装架的键合面积小于芯片面积的 50%。

（3）芯片方位

以下要求同时适用于条件 A（S 级）和条件 B（B 级）。呈现下列情况的器件不得接收。

1）芯片定向或定位不符合器件装配图的要求。

2）芯片与封装腔体底面之间的平行关系出现明显倾斜（即：大于 10°）。

2.2.4.11 梁式引线结构

（1）键

本检查判据适合于采用直接工具接触或通过相容中间层所形成的键合区。以下要求同时适用于条件 A（S 级）和条件 B（B 级）。呈现下列情况的器件不得接收。

1）键合的刀具压痕未完全跨过整个梁的宽度。

2）在薄膜衬底金属上的键，刀的压痕使梁式引线宽度增加量不到未变形梁宽的 15%（对采用相容中间层的键为 10%）或大于未变形梁宽的 75%。

3）键合刀具压痕长度小于 25 μm（图 2 - 120）。

4）键合刀具压痕离芯片边缘小于 25 μm（图 2 - 120）。

5）有效键合面积小于精确对准情况下可能达到的梁面积的 50%（图 2 - 120）。

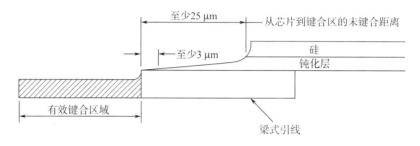

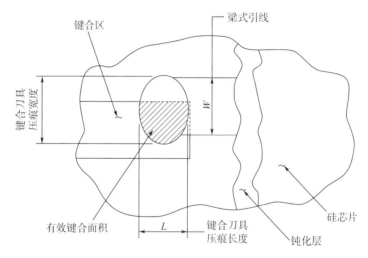

图 2 - 120　梁式引线键合面积和位置

6）梁的有效键合面积中的裂纹或破损大于原梁宽的 50%。

7）键合点之间或键与其不相连的工作金属化层之间的间隔小于 2.5 μm。

8）键的隆起或剥皮。

（2）梁式引线

以下要求同时适用于条件 A（S 级）和条件 B（B 级）。呈现下列情况的器件不得接收。

1）空洞、裂痕、凹陷或划伤使未受破坏的部分小于梁宽的 50%。

2）梁与芯片分离。

3）除设计规定外的梁式引线损伤或不完整。

4）未键合的梁式引线。

5）键合区离钝化层边缘小于 2.5 μm。

6）从梁的两边看去，在芯片和梁之间的钝化层小于 2.5 μm（图 2 - 120 和图 2 - 121）。

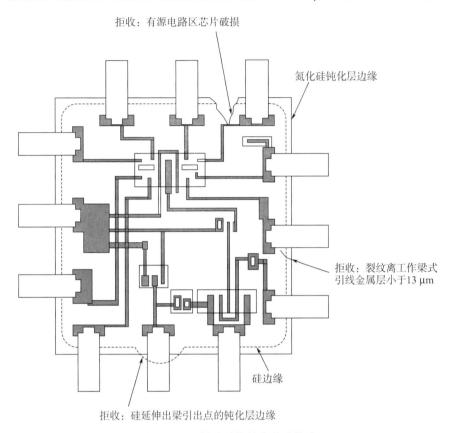

图 2 - 121　梁式引线键合芯片缺陷

2.2.4.12　多余物

芯片应在高放大倍数下检查，封装和盖板应在低放大倍数下检查。芯片安装之前可以在高放大倍数下检查，密封前检验时在低放大倍数下进行重新检查。以下要求同时适用于条件 A（S 级）和条件 B（B 级）。呈现下列情况的器件不得接收。

注：如果多余物可以被移走，可用压力小于 172 kPa 细小气流吹洗，清除多余物。经吹洗后，应检查器件所有的键合引线是否受到损伤。承制方若有特殊工艺或足够的数据保证键合线不会被损伤，也可以使用压力更大的气流进行吹洗。有关数据应该完备，以便根据要求向使用机构或订购方提供。

1）芯片表面的多余物大到足以跨接未被玻璃钝化层覆盖的工作材料（如金属化层、裸露的半导体材料、装架材料、键合引线等）之间的最窄间距（图 2 - 122～图 2 - 124）。

2）在封装中除芯片表面以外的其他地方，在盖板上或在封帽上的多余物大到足以跨接未被玻璃钝化层覆盖的工作材料之间的最窄间距。这里所指的多余物不包括下列材料：半导体材料、玻璃飞溅物、芯片附着区域中的金渣、金共晶体材料或封装陶瓷材料。

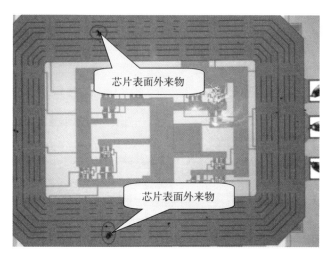

图 2 - 122　芯片表面外来物 1

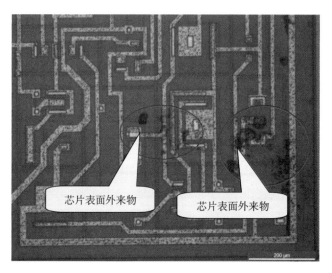

图 2 - 123　芯片表面外来物 2

注：在得到鉴定机构批准的情况下，并且在封帽或密封前，盖或帽一直存放在受控环境中，可用对盖或帽进行适当清洗和质量验证替代 100% 目检。

3）在芯片表面上附着或嵌入的多余物，桥连了包括金属化层在内的有源电路元件，除非用暗场照明下的高放大倍数验证它仅是附着而不是嵌入。

4）芯片表面的液滴、化学污斑、油墨或光致抗蚀剂跨接了未被玻璃钝化层覆盖的任何金属化层或裸露的半导体本体区域（图 2 - 125）。

5）金共晶体材料、封装陶瓷材料或半导体材料的颗粒尽管未附着在芯片上，然而颗粒足够大，以致可桥接未被玻璃钝化层覆盖的工作材料之间最窄部分，且其显示出的焊接轮廓累积周长小于 50%，或其高度大于底部最长尺寸。

注 1：仅对条件 B，如果在装配工艺中，芯片装架以后用小于 413kPa 的气流吹洗，在

图 2 - 124　芯片表面外来物 3

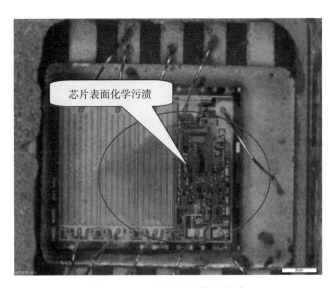

图 2 - 125　芯片表面化学污渍

引线键合后再次用小于 172 kPa 气流吹洗，如果多余物（未附着，且尺寸足以形成桥接）被吹掉，则可不考虑本条要求。

注 2：若芯片安装区域存在不影响正常芯片装配的金渣、密封玻璃溅出物（如果这并不表示工艺受控不良，且不影响芯片安装区域）或从玻璃密封溢出的内部玻璃（假如它仅限于封装壁范围，且不影响芯片安装区域），则可不拒收。

（1）芯片上有涂层器件中的多余物

对装配工序期间采用芯片涂层的所有器件，都需按本条件进行检验。检验在芯片涂层处理后进行。

以下要求同时适用于条件 A（S 级）和条件 B（B 级）。呈现下列情况的器件不得接收。

1）在芯片涂层表面上或封装内的非附着性多余物颗粒大到足以桥连未被玻璃钝化层覆盖的工作材料（如：金属化层、裸露的半导体材料、安装材料、键合引线等）之间的最窄间距。

注：半导体颗粒应作为多余物对待。

2）局部嵌入的多余物，其未嵌入的部分大到足以桥连未被玻璃钝化层覆盖的工作材料（如：金属化层、裸露的半导体材料、安装材料、键合引线等）之间的最窄间距。

3）在芯片涂层上附着的或嵌入的多余物，当从上面观察时显现出桥连了未被玻璃钝化层覆盖的工作材料（如：裸露的半导体材料、键合区、键合引线、安装材料等）。

4）嵌入的多余物颗粒穿过芯片涂层的整个厚度。

（2）芯片涂层材料

以下要求同时适用于条件 A（S 级）和条件 B（B 级）。呈现下述情况的器件不得接收。

1）穿过芯片涂层并暴露下层被玻璃钝化层覆盖的金属表面划伤；

2）从半导体表面隆起或脱皮的芯片涂覆。

2.2.4.13 背面金属化层

应在芯片安装之前用低放大倍数进行检查（允许在高放大倍数下进行验证）。在得到订购方的批准后，承制方可以用晶圆级的抽样检查方案代替对芯片的 100％ 检查，抽样检查方案应形成文件，编入承制方的基线文件中。以下要求同时适用于条件 A（S 级）和条件 B（B 级）。呈现下列情况的器件不得接收。

1）金属腐蚀、隆起、脱皮、起泡。

2）空洞或划伤暴露了下层金属层或衬底，其累积的面积大于元件面积或器件面积的 25％。

3）在通孔金属化中的任何空洞或划伤，其影响大于通孔金属化的 25％，或引起金属化通路出现了不应有的隔断。

4）通孔刻蚀不足。

5）通孔刻蚀过度。

标准二：GJB 548B 方法 2017

本试验的目的是检查混合集成电路、多芯片微电路和多芯片组件的内部材料、结构和制造工艺。本试验适用于 H 级和 K 级混合电路及声表面波（SAW）器件，也可检查下述类型的器件：

1）无源薄膜和厚膜网络；

2）有源薄膜和厚膜电路；

3）由上述 1）和 2）的组合、叠层或其他互连方式形成的多片电路。

通常在封帽或密封前，对器件 100％ 进行本项检查，从而检出并剔除带有内部缺陷的器件。这种缺陷会导致器件在正常使用时失效。也可在封帽前进行抽样试验，从而确定承制方对器件的质量控制和处理程序的有效性。

混合电路应按 2.2.4.14～2.2.4.22 中规定的要求对每一块混合集成电路、多芯片微电路、SAW 或微波混合集成电路进行内部目检。每项检查所要求的放大倍数应与相应的试验方法规定的放大倍数相一致。

2.2.4.14　有源和无源元件

所有集成电路应按照 GJB 548B 方法 2010 进行检查。

H 级按 B 级单片，K 级按 S 级单片，具体条款如下：

- 方法 2010 中金属化层缺陷；
- 方法 2010 中扩散和钝化层缺陷；
- 方法 2010 中划片和芯片缺陷；
- 方法 2010 中玻璃钝化层缺陷；
- 方法 2010 中介质隔离；
- 方法 2010 中膜电阻器缺陷；
- 方法 2010 中激光修调的薄膜电阻器缺陷；
- 方法 2010 中多余物；

所有晶体管和半导体二极管应按 GJB 548B 方法 2010 或 GJB 128A 中适用方法检查。无源元件应按照 GJB 548B 方法 2032 检查。

2.2.4.15　元件粘结（装配）

用 10～60 倍的显微镜检查，图 2－126 和图 2－127 为各种粘结介质类型的视图示例。对 H 级电路，可以用机械强度试验或 X 射线照相检查代替目检判据来验证粘结。对 K 级电路，可以用机械强度试验方法来评价绝缘性粘结；对于导电粘结，可用鉴定机构批准的其他方法验证粘结的完整性。

呈现下列情况的器件不得接收。

1）对于无端电极的元件，大于 50％的元件周界上见不到粘结介质（图 2－128 和图 2－129），除非粘结介质在元件的两个不相邻的侧边上是连续的（图 2－130）。

注：当用预成型或印制的方法使粘结材料大于粘结区域 50％时，1）的判据不适用。

2）H 级：对于导电粘结的有端电极元件，每端周界至少有 50％缺少介质；而绝缘粘结的有端电极元件（如元件端电极之间的主体部分被粘结），使用上述的 1）条判据；K 级：对于导电粘结的有端电极元件，每端周界至少有 25％缺少介质；而绝缘粘结的有端电极元件（如元件端电极之间的主体部分被粘结），使用上述的 1）条判据。

3）从底部观察玻璃基板或透明芯片时，有效粘结面积小于 50％（图 2－131）。

4）粘结介质材料剥落。

5）没有焊接轮廓线的焊料或合金材料球状物（图 2－132 和图 2－139（a）详图 A）。

6）导电粘结介质延伸到任何非电学公共端的功能金属化区（图 2－133～图 2－136）或元器件的间距小于 25 μm。

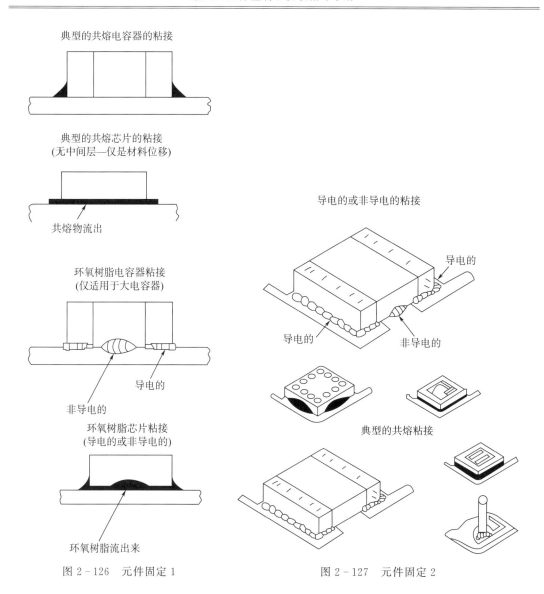

图 2-126　元件固定 1

图 2-127　元件固定 2

图 2-128　粘结介质少于 50%（拒收）1

图 2-129　粘结介质少于 50%（拒收）2

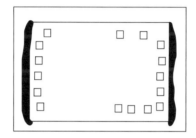

图 2-130　粘结介质在两个不相邻的侧边上连续（接收）

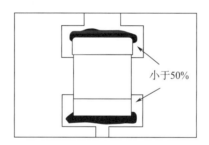

小于50%

图 2-131　有效粘结面积小于 50%

图 2-132　没有焊接轮廓线的焊料

环氧树脂

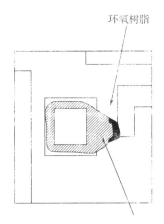

图 2 - 133　导电粘结介质延伸到功能金属化区 1

图 2 - 134　导电粘结介质延伸到功能金属化区 2

图 2 - 135　导电粘结介质延伸到功能金属化区 3

图 2 - 136 焊接产生的变形

7）粘结材料表面的裂纹长度大于 127 μm 或大于接触周长的 10%，取其大者。

注：粘结介质边缘的裂纹或褶皱不应视为裂缝 ［图 2 - 139（a）］。

8）粘结带在粘结点的直径小于该带最大长度的 50% ［图 2 - 137、图 2 - 138 和图 2 - 139（b）］。

图 2 - 137 粘结点的直径小于粘结带最大长度的 50% 1

图 2 - 138 粘结点的直径小于粘结带最大长度的 50% 2

9）对于连接到封装引线柱上的元件，能看到的粘结介质少于柱周长的 25％。当引线柱也用于基板粘结时，可见的粘结介质不应少于柱周长的 50％〔图 2－139（c）〕。

10）冷焊接①。

11）非导电粘结材料覆盖淀积电阻材料的面积超过 10％，仅适用于镍铬薄膜。

2.2.4.16　元件方向

元件未按装配图定位或走向的不得接收，除非在装配图中说明，否则键合和电器结构对称的元件可以扭转〔图 2－139（d）〕

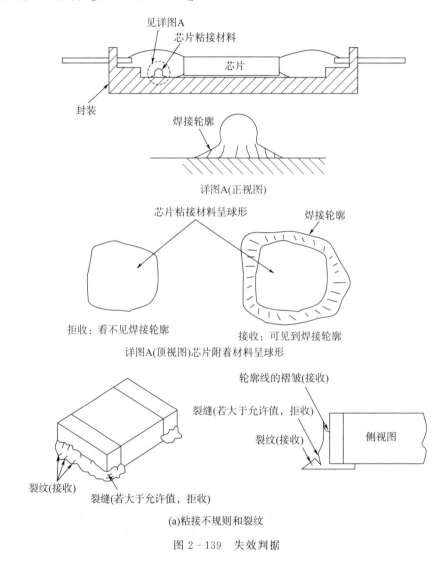

图 2－139　失效判据

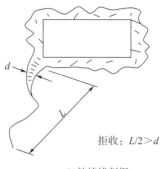

拒收：$L/2 > d$

(b)粘接线判据

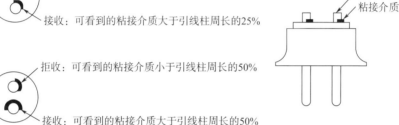

(c)封装引线柱判据

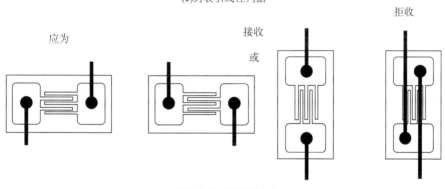

(d)可接收的对称元件方向

图 2-139　失效判据（续）

2.2.4.17　间距

元件与基板边缘之间的间距不应小于 $76~\mu m$，元件上的非绝缘部分与任何不与其形成电连接的导电表面之间的最小间距应大于 $25~\mu m$。

2.2.4.18　键合检查

放大 $30 \sim 60$ 倍，该项检查和判据应依据不同的键合类型来确定，而且是采用俯视的观察方式进行检查。

注：确定键合尺寸时，尾丝不视为键合的一部分。

（1）球焊键合

呈现下列情况的器件不得接收：

1）球焊键合的直径小于引线直径 2 倍或大于 5 倍；

2）球焊键合的引出线不完全在球的周界内；

3）球焊键合的引出线中心不在键合区边界内（图 2 - 140）。

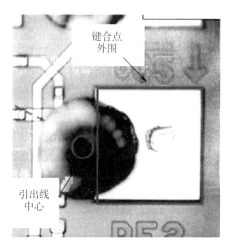

图 2 - 140　引出线中心不在键合区边界内

（2）楔形键合

呈现下列情况的器件不得接收（图 2 - 141）：

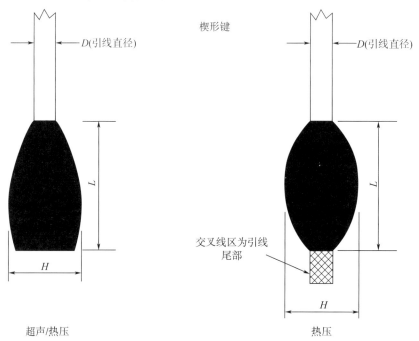

图 2 - 141　楔形键合

1）超声和热声楔形键合，键合宽度小于引线直径的 1.0 倍或大于 3.0 倍，或者其长度小于引线直径的 0.5 倍，或者没有工具压痕。

2）热压楔形键合，键合宽度小于引线直径的 1.2 倍或大于 3.0 倍，或者其长度小于引线直径的 0.5 倍，或者没有工具压痕。

（3）无尾键合（月牙形）

呈现下列情况的器件不得接收（图 2 - 142）：

1）无尾键合的宽度小于引线直径的 1.2 倍或大于 5.0 倍；

2）金丝在芯片铝键合区上的无尾键合。

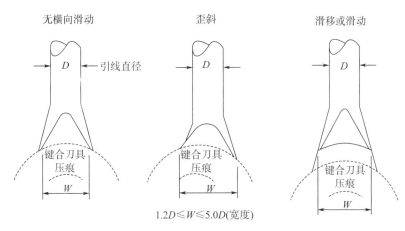

图 2 - 142　月牙形键合尺寸

（4）复合键合

呈现下列情况的器件不得接收：

由排除故障或调谐造成的键合断开或脱落，不计入 10% 返修数量。

1）用于固定两根公用引线的键合（图 2 - 143）。

2）在原有的键合点上面有多于一个的键合点。

注：当设计上要求、技术上需要时，并得到鉴定机构或订购方的批准，允许另外的复合键合而无须考虑 1）和 2）的限制。但对可接收的 $N + 1$ 次键合叠层（N 是制造工艺所允许复合键合的最大数目），应作必要的说明和建立有效的工艺控制，并应得到批准。

3）第二次键合的接触面积小于下层键合面积 75% 的复合键合。

4）不同金属的复合键合（例如，不同的金属之间，但不包括键合区金属化层）（图 2 - 144）。

（5）梁式引线

本检查和判据适用于直接工具操作的整个键合区，呈现下列情况的器件不得接收：

1）在梁式引线的整个宽度内，键合（或焊接）压痕未 100% 呈现出。

注：键合（或焊接）尖端自然劈裂造成的梁式引线键合（或焊接）之间的缺口，只要所有间隙不超过梁式引线宽度的 25%，是可以接收的。

2）梁式引线与芯片全部或部分分离。

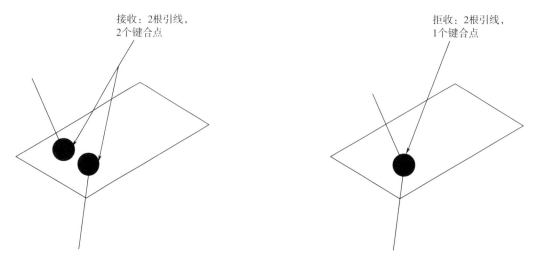

接收：2根引线，
2个键合点

拒收：2根引线，
1个键合点

图 2 - 143　用于固定两根公用引线的键合

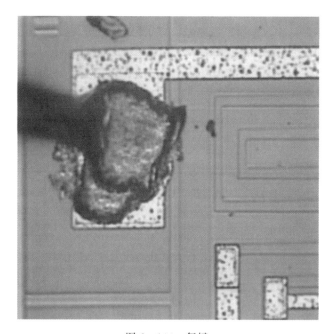

图 2 - 144　复键

3）基板上的梁式引线键合未见工具压痕。

4）梁式引线增加的宽度大于原始宽度的 60%。

5）在键合处工具压痕长度小于 25 μm（图 2 - 145）。

6）键合工具压痕离芯片边缘不到 25 μm（图 2 - 145）。

7）有效键合面积不到精确对准情况下梁面积的 50%（图 2 - 145）。

8）在最接近芯片上键合区的结合点与芯片之间梁式引线的任何破损，或者在距离等于 50% 梁式引线宽度的梁式引线键合区域内的破损（图 2 - 146）。

9）键合点与钝化层边缘之间无可见间隙（图 2 - 145）。

10）在梁式引线和非电学公共端的金属化层之间不存在可见间隙，该条款适用于金属化层。

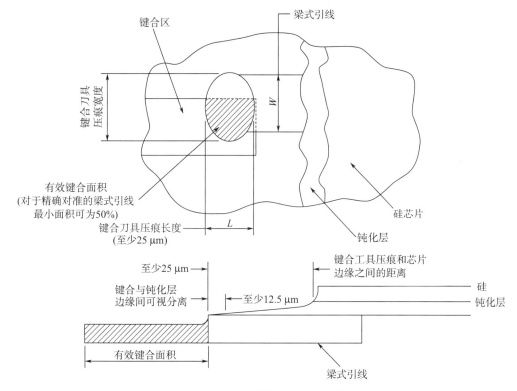

图 2 - 145　梁式引线面积和位置

（6）网眼键合

呈现下列情况的器件不得接收：

1）在基板金属化层上的键合面积小于总面积的 50%。

2）穿过各段的纵向网格线，连续的网格线数目少于 50%（图 2 - 147）。

3）通过键合区的连续支路数，对于 H 级器件少于 1 条，对于 K 级器件少于 2 条（图 2 - 148）。

（7）带键合

呈现下列情况的器件不得接收：

1）在带环与键合/焊接的结合处不能有任何的缺损（图 2 - 146）。

2）在带与下层金属化层重叠的区域内，键合压痕未 100% 呈现出。

注：由键合（或焊接）尖端自然劈裂造成的带上键合（或焊接）之间的缺口，只要所有间隙不超过带宽度的 25%，就可以接收。

3）有效键合面积小于精确对准时的 50%。

4）键合尾丝长度大于带的宽度或者 254 μm（取较小值），或者桥连邻近的金属化层。

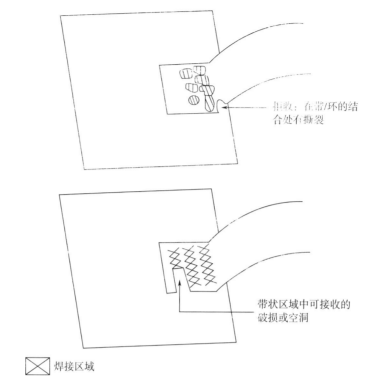

图 2-146 带状连接区中可接收/拒收的破损或空洞

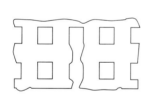

拒收：少于一半的支路连续
(3路中2路不连续)

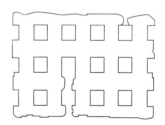

接收：2个(一半)或更多的支路
连续路过每一个部分

图 2-147 网眼键合标准 1

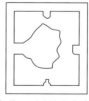

拒收：无连续的支路

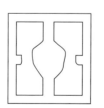

接收：至少一路连续

图 2-148 网眼键合标准 2

5）键合调谐短带的未键合端的长度大于带宽或者 254 μm（取较小值），并且未键合端未采用聚合粘结剂固定过。

（8）通用要求

呈现下列情况的器件不得接收：

1）对于 H 级，芯片上的键合，其 50% 以下的部分在未被玻璃钝化的键合区内。

对于 K 级，芯片上同种金属的键合，其 50% 以下的部分在未被玻璃钝化的键合区内；芯片上不同金属的键合，其 75% 以下的部分在未被玻璃钝化的键合区内。

2）对于 H 级，由于键合使原来在键合区的金属发生移位（挤出金属），使未经玻璃钝化的工作金属化层或划片槽与键合区之间的间距减小到小于原设计间距的 50% 或小于 6 μm（取较小值）。

对于 K 级，由于键合使原来在键合区的金属发生移位（挤出金属）超过 25 μm，或者使未经玻璃钝化的工作金属化层或划片槽与键合区之间的间距减小到小于原设计间距的 50% 或小于 6 μm（取较小值）。

3）封装引线柱或基板上的键合点不完全在键合区内。

注：对于基板键合区尺寸小于最小键合尺寸的 1.5 倍时，应拒收基板键合区内少于 50% 的键合。

4）键合点的位置使从键合点引出的引线与另一键合点交叉（公用键合点除外），在此情况下间距至少应是引线直径的 2 倍（对公共键合点不应用此条款）。

5）在非电气公共键合点之间，看不到可见的间隔线。

6）在键合和非电气公共金属化层之间看不到可见的间隔线，本条款适用于有玻璃钝化金属化层和无玻璃钝化金属化层。

7）键合引线的尾丝延伸到或接触到任何非公共的、未玻璃钝化的有源金属区。

8）键合引线的尾丝在键合区的长度超过引线直径的 2 倍，或封装引线的长度超过引线直径的 4 倍。

9）在元件粘结材料、污染物或多余物上的键合点。

10）任何剥落与脱皮的键合。

11）扩展的异种金属间化合物完全包围了任何键合的金属界面。

12）位于键合区到金属化引线出口处的楔形键合、月牙键合或球形键合，键合区周边和金属化条（至少一条边）之间不存在可见的未损伤金属通路。

注 1：当键合区连入金属化导体宽度大于 50 μm，并且连入金属化导体一侧键合区尺寸大于 89 μm 时，可不执行本条款。

注 2：仅对 H 级，当可接收的尾丝遮蔽有关区域，且存在下列情况时，可以满足可见金属通路的要求，键合距连入键合区的导体与键合区交叉线的距离在 3 μm 以上，且在键合和尾丝交界处未见受损的键合区金属化层。

注 3：本条款不适用梳状引线，也不适用热声/超声（例如非热压）键合与下层材料是单金属之间的界面。

13）从色彩证明引线键合周围 127 μm 以内有聚合粘结剂材料或其残余。

14）引线和键合接合处的破损。接合处是指在键合点的引线折痕线。

2.2.4.19　内部引线（例如键合丝、带、梁、线环、带环等）

在 10～60 倍放大倍数下检查，呈现下列情况的器件不得接收：

1）球形键合引线离芯片表面键合点 127 μm 以内、楔形键合引线离芯片表面键合点 254 μm 以内，任何引线距离不该电连接的导电表面（例如未玻璃钝化的工作金属化层、未钝化的导电芯片边缘）小于 25 μm。

注：绝缘引线和电学公共端不使用此条款。

2）球形键合引线离芯片表面键合点 127 μm 以外、楔形键合引线离芯片表面键合点 254 μm 以外，任何引线距离不该电连接的导电表面（例如未玻璃钝化的工作金属化层、未钝化的导电芯片边缘）小于 2 倍引线直径。

注：绝缘引线和电学公共端不使用此条款。

3）引线上的裂口、切伤、刻痕、弯曲或颈缩使引线直径减小 25％ 以上（图 2 - 149～图 2 - 151）。

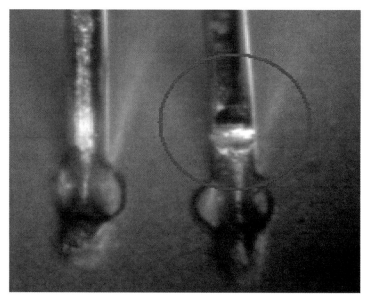

图 2 - 149　引线刻痕

4）不符合键合图要求的遗漏或额外的键合丝。

注：对于射频微波器件，不符合键合图要求的遗漏、多余的引线或带键合图上为调谐设计的引线或带除外。

5）键合点为直线而不成弧形的引线。

6）与元件本体全部或部分分离的引线（图 2 - 152）。

7）引线环过高，使其在装配后引线触及封盖。

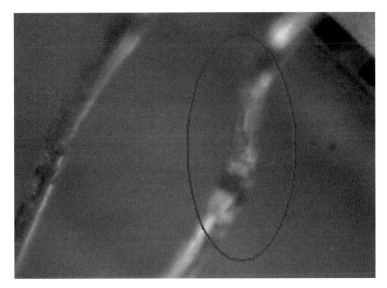

图 2 - 150　引线切伤弯曲

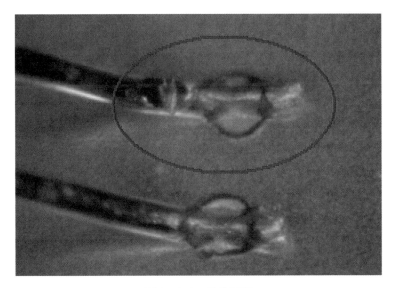

图 2 - 151　引线切伤

2.2.4.20　螺丝接头和螺孔安装（在 3～10 倍下检查）

呈现下列情况的器件不得接收：

1）接头未对准。

2）接头遗漏或损坏。

3）裂缝始于螺孔。

4）基板松动。

5）螺丝遗漏或松动。

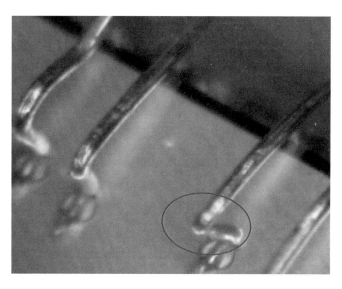

图 2 - 152　引线分离

2.2.4.21　连接器和穿通线中心接触焊接（在 10~30 倍下检查）

呈现下列情况的器件不得接收：

1）中心接触与金属化层图形重叠部分不到 50%（图 2 - 153）。

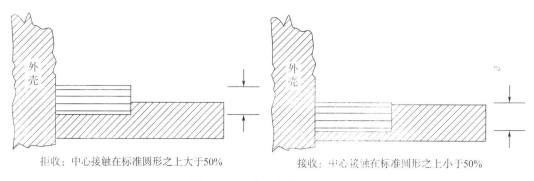

拒收：中心接触在标准圆形之上大于50%　　　　接收：中心接触在标准圆形之上小于50%

图 2 - 153　中心接触焊接标准

2）中心接触和基板的交叠部分小于圆形引线的直径或小于扁平引线的宽度（图 2 - 154）。

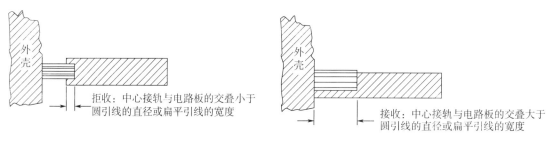

拒收：中心接轨与电路板的交叠小于
圆引线的直径或扁平引线的宽度

接收：中心接轨与电路板的交叠大于
圆引线的直径或扁平引线的宽度

图 2 - 154　和基板的中心接触交叠

3）焊接中的空洞（图 2 - 155）。

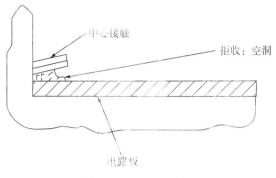

图 2 - 155　空洞判据

4）焊接处开裂（图 2 - 156）。

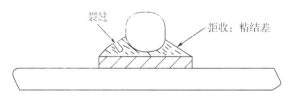

图 2 - 156　裂缝/粘结判据

5）焊料和中心接触或基板粘附不良（图 2 - 156）。

6）焊料过剩或不足（图 2 - 157 和图 2 - 158）。

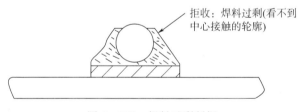

图 2 - 157　焊料过剩判据

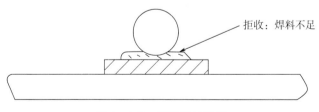

图 2 - 158　焊料不足判据

7）在沿中心接触和金属化层的长度方向上，焊料没有全部覆盖（图 2 - 159）。

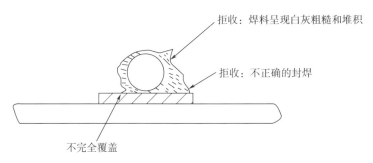

图 2-159　焊料判据

2.2.4.22　封装情况在 10～60 倍放大倍数下检查

呈现下列情况的器件不得接收：

1）在封装内或在封装壳内存在没有固定住的多余物。

注：多余物将视为未固定的，除非能证明是固定的。当多余物最大长度大于最邻近的未被玻璃钝化的导体间距的 75% 时，可用恰当的机械器具（即针、探针、钓针等）轻轻触动它来核实附着情况，可以采用订购方批准的清洗工艺来验证较小的外来物附着情况，所有的多余物或颗粒均可用气流吹（大约 138kPa）以验证其附着情况。

2）附着的多余物使金属化层通路、封装的两引线、封装金属化层与引线、各功能电路元件、各个结或者以上各部分之间桥接。

3）液滴或任何化学沾污使未被玻璃钝化的工作金属表面之间桥接。

4）阻碍充分密封的密封面的物理损伤或污染（共晶或聚合材料）。

5）存在残余助焊剂（图 2-160 和图 2-161）。

注：使用 10～15 倍放大。

图 2-160　残余助焊剂

图 2 - 161　残余助焊剂

6）看不到轮廓线的熔融多余物。

标准三：GJB 548B 方法 2032

本项检验的目的是检查器件（包括射频/微波器件）中采用的无源元件是否存在如本方法所述的外观缺陷；本方法可以用于对未安装的元件在密封前或封装前进行 100% 检验，以发现和剔除那些带有可能导致在正常使用中失效的外观缺陷的元件；它还可以对未安装的元件在封装或包封之前按抽样检验的方式进行，以确定承制方对无源元件的质量控制和处置程序的有效性。目检的判据分以下四部分内容：

第 1 部分　涉及平面薄膜元件（电阻、电容、电感、单层图形化基板和多层图形化基板）；

第 2 部分　涉及平面厚膜元件（电阻、电容、电感、单层图形化基板和多层图形化基板）；

第 3 部分　涉及非平面元件（陶瓷片式电容器、片式铝电容器、片式平行板电容器、片式电阻器、电感和变压器等）；

第 4 部分　涉及声表面波（SAW）元件。

各部分包含的检验内容规定了 K 级和 H 级元件的目检要求（无源元件的等级见 GJB 2438B 的筛选要求）。

GJB 548B 方法 2032 中列出了大量的无源元件缺陷判据的示意图，本书不再重复，元器件质量保证人员可直接参考标准原文。

2.3 集成电路的验收

集成电路的验收应按照第 1 章 1.3.3 的要求进行，其中"交收试验"的具体方法以本节为准。集成电路通用交收试验项目和要求见表 2 - 2。

表 2 - 2　集成电路通用交收试验项目和要求

序号	试验项目	GJB 548B	
		方法	条件或要求
1	DPA	5009	本节(1)要求
2	室温电参数测试	—	按适用的详细规范要求
3	PIND*	2020	条件 A
4	密封	1014	细检漏:条件 A1 或 A2 粗检漏:条件 C1 或 C2
5	高温电参数测试	—	按适用的详细规范要求
6	低温电参数测试	—	按适用的详细规范要求
7	标志	—	本节(2)要求
8	外形尺寸	2016	本节(3)要求
9	外观检查	2009	本节(4)要求

注: * 要求记录 PIND 试验次数、每次试验的合格/不合格情况。

（1）破坏性物理分析（DPA）

DPA 在供需双方认可的独立实验室进行，或在使用方进行，或有使用方人员参加的情况下，在承制方进行。DPA 应符合 GJB 4027 的要求。若无其他规定，DPA 样品数按交货数量的 10% 随机抽取，但同一封装批不少于 1 只且不多于 3 只。DPA 试验时项目不应少于表 2 - 3 的规定。

表 2 - 3　破坏性物理分析

序号	试验项目	GJB 548B	
		方法	条件或要求
1	结构分析a[1]	—	—
2	外部目检	2009	—
3	PIND	2020	条件 A
4	密封	1014	细检漏:条件 A1 或 A2 粗检漏:条件 C1 或 C2
5	水汽含量测试	1018	按适用的详细规范要求
6	内部目检	2010[1] 或 2017[2]	—
7	SEMb	2018	—
8	键合强度	2011	—

续表

序号	试验项目	GJB 548B	
		方法	条件或要求
9	芯片剪切强度	2019	—

注：a 按照使用方规定的程序和方法进行。
　　b 若晶片级已经进行了 SEM，可不必重复。
[1] 适用于半导体集成电路。
[2] 适用于混合集成电路。

（2）标志

器件外壳上的标志应清晰、牢固，标志内容符合详细规范的规定。随机抽取三只样品，或选用 DPA 样品。用棉花沾无水乙醇且每只样品擦三次后，标志仍应保持清晰。

（3）外形尺寸

器件的封装形式应符合适用的详细规范要求，或按照采购文件的规定。抽样 3 只，用合适的量具测量器件的外形尺寸，发现不合格时应全部检查。

（4）外观检查

集成电路应按照 GJB 548B 方法 2009（本书 2.2.2）中的要求进行检查，凡存在标准中所描述的缺陷，应予以拒收。

2.4　集成电路典型失效案例

2.4.1　静电损伤

案例一：

（1）问题概述

某遥控单元先后发生 A 通道接收异常和遥控自检指令不能正常执行的问题，导致遥控单元甲机、乙机先后失效。另一遥控单元乙机无译出指示，导致遥控单元乙机失效。

（2）机理分析

以上 3 起问题定位于遥控单元指令译码电路异常，发生异常的最大可能性是其采用的 CMOS 器件在生产、调试和试验过程中受静电软损伤，器件在后续工作中受环境和电应力作用，损伤处逐渐恶化，导致器件在轨失效。

静电损伤一般在光学显微镜下观察不到明显的失效点，而通过扫描电子显微镜（SEM）可观察到轻微烧毁的痕迹，如图 2 - 162 所示。

（3）警示

静电损伤具有隐蔽性、潜在性、随机性、复杂性等特点，设计选用单位要加强设计人员的静电防护意识，要求设计伊始，就将静电敏感器件的识别、防静电设计贯穿其中。生产单位应制定静电管理制度，系统开展静电防护工作，配置充分适宜的硬件资源，做好人员培训，严格按要求开展静电防护、检测、记录等工作。

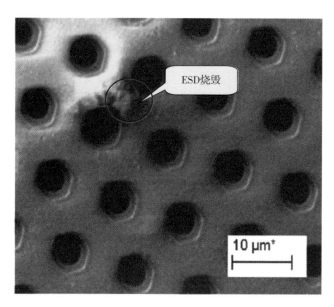

图 2-162　静电损伤

2.4.2　闩锁失效

案例二：

（1）问题概述

某型系统测试时出现异常。故障定位于计算机板上的 BU-61581S6-110K 型 1553B 接口芯片失效。

（2）机理分析

在立体显微镜下观察，发现电路内部 B 通道收发器芯片与+5 V 电源端相连的键合引线存在过流熔断现象，键合引线熔断后形成明显熔球，如图 2-163 所示。根据原理分析，造成上述现象的原因是由于 CMOS 芯片内部的闩锁效应产生了低阻抗通道，导致收发器与供电管脚之间流过大电流，使得键合丝熔断。

（3）警示

闩锁效应是 CMOS 集成电路所特有的寄生效应，抑制 CMOS 电路的闩锁，主要应从版图设计、加工工艺及使用防护等方面进行改进。各单位在使用 CMOS 集成电路时应注意以下事项：

1）电路板或系统调试时，所有测试仪器都应良好接地并与所测器件共地，同时测试仪器地端与被测器件地端应先连接，然后再将测试探头与被测器件测试端连接，而断开时反之；系统正在工作或维护时，不要带电插拔印制板；加电时，应先加电源后加信号，断电时反之。

2）尽量避免采用多电源系统，避免采用电容耦合电路（如必须采用，则应避免两个电容的容值相差太大），避免采用 CMOS 电路去驱动大电容，避免用高压模拟电路去驱动数字 CMOS 电路。

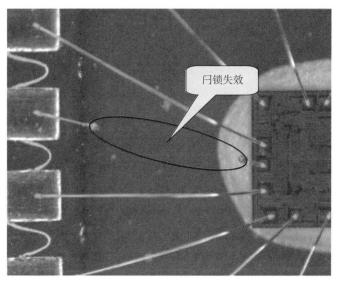

图 2 - 163　电路闩锁失效

3）尽量避免长线驱动，减小电源线和地线上的等效串联电阻。

2.4.3　分层失效

案例三：

（1）问题概述

某型塑封 FPGA 元器件短路失效，声扫发现电路内部芯片与底部填充胶已经分层（图 2 - 164），且部分焊点桥连（图 2 - 165）。

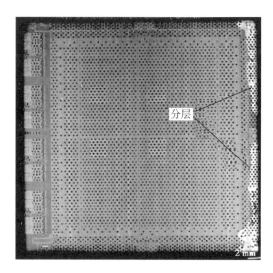

图 2 - 164　SAM 检测到芯片与底部填充胶分层

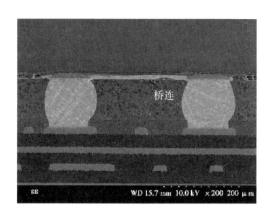

图 2 - 165　内部凸点桥连

（2）机理分析

制作金相切片观察，可见凸点重熔进入声扫分层的界面。凸点的主要成分为锡（Sn）和铅（Pb），Sn63/Pb37 锡铅焊料是一种低温焊料（熔点为 183℃），当器件内部的温度超过锡铅焊料的熔点时，凸点就会熔化。如果此时填充料与芯片之间存在分层，熔化的锡铅焊料就会在分层处流动，最终导致不同凸点之间短路。该塑封 FPGA 元器件底部填充胶的主要材料是高分子为基体的复合有机材料，这些高分子材料具有亲水性，湿气渗透进入后，会在这些聚合物的微孔隙及界面处以气液混合态存在，回流焊时环境温度达到 245℃左右，内部发生汽化，蒸汽压力上升，界面发生分层。器件如果在装配前的预处理过程中存储、使用不当，极易造成水汽入侵。

（3）警示

塑封元器件在尺寸、质量、成本等方面具有优势，但是塑封材料有许多不足，如封装树脂的非气密性易导致元器件内发生湿气腐蚀或"爆米花"效应；封装材料参数不同易引起界面断裂或分层等。设备中的关键和重要元器件不应选择塑封元器件，如确需选用塑封器件则应进行严格的控制和审批。声扫试验可以有效剔除已发生分层的塑封元器件。

2.4.4　焊接失效

案例四：

（1）问题概述

某主控制系统发生故障，问题定位于其内部使用的混合塑封集成电路（EEPROM）短路失效。

（2）机理分析

X 射线结构分析（图 2 - 166）显示混合塑封集成电路中的短路是由于焊接时焊料桥连引起，开封芯片后观察到两只引脚之间焊料桥连（图 2 - 167）。

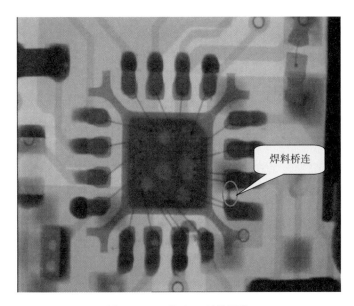

图 2 - 166　芯片 X 射线图像

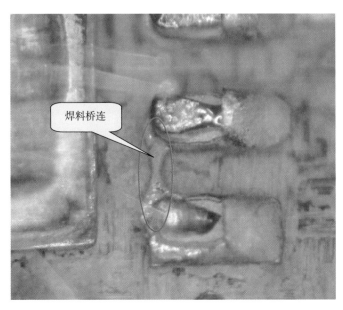

图 2 - 167　焊料桥连形貌

（3）警示

　　混合集成电路微型化和高集成度促使表面安装元器件的引线间距越来越小，焊接也越来越困难，焊接桥连是引线细间距元器件焊接中一种比较常见的缺陷。造成这种缺陷的因素很多，既有设计不当的因素，又有焊膏印刷、焊接等工艺过程控制不当的因素。工艺控制因素有焊料体积、润湿角、焊点结构、升温速率等。生产单位在焊接时应采取以下措施防止此类焊接桥连：

1）提高焊膏印刷质量及位置精度。

2）控制焊膏的印刷量。

3）在易桥连处采用阻焊膜。

生产单位和元器件质保人员应加强引线细间距元器件的镜检工作，确保此类缺陷能够有效剔除。

案例五：

（1）问题概述

某系统遥测数据异常，发现 PC 模块印制板上 SNJ54HCT245FK 元器件 14 管脚爬锡高度相对较低，焊点疲劳开裂，如图 2 - 168 和图 2 - 169 所示。

图 2 - 168　　故障点位置示意图

（2）机理分析

该元器件引脚表面存在氧化现象，氧化层阻碍焊锡浸润，造成焊锡上爬高度相对较低，承载能力相对较差，且该故障点位于元器件的角部位置，受应力较大，且经过多次环境应力试验的冲击后，最终造成元器件管脚与印制板焊盘焊点疲劳开裂。

（3）警示

设计生产单位在产品设计初期应考虑元器件的可焊性，进行设计工艺性审查并对新型封装元器件进行充分的可焊性工艺验证，细化工艺规程。因 LCCC 封装形式的元器件焊点失效问题较多，应加强此类元器件的焊接过程控制，并制定针对性的焊接质量检验要求。

针对 SMD 元器件引脚氧化的研究表明，高温高湿是形成氧化层的主要原因，而造成 SMD 元器件引脚吸潮氧化的原因是在空气中暴露的时间过长，或者超过元器件的有效贮

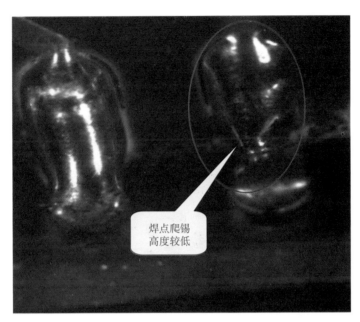

焊点爬锡
高度较低

图 2 - 169 故障点示意图

存期。各使用单位应从元器件采购、入厂复验、库房保管和生产装配等各环节加强防护，
避免类似问题的发生。

案例六：

（1）问题概述

某整机产品测试时出现异常。问题定位于其内部使用的 MSK 型功率驱动电路故障。
该电路 PMOS 芯片栅—源短路，但是在光学显微镜和扫描电镜下均观察不到明显痕迹。

（2）机理分析

电路失效是由于焊接过程中焊接压力和超声功率过大造成铝层下沉，二氧化硅层碎
裂，引发栅—源接触短路（图 2 - 170）。

焊接压力是热声焊的基本条件，施加压力的目的是为了使两焊接面紧密地接触，压力
过小时，劈刀不能牢固地压住金丝，超声功率不能传递到金丝与镀金层或芯片金属层的交
界面上，不能产生"交变剪应力"以致焊接不牢固。压力过大时，金丝会因变形太大导致
芯片损伤。

（3）警示

丝焊（引线键合）是微电子封装中重要的工艺环节，是完成芯片与电路、电路之间、
芯片与封装间电连接的最基本方式。同时，它也是一个复杂的固态键合过程，可靠性受到
多种因素影响，如器件设计、材料选择、焊接过程、设备稳定性、前工序、环境等。上述
问题的发生是由于在热声焊过程中焊接压力参数选取不当导致。

生产单位应加强电路焊接过程的工艺参数研究，既要保证键合引线的可靠性，又不能
对芯片造成损伤。同时，还应对影响焊接质量的风险因素进行充分识别和管控，确保焊接
稳定可靠。

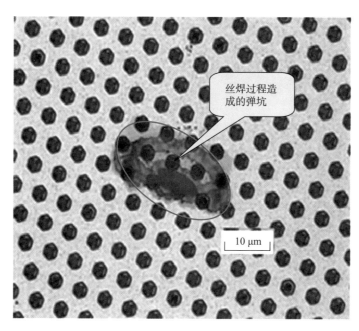

图 2 - 170　弹坑

2.4.5　粘片缺陷

案例七：

（1）问题概述

某整机产品基准方波输出电压超差，超差原因为 LB8073 电路故障。

（2）机理分析

LB8073 电路内部二极管 2CK75D 芯片背面金（Au）层偏薄，因组装采用环氧导电胶（含银 Ag 颗粒）粘结工艺，正常情况下，芯片背面的金属化层金（Au）能够完整地覆盖过渡层镍（Ni），用导电胶粘结时，银颗粒与 2CK75D 背面的金（Au）层能形成足够数量的导电通路，如图 2 - 171 所示。但芯片背面的金（Au）层较薄时，会产生针孔等缺陷，导致金（Au）层不能完整地覆盖过渡层镍（Ni），部分银（Ag）颗粒会接触到裸露的镍（Ni）层，银（Ag）颗粒直接与金（Au）层接触的导电通路减少，如图 2 - 172 所示。

由于镍（Ni）层材料易被氧化，这种氧化的镍（Ni）层界面与银（Ag）颗粒之间所形成的接触电阻，在后期的电、热应力作用下会发生变化，接触电阻的变化在宏观上表现为 2CK75D 的接触电阻不稳定。

（3）警示

导电胶的电阻率大、导热系数小，会造成管芯热阻大、结温高、元器件损耗大、功率输出和可靠性降低，此工艺只适合小功率（如驱动功率放大器）、小信号（如低噪声放大器）、控制类元器件（如移相器、衰减器和开关等）的导电粘结；共晶焊接工艺具有连接电阻小、传热效率高、散热均匀、焊接强度高、工艺一致性好等优点，适用于高频、大功

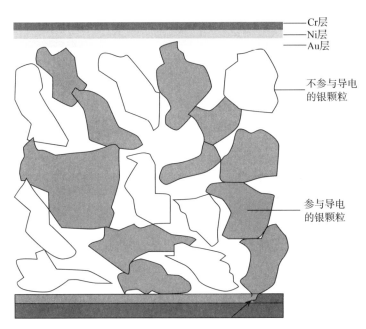

图 2-171　芯片金属化层正常导电通路示意图

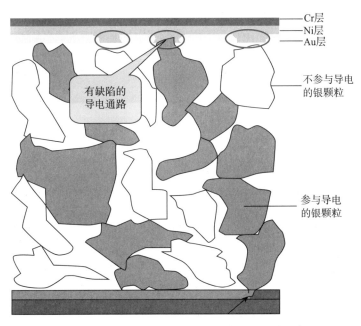

图 2-172　芯片金属化层存在有缺陷导电通路示意图

率器件和有较高散热要求的功率器件焊接。

　　生产单位应充分分析导电胶粘结工艺的适用性，对导电能力、焊接强度等有高要求的混合电路、微组装电路，内部芯片粘结工艺应更改为共晶焊接工艺。

2.4.6　管壳损伤

案例八：

（1）问题概述

某型产品在进行温度循环筛选试验时，输出无响应。发现其内部 LHB567 元器件的第 18 至第 34 引脚一侧的瓷体上存在裂纹（图 2-173～图 2-174），LHB567 元器件工作异常。

图 2-173　失效部位示意图

图 2-174　管壳裂纹图

（2）机理分析

因陶瓷壳体与金属盖板、印制板之间膨胀系数不一致，且陶瓷壳体个体之间性能存在差异，温循试验时产生的热应力导致焊环与陶瓷壳体结合界面开裂，裂纹进一步扩展到陶瓷壳体内部，拉断互连金属导带，致使元器件功能失效。

（3）警示

生产单位应对陶瓷外壳的使用风险进行充分识别，完善对陶瓷外壳评估的检验管理，对无法通过外观检查发现的缺陷，制定针对性的检查措施。设计单位在选用大尺寸陶瓷壳体与金属盖板的元器件时，应从电路应用环境、工艺设计、材料匹配性等方面加强电路使用风险的识别和控制，充分考虑陶瓷壳体与金属盖板、印制板之间膨胀系数匹配问题，采取应力释放措施并充分试验验证。

2.4.7　管脚断裂

案例九：

（1）问题概述

某型产品在进行短时间高量级随机振动试验时出现异常。发现电路板上 FPGA 元器件的管脚断裂，如图 2 - 175 所示。

外引线断裂处

图 2 - 175　管脚断裂放大图

（2）机理分析

该产品中使用的 FPGA 元器件（型号 APA600 - CQ208B）设计上选用为 883 等级陶瓷封装，初样阶段使用了塑封（PQ208B）工业级，初样阶段后，FPGA 元器件改用陶瓷封装，在元器件重量和封装更改情况下，工艺人员未能识别 FPGA 元器件封装与初样状态的区别，未对加固工艺进行更改，仍然沿用了初样塑封元器件的加固工艺，加固措施不当，导致振动过程元器件外引线受力较大，随着试验应力的积累引发外引线疲劳断裂。

（3）警示

设计生产单位应加强技术状态的控制，充分识别状态变化带来的风险，开展相关的分析、试验和验证工作，加强力学环境研究，对适应力学环境较差的部位采取相应的加固措施。

2.4.8　盖板脱落

案例十：

（1）问题概述

某整机产品进行冲击试验时，工作电流出现异常。故障定位于 QPSEMI 公司生产的陶瓷 DIP 封装锁存器 JM54AC373BRA 失效。该元器件从电路板上取下时，其壳体盖板与管壳座完全分离，盖板在中间区域断裂，部分管腿从管壳座上脱落，如图 2 - 176 和图 2 - 177 所示。

图 2 - 176　故障器件 1

（2）机理分析

锁存器 JM54AC373BRA 故障是由于其壳体盖板与管壳座粘结处存在固有质量缺陷，在试验过程中元器件经受不住正常冲击试验产生的应力，导致其壳体盖板与管壳座分离、断裂，造成失效。

（3）警示

集成电路通常采用平行缝焊、储能焊、激光焊、合金焊料熔封焊等工艺来实现密封。不同密封工艺对元器件耐受的温度要求不同，不同密封方式对外壳和盖板的要求也不同，

图 2 - 177 故障器件 2

当元器件的盖板和管壳密封质量较差时，在外来机械应力的作用下，极易造成盖板脱落、破损等质量问题。元器件供方应分析问题的原因，采取措施确保密封质量。使用单位对发生类似问题的元器件加严质量保证管理工作，必要时应对供方进行现场检查。

2.4.9 内部元器件缺陷

案例十一：

（1）问题概述

某伺服回路板在测试时出现功能异常，问题定位于一只 GG4201Z 线性光耦元器件故障。

（2）机理分析

GG4201Z 失效是由内部使用未筛选的低质量等级陶瓷电容失效所致。经观察发现，电容器内部介质层存在空洞缺陷，在使用过程中，缺陷处内电极材料发生银离子迁移，将相邻电极之间桥连，引起电容器呈阻性失效。

（3）警示

混合（微组装）电路生产单位在开展内部元器件选型时，在满足技术性能的前提下，应从元器件结构、材料、质量等级等方面重点考虑，所选用的内部二次配套元器件质量等级应不低于电路本身的质量等级要求，并严格按照标准规范开展内部元器件评价工作。使用单位在质保时要严格审查确认内部使用元器件的质量控制情况，确保符合要求。

案例十二：

（1）问题概述

某测量系统通电测试时出现性能异常，故障定位于电路箱中 LB8070 电路失效。

（2）机理分析

问题是由于 LB8070 电路内部的运放芯片 OP07 存在微缺陷，导致芯片耐压性能下降，在系统加电、断电瞬间对运放芯片形成电冲击，使芯片微缺陷恶化，造成功能失效。

（3）警示

生产单位在开展混合电路内部元器件选型时，要选用可靠性高的元器件，同时加强混合电路内部裸芯片的评估和检测筛选，在高可靠领域要选用高质量等级的元器件，并采用 KGD（Known Good Die）技术来确保裸芯片的质量。

2.4.10　多余物失效

案例十三：

（1）问题概述

某单位生产的 TH01-A 高对称性频率补偿网络产品在进行 DPA 试验时，PIND 不合格。

（2）机理分析

TH01-A 是厚膜混合集成电路，其内部结构如图 2-178 所示。经 X 射线检测和开帽检查，产品内部存在球状可移动多余物，如图 2-179 所示，多余物呈圆球状，直径为 336 μm，表面具有金属光泽，主要成分为 Sn、Pb 元素。

图 2-178　TH01-A 内部结构

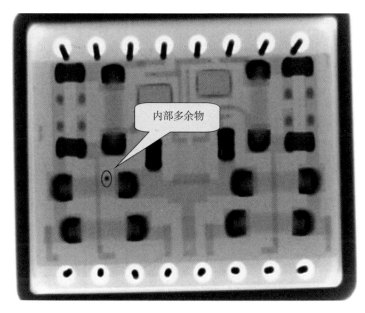

内部多余物

图 2-179 内部多余物

由于该产品使用通透性不良的旧丝网（用的是尼龙网，适合一次使用，应该用金属网）印刷焊膏，个别位置由于焊膏加印，造成部分产品焊膏量异常增多，再流焊过程中产生较多焊锡颗粒；此批产品在清洗环节采用静态清洗方法，不能有效去除多余物；检验人员检验时未发现并清除隐藏在圆柱形电阻下方的多余物。

案例十四：

（1）问题概述

某电路箱调平电路板经温度循环、老炼后进行常温测试，出现正向失锁故障。故障定位于其内部使用的混合电路 LB8051A 元器件工作异常，即高电平输入时无脉冲输出异常现象。

（2）机理分析

对其开帽检查，发现内部芯片 C4027 表面存在金属多余物，且覆盖在相邻铝导带上，具体形貌如图 2-180 所示。

多余物是在电路密封（封帽）时产生。LB8051A 电路为储能焊封装形式，储能焊封装是通过对管壳施加压力和瞬间大电流，使得管帽和管壳座封焊环熔为一体，形成密封。在封装过程中，当个别管壳座封焊环表面镀层不均匀，封焊面存在微小凸起时，会导致焊接过程中电流分布不均匀，产生金属飞溅物。

案例十五：

（1）问题概述

某整机产品在单板随机振动试验时先后发现 3 只微组装电路 WZZ-31 型陷波选通变换放大器失效。3 只 WZZ-31 型电路失效均是由于电路内部使用的 LF156 运算放大器故障所致。

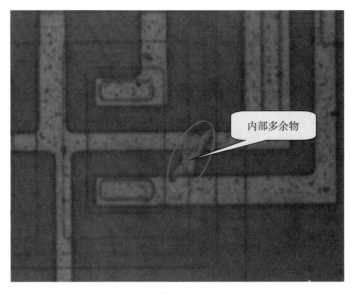

图 2 - 180　芯片多余物局部图

（2）机理分析

LF156 故障原因是由于该器件内部存在可移动金属多余物（图 2 - 181）造成器件短路。经开帽检查，多余物是由于所选用的元器件封装焊环材料 Au/Sn 里面含有杂质和气泡，在熔封时高温使杂质和气泡气化膨胀后破裂，熔融焊料飞溅所致。部分飞溅的 Au/Sn（以球、丝、片形状）附着在器件内部，PIND 试验不能完全剔除。

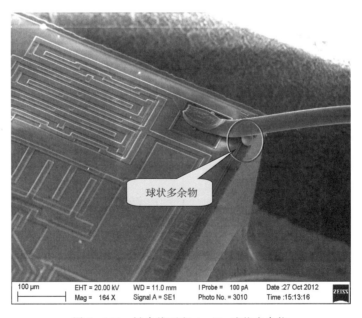

图 2 - 181　键合线下方 Au/Sn 球状多余物

（3）警示

生产单位应加强集成电路生产过程的工艺控制和材料质量控制，严格物资的入厂评价和筛选，对可能产生多余物的环节采取工艺控制措施。细化检查方法和手段，从多视角、多维度进行检查，不留死角，并做好多媒体记录。使用单位要严格执行质保标准，对类似结构的元器件细化监制、验收工作，增加 X 光检测，强化 PIND 试验及数据的分析，确保 PIND 试验的有效性。

2.4.11　电浪涌损伤

案例十六：

（1）问题概述

某传感器变换一体机在做电磁兼容试验时，产品损坏，经检查＋4.8 V 输出电压对信号地短路。进一步分析，确定产品内部单片机失效。将单片机解焊测试，发现其供电引脚 VIO 及＋4.8 V 电压监测模拟输入引脚均对地短路。

（2）机理分析

单片机失效原因是产品在电磁兼容试验时，由于测试电缆电磁屏蔽性能不好，导致干扰信号从电缆线耦合至产品内部，引入过高电压，并引起元器件内部产生可控硅效应，使产品功耗增大，功能异常，造成单片机 I/O 口键合点附近发生击穿烧毁，如图 2-182 所示。

图 2-182　过流烧毁形貌

（3）警示

产品电磁兼容试验状态应模拟实际使用情况，测试电缆制作以及设备应符合试验要求，进行产品测试时应加强测试现场的管理。对外接口关系较为复杂的新研产品，应增加接口可靠性设计并充分验证。在方案设计阶段，应重视接口设计审查。

2.5　术语和定义

2.5.1　集成电路分类

2.5.1.1　单片集成电路 Monolithic Integrated Circuit

单片集成电路是全部元件制作在一块半导体芯片上的集成电路。

2.5.1.2　数字集成电路 Digital Integrated Circuit

数字集成电路是在输入端和输出端上用数字信号工作的集成电路。

注：1）在这个定义中，输入端和输出端不包括静态电源。

2）在一些数字电路中，例如某些类型的非稳态电路，不必有输入端。

3）当不会误解时，"集成"可从术语中省略。

（1）TTL 电路 Transistor - Transistor - Logic

TTL 电路是输入级和输出级均由晶体管组成的逻辑电路。

（2）ECL 电路 Emitter Coupled Logic

ECL 电路是以多个晶体管的发射极相互耦合加上射极跟随器组成的电路。其基本单元电路由提供"或""或非"逻辑功能的电流开关和完成电平位移与级联的射极跟随器两部分组成。

（3）CMOS 电路 Complementary Metal Oxide Semiconductor

CMOS 电路是互补型金属氧化物半导体电路（Complementary Metal Oxide Semiconductor）的英文字头缩写，它由绝缘场效应晶体管组成，是一种单极型晶体管集成电路，其基本结构是一个 N 沟道 MOS 管和一个 P 沟道 MOS 管。

2.5.1.3　模拟集成电路 Analogue Integrated Circuit

模拟集成电路是由电容、电阻、晶体管等组成的模拟电路集成在一起用来处理模拟信号的集成电路。

（1）运算放大器 Operational Amplifier

运算放大器是一个从功能角度命名的电路单元，指具有很高放大倍数的电路。它可以由分立的器件实现，也可以在半导体芯片当中实现。

（2）宽带放大器 Wide - Band Amplifier

宽带放大器是上限工作频率与下限工作频率之比大于 1 的放大电路。习惯上常把相对频带宽度（B/F_s）大于 30％ 的放大器列入此类。这类电路主要用于对视频信号、脉冲信号或射频信号的放大。

（3）仪用放大器 Instrumental Amplifier

仪用放大器是一个特殊的差动放大器，具有超高输入阻抗，极其良好的共模抑制比（CMRR），低输入偏移，低输出阻抗，能放大那些在共模电压下的信号。

（4）电压调整器 Voltage Regulator

电压调整器是维持发电机电压为给定水平的电器。

（5）压控振荡器 Voltage - Controlled Oscillator

压控振荡器是输出频率与输入控制电压有对应关系的振荡电路（VCO），即其输出频率是输入信号电压的函数。

（6）模拟开关 Analog Switches

模拟开关用于完成信号链路中的信号切换功能。采用 MOS 管的开关方式实现对信号链路的关断或者打开。由于其功能类似于开关，而且用模拟器件的特性实现，故称为模拟开关。

（7）时基电路 Time - Base Circuit

时基电路是可以产生一个相对比较精确的时间频率的电路，即时间基准电路。典型电路如 555 集成电路。

（8）脉宽调制电路 Pulse Width Modulation Circuit

脉宽调制电路是利用半导体功率晶体管或晶闸管等开关器件的导通和关断，把直流电压变成电压脉冲列，控制电压脉冲的宽度或周期达到变压目的，或者控制电压脉冲宽度和脉冲列的周期以达到变压变频目的的一种变换电路。其多用在开关稳压电源、不间断电源（UPS）以及交直流电机调速等控制电路中。

（9）调制/解调电路 Modulator/Demodulator Circuit

调制就是用一个信号（称为调制信号）去控制另一个作为载体的信号（称为载波信号），让后者的某一特征参数按前者变化。从已经调制的信号中提取反映被测量值的测量信号，这一过程称为解调。调制/解调电路就是实现调制/解调功能的电路。

（10）中频放大器 Intermediate Frequency Amplifier

中频放大器是专门放大中频一个频率信号的放大器。中频放大器不仅要放大信号，还要进行选频，即保证放大的是中频信号。

（11）晶体管阵列 Transistor Arrays Series

晶体管阵列是一种仅通过输入一微小电流就可以获得较大驱动电流的半导体集成电路。

2.5.1.4　存储器 Memory

存储器是用于保存信息的电路。

2.5.1.5　中央处理器 Central Processing Unit

中央处理器（CPU）是一块超大规模的集成电路，是一台计算机的运算核心（Core）和控制核心（Control Unit）。它的功能主要是解释计算机指令以及处理计算机软件中的数据。

2.5.1.6　微处理器 Microprocessor

微处理器是一种具有以下功能的集成电路：

1）能够按编码指令操作。

2）能够按指令接收用于处理的和（或）存贮的编码数据；能够按指令对输入数据及存贮在电路内寄存器的和（或）外存贮器的有关数据进行算术逻辑运算；能够按指令发送编码数据。

3）能够接收和（或）发送用以控制和（或）描述微处理器集成电路的操作或状态的信号。

注：这些指令可以是输入、固定或保存在一个内存储器中的。

2.5.1.7　微控制器 Microcontroller Unit

微控制器（MCU）是将微型计算机的主要部分集成在一个芯片上的单芯片微型计算机。

2.5.1.8　数字信号处理器 Digital Signal Processor

数字信号处理器是由大规模或超大规模集成电路芯片组成的用来完成某种信号处理任务的处理器。

2.5.1.9　可编程门阵列 Field Programmable Gate Array（FPGA）

可编程门阵列是一种程序驱动逻辑器件，其控制程序存储在内存中，加电后，程序自动装载到芯片执行的一种电路。

2.5.1.10　接口集成电路 Interface Integrated Circuit

接口集成电路是以其输入端和输出端来连接电子系统中电信号互不相容的各个部分的集成电路。

注：输入和输出信号可以是下述形式中的任一种：

1）数字输入，模拟输出；

2）模拟输入，数字输出；

3）数字输入，数字输出；

4）模拟输入，模拟输出。

在第"3）"种形式中输入数字信号电平和输出数字信号电平不同。

（1）电压比较器 Voltage Comparator

电压比较器是对输入信号进行鉴别与比较的电路，是组成非正弦波发生电路的基本单元电路。它可用作模拟电路和数字电路的接口，还可以用作波形产生和变换电路等。利用简单电压比较器可将正弦波变为同频率的方波或矩形波。

（2）接口电路 Interface Circuit

接口电路是计算机内部部件之间起连接作用的逻辑电路。

（3）外围接口电路 Peripheral Interface Circuit

外围接口电路是计算机之间，计算机与外围设备之间起连接作用的逻辑电路。外围接口电路是 CPU 与外部设备进行信息交互的桥梁。

（4）电平转换器 Level Translator

电平转换器是实现两种电平转换的电路。

（5）数/模（D/A）转换器 Digital to Analog Converter

数/模转换器是将数字信号转换成模拟信号的电路。

（6）模/数（A/D）转换器 Analog to Digital Converter

模/数转换器是将模拟信号转换成数字信号的电路。

（7）压/频（V/F）转换器 Voltage to Frequency Converter

压/频转换器是把输入模拟信号电压转换成相应的频率信号的器件，即它的输出信号频率与输入信号电压值成比例，故又称为压控振荡器（VCO）。

（8）频/压（F/V）转换器 Frequency to Voltage Converter

频/压转换器是把频率输入信号转换为与其对应的模拟电压幅值输出信号的器件。

（9）线发送器 Line Transmitter

线发送器是通过传输系统（例如传输线）与接收器耦合，其输入信号为单端数字电压，输出信号是单端或差动电流或电压的集成电路。

（10）线接收器 Line Receiver

线接收器是通过传输系统（例如传输线）与发送器耦合，其输入端以单端或差动方式接收电压或电流信号，输出数字电压信号的集成电路。

2.5.1.11　微波单片集成电路 Microwave Monolithic Integrated Circuit

微波单片集成电路是用半导体技术将全部有源和无源微波元器件及互连线制作在半导体（半绝缘体）衬底内或它的表面上而形成的微波集成电路。

（1）放大器（微波）Microwave Amplifier

放大器（微波）是对微波信号实现放大的装置。

（2）振荡器 Oscillator

振荡器是一种能量转换装置——将直流电能转换为具有一定频率的交流电能。

（3）开关 Microwave Switch

利用 PIN 管在直流正、反偏压下呈现近似导通或断开的阻抗特性，实现控制微波信号通道转换的器件。

（4）移相器 Phaser

移相器是能够对波的相位进行调整的一种器件。

（5）鉴相器 Phase Detector

鉴相器是能够鉴别出输入信号的相差，使输出电压与两个输入信号之间的相位差有确定关系的电路。它是 PLL（即锁相环）的重要组成部分。

2.5.1.12　专用单片集成电路 Application‐Specific Integrated Circuit（ASIC）

专用单片集成电路是为特定用户或特定电子系统制作的集成电路。

2.5.1.13　霍尔集成电路 Hall Integrated Circuit

霍尔集成电路是利用集成电路工艺技术将霍尔元件、放大器、温度补偿电路和稳压电路集成在一块芯片上的电路。

2.5.1.14 混合集成电路 Hybrid Integrated Circuit

混合集成电路是由半导体集成电路与膜集成电路的任意组合，或由任何这些电路同分立元件的任意组合形成的集成电路。

（1）DC/DC 转换器 DC – DC Converter

DC/DC 转换器为转变输入电压后有效输出固定电压的电压转换器。它利用电容、电感的储能特性，通过可控开关（MOSFET 等）进行高频开关的动作，将输入的电能储存在电容（感）里，当开关断开时，电能再释放给负载，提供能量。

（2）功率放大器 Power Amplifier

功率放大器是在给定失真率的条件下，能产生最大功率输出以驱动某一负载（例如扬声器）的放大器。

（3）滤波器 Filter

滤波器是能够对特定频率的频点或该频点以外的频率进行有效滤除，得到一个特定频率的电源信号，或消除一个特定频率后的电源信号的器件。

2.5.1.15 专用混合集成电路 Application – Specific Hybrid Integrated Circuit

专用混合集成电路是为特定用户或特定电子系统制作的混合集成电路。

2.5.1.16 微波混合集成电路 Microwave Hybrid Integrated Circuit

微波混合集成电路是用厚膜技术或薄膜技术将各种微波功能电路制作在适合传输微波信号的介质上，然后将分立有源元件安装在相应位置上组成的器件。

2.5.1.17 电子模块 Electronic Module

电子模块是把可以实现一定功能的电子线路做成一个单独的整体来使用，称之为电子模块。

2.5.1.18 微组装件 Microelectronic Packaging Module

微组装件是将若干裸芯片组装到多层高性能基片上而形成的电路模块或电子产品。

2.5.2 集成电路封装

2.5.2.1 封装 Package

封装是半导体集成电路的全包封或部分包封体，它提供：

1）机械保护；

2）环境保护；

3）外形尺寸。

封装可以包含或提供引出端，它对集成电路的热性能产生影响。

2.5.2.2 底座 Header

底座是封装体中用来安装半导体芯片并已具备了芯片焊接（粘结）、引线键合和引出端等功能的部分，它是封装结构的基体。

2.5.2.3　底板 Base

底板是在陶瓷或金属封装中，构成底座的一种片状陶瓷或金属零件。

2.5.2.4　盖板（管帽）Cap

盖板是在陶瓷封装或金属底座上，采用金属或陶瓷制成片状或帽状结构，封接后对整个封装形成密封的一个零件。

2.5.2.5　上框 Window Frame

上框是装在陶瓷封装表面上的一个金属或陶瓷件，在其上可焊接一个用于密封的盖板。

2.5.2.6　引线框架 Leadframes

引线框架是采用冲制或刻蚀工艺制造，使具有一定几何图形和规定外形尺寸，提供陶瓷熔封或塑料封装引出线的一个或一组金属零件。

2.5.2.7　引线 Lead

引线是安装在封装底板上用于电接触的金属线。

2.5.2.8　引出端 Terminal

引出端是封装上电接触的外接点，通常指引出线或端子。

2.5.2.9　引出端识别标志 Terminal Visual Index

引出端识别标志是鉴别第一引出端位置的参考特征（例如标记、凹槽、缺口、切角、凹陷或键等）。

2.5.2.10　引线键合 Wire Bonding

引线键合是为了使细金属丝引线与芯片上的规定金属化区或底座上的规定区域形成欧姆接触而对它们施加应力的过程。引线键合有两种基本方式：球焊和楔焊，其焊接机理一般可分为热压焊接、超声焊接和热声焊接等。

（1）热压焊接 Hot Bar Soldering

热压键合法是低温扩散和塑性流动的结合，使原子发生接触，导致固体扩散键合。塑性变形必须破坏接触表面，这样才能使金属的表面之间融合。在键合中，焊丝的变形就是塑性流动，该方法主要用于早期的金丝键合。

（2）超声焊接 Ultrasonic Welding

超声键合是塑性流动与摩擦的结合。通过石英晶体或磁力控制，把摩擦的动作传送到一个金属传感器上。当石英晶体上通电时，金属传感器就会伸延，当断开电压时，传感器就会相应收缩。这些动作通过超声发生器发生，振幅一般在 $4\sim5\mu m$。在传感器的末端装上焊具，当焊具随着传感器伸缩前后振动时，焊丝就在键合点上摩擦，通过由上而下的压力发生塑性变形。大部分塑性变形在键合点承受超声能后发生，压力所致的塑变只是极小的一部分，这是因为超声波在键合点上产生作用时，键合点的硬度就会变弱，使同样的压力产生较大的塑变。该键合方式主要用于硅铝丝键合。

（3）热声焊接 Thermosonic Bonding

热声焊接是目前应用最广泛的焊接方式。在焊接过程中，通常将引线（劈刀）和器件（衬底）同时加热，激活两种金属的原始交界面的原子。同时，由于接触面的不平整，通过超声波频率的振动，劈刀在焊接处产生的"交变剪应力"及劈刀上端施加的垂直压力使它们紧密接触，并发生超声频率的摩擦，消除了两金属接触处表面的"壁垒"，接触面的金属原子相互摩擦填充，而产生弹性嵌合和塑性形变作用，最终使得两者达到紧密牢固的键合。

简单说热声焊即通过加热、加压、超声能量使金属丝与金属接触面产生塑性形变，产生分子（原子）间作用力。温度（120±5 ℃）较热压焊低，主要用于金丝键合。

2.5.2.11 芯片焊接（粘结）Die Bonding

芯片焊接是对集成电路芯片与底座或引线框架上的规定区域内实施焊接（粘结）以形成欧姆接触而采用的工艺和过程。

2.5.2.12 引线间距 Lead Distance

引线间距是相邻两引出端的中心距离。

2.5.2.13 跨度 Span

跨度是双列式封装两侧引线的中心距离。

2.5.2.14 密封区 Seal Area

密封区是用于封接底座和盖板的封接面。

2.5.2.15 连接区 Contact Pad

连接区是在陶瓷封装结构上，对外引线提供机械连接或电气连接的金属化区域。

2.5.2.16 焊迹 Footprint

焊迹是陶瓷结构封装中连接区的图形。

2.5.2.17 芯片粘结区 Die Attach Area

芯片粘结区是粘结芯片的区域。

2.5.2.18 键合区 Bonding Area

键合区是在引线框架或陶瓷底座的内引线上，离引线端点规定的距离以内，用于引线键合的精压区或金属化区。

2.5.2.19 精压区 Coined Area

精压区是在陶瓷熔封封装或塑料封装的引线框架上，被加工后的键合区表面。

2.5.2.20 指形焊点 Bond Finger

指形焊点是陶瓷扁平封装结构中，用于引线键合的金属化区。

2.5.2.21 功能区 Functional Area

功能区是塑封引线框架上的芯片粘结区和引线键合区的总称。

2.5.2.22　基准面 Datum Plane

确定封装结构上几何要素与几何关系所依据的面，即为基准面。

2.5.2.23　基面 Base Plane

基面是封装中的底面。

2.5.2.24　安装面 Seating Plane

安装面为支座的特征平面或无支座时的基面。

2.5.2.25　支座 Standoff

支座是由封装结构特征所产生的基面和安装面之间的设计间隙。支座的应用和形状可由具体的封装结构来确定。

2.5.2.26　平面度 Flatness

平面度是封装结构中一个表面对某一参考面的允许偏差，由包容实际表面且距离为最小的两平行平面的距离来表示。

2.5.2.27　共面性 Coplanarity

共面性是引线框架上各引线端相对于基准面的距离偏差。

2.5.2.28　薄层 Layer

薄层是陶瓷封装的组成部分，是一种起隔离作用的，有或无金属化层的陶瓷层。平面形状和功能完全相同的多层组合，则视为一个薄层。

2.5.2.29　绝缘间隙 Isolation Gap

绝缘间隙是封装中相邻两导电区之间无金属体的空隙。

2.5.3　集成电路生产工艺

2.5.3.1　金属化 Metallization

金属化是在陶瓷基体上将某些难熔金属或合金浆料涂覆并烧成适用几何图形的过程。

2.5.3.2　共烧 Cofired

共烧是将陶瓷和金属化层同时烧成的一种工艺和技术。

2.5.3.3　后金属化 Post‑Metallization

后金属化是在完成陶瓷基片烧结后再进行金属化的一种工艺。

2.5.3.4　耐熔金属化 Refractory Metallization

耐熔金属化是用高熔点（典型值超过 1 800 ℃）金属或合金浆料实施金属化的过程。

2.5.3.5　毛刺 Burr

毛刺是垂直或水平地附着在金属边缘上的母体材料碎屑或粘附在陶瓷边缘上的母体材料碎屑和异物颗粒。

2.5.3.6 飞边 Fin

飞边是陶瓷或塑料基体边缘或拐角上的细小、轻微、有刃的羽状突出物。

2.5.3.7 缺口 Chip

缺口是陶瓷或塑料表面或边缘处没有完全穿透整个封装基体的缺损部位。

2.5.3.8 裂纹 Crack

裂纹是延伸到表面的裂缝或裂痕，不论其是否穿透整个陶瓷或塑料封装的厚度。

2.5.3.9 孔隙 Voids

孔隙是在陶瓷表面上所指定金属化区或玻璃层的区域内，缺少金属化层或玻璃层而产生的缺损。

2.5.3.10 异物 Foreign Material

异物是粘附在封装各部位的非母体材料微粒。

2.5.3.11 斑点 Stain

斑点是有机或无机材料的外来物附着在封装表面上所形成的污点。

2.5.3.12 凸起 Projection

凸起是基体材料表面固有的突出部分。

2.5.3.13 凹坑 Pit

凹坑是基体材料上具有可见边缘的浅凹陷或非设计规定的压痕。

2.5.3.14 回缩 Pullback

回缩是陶瓷基体边缘与金属化层或玻璃层端面之间的直线距离。

2.5.3.15 塌陷 Rundown

塌陷是金属化层或玻璃层材料沿陶瓷基体垂直方向的延伸部分。

2.5.3.16 悬伸 Overhang

悬伸是玻璃层材料沿陶瓷基体水平方向的延伸部分。

2.5.3.17 压痕 Slug marks

压痕是基体材料上任意的机械划伤、压印和外界杂质所引起的无序凹坑。

2.5.3.18 气泡 Blister（Bubble）

气泡是塑料封装体、陶瓷金属化层、玻璃层或金属化层中的或层中间的任何局部空隙。

2.5.3.19 变色 Discoloration

变色是经过规定的高温老炼后，封装镀层、金属化层或引线框架覆铝层上颜色的任何变化。

2.5.3.20　分层 Delamination

分层是陶瓷封装各薄层陶瓷间的空隙。

2.5.3.21　脱皮（剥落）Peeling（Flaking）

脱皮是金属化层、玻璃层、电镀层等从基体材料上分离。

2.5.3.22　引线偏移 Lead Offset

引线偏移是封装两对边引线的准直性。

2.5.3.23　扭曲 Twist

扭曲是引线框架或条带的一端相对于另一端的角位移。

2.5.3.24　引线扭曲 Lead Twist

引线扭曲是塑封引线框架的键合区偏离引线框架条带方向的角度。

2.5.3.25　弯度（侧弯）Camber

弯度（侧弯）是引线框架条带边缘在水平面内的直线度。

2.5.3.26　弓形 Bow

弓形是陶瓷熔封封装的引线框架条带边缘在垂直面内的直线度。

2.5.3.27　卷曲 Coil Set

卷曲是塑料封装引线框架条带长度方向的弯曲。

2.5.3.28　横弯 Crossbow

横弯是引线框架宽度方向的弓形弯曲。

2.5.3.29　斜度 Tilt

斜度是精压区平面与基准面的角度偏差。

2.5.3.30　蚀刻系数 Etch Factor

蚀刻系数是蚀刻型引线框架的蚀刻深度与横向蚀刻（钻蚀）深度之比。

2.5.3.31　钻蚀 Undercut

钻蚀是蚀刻引线框架时，腐蚀剂对金属的横向侵蚀。

2.5.3.32　壳温 Case Temperature（T_C）

壳温是安装芯片的封装表面上所规定参考点的温度。

2.5.3.33　安装表面温度 Mount Temperature（T_M）

安装表面温度是器件热交换安装界面（或主要热交换表面）上规定点的温度。

2.5.3.34　结温 Junction Temperature（T_j）

结温是器件中主要发热部分的半导体结的温度。

2.5.3.35　热阻 Thermal Resistance（$R_{\theta JR}$）

热阻是量度载体或封装以及安装技术散逸热量的能力。

2.5.3.36　焊球 Solder Ball

焊球是在接触通孔的凸点下层金属上经过回流工艺形成的球形或半球形焊接材料。

2.5.3.37　平行缝焊 Parallel Seam Welding

平行缝焊是一种电阻焊。它利用两个圆锥形滚轮电极压住待封装的金属盖板和管壳上的金属框，焊接电流从变压器次级线圈一端经其中一锥形滚轮电极分为两股电流，一股电流流过盖板，而另一股电流流过管壳，经另一锥形电极，回到变压器次级线圈的另一端，整个回路的高电阻在电极与盖板的接触处，由于脉冲电流产生大量的热，使接触处呈熔融状态，在滚轮电机的压力下，凝固后即形成一连串的焊点。

2.5.3.38　储能焊 Stored Energy Welding

储能焊是把金属管帽、管座分别置于相应规格的上、下焊接模具中并施加一定的焊接压力，利用储能电容器在较长时间里储积电能，而在焊接的一瞬间将能量释放出来的特点来获得极大的焊接电流，接触电阻将电能转换成热能而实现焊接过程。

2.5.3.39　激光焊 Laser Welding

激光焊属于熔融焊接，它是利用高能量密度激光束作为热源的一种高效精密的焊接方法。根据激光器提供的功率密度大小可以将激光焊接技术分为两类：一是激光传热熔化焊，二是激光深熔焊。激光传热熔化焊的工作机理是被焊工件表面吸收激光束热量，然后利用热传导效应在工件表面形成一定体积的熔池，使被焊部位熔化，然后进行焊接工作。激光深熔焊的工作机理为利用激光器功率密度高的特点，使材料达到瞬间汽化进而在表面形成圆孔空腔，然后再通过控制激光束与工件间的相对运动使空腔附近的金属熔化，进而完成焊接工作。

2.5.3.40　波峰焊 Wave - Soldering

波峰焊是指将熔化的软钎焊料（铅锡合金），经电动泵或电磁泵喷流成设计要求的焊料波峰（亦可通过向焊料池注入氮气来形成），使预先装有元器件的印制板通过焊料波峰，实现元器件焊端或引脚与印制板焊盘之间，机械与电气连接的软钎焊。

2.5.3.41　再流焊 Reflow Soldering

再流焊也叫回流焊，是伴随微型化电子产品的出现而发展起来的焊接技术，主要应用于各类表面组装元器件的焊接。这种焊接技术的焊料是焊锡膏。预先在电路板焊盘上涂上适量和适当形式的焊锡膏，再把 SMT 元器件贴放到相应的位置。焊锡膏具有一定黏性，使元器件固定；然后让贴装好元器件的电路板进入再流焊设备。传送系统带动电路板通过设备里各个设定的温度区域，焊锡膏经过干燥、预热、熔化、润湿、冷却，将元器件焊接到印制板上。

2.5.3.42　共晶焊 Eutectic Welding

共晶焊是微电子组装中一种重要的焊接工艺，又称为低熔点合金焊接。在芯片和载体（管壳或基片）之间放入共晶合金薄片（共晶焊料），在一定的保护气氛中加热到合金共熔点使其熔融，填充于管芯和载体之间，同时管芯背面和载体表面的金层会有少量进入熔融的焊料，冷却后会形成合金焊料与金层之间原子的结合，从而完成芯片与管壳或其他电路载体的焊接。

2.5.3.43　玻璃钝化层 Glassivation

芯片顶层的透明绝缘材料，它覆盖了除键合区和梁式引线以外的有源电路区。

2.5.3.44　钝化层 Passivation

在金属淀积之前或在多层布线器件的各金属层之间，在芯片上直接生长或淀积的氧化硅、氮化硅或其他绝缘材料。

2.5.3.45　基线工艺流程 Baseline Process Flow

基线工艺流程是承制方的专用工艺流程，包括各制造工序、试验和检验工序安排以及原材料进入流程的位置。该流程始于来料，贯穿于整个制造过程，包括过程监控、成品筛选、产品的最终接收检验。基线工艺流程中的制造工艺和材料是列入 QML 基线中的一部分。整个基线工艺流程在 QML 认证时应被核查。

2.5.4　单片电路内部目检

2.5.4.1　有源电路区 Active Circuit Area

有源电路区包括功能电路元件、工作金属化层及其相连的集合（除梁式引线以外）的全部区域。

2.5.4.2　耦合（空气）桥 Coupling（Air）Bridge

耦合桥是用于互连且与元件表面相隔离的抬起金属化层。

2.5.4.3　块状电阻器 Block Resistor

块状电阻器是一种薄膜电阻器。考虑到修正阻值需要，其宽度设计值应比功率密度要求的宽度宽得多，并且应在已批准的承制方封帽前目检执行文件中予以说明。

2.5.4.4　接触孔 Contact Via

接触孔是在键合区或焊球连接区上刻蚀掉介质材料而露出凸点下层金属（UBM）的开口。

2.5.4.5　沟道 Channel

沟道是在 FET 结构中位于漏和源之间的区域。

2.5.4.6　受控环境（洁净室）Controlled Environment

受控环境（洁净室）是对湿度和空气洁净度受控。除允许的最大相对湿度不超过 65% 外，在 100 级受控环境每立方米空气中微粒（直径大于等于 0.5 μm）应小于 3 520 个，1 000 级受控环境每立方米空气中微粒（直径大于等于 0.5 μm）应小于 35 200 个，100 000 级受控环境每立方米空气中微粒（直径大于等于 0.5 μm）应小于 3 520 000 个。

2.5.4.7 龟裂 Crazing

龟裂是在受检验材料中存在的若干细裂缝（例如，玻璃钝化层龟裂）。

2.5.4.8 碎屑 Detritus

碎屑是残留在切痕中的原始电阻材料或经激光修正后的电阻材料碎末。

2.5.4.9 芯片涂层 Die Coat

芯片涂层是为消除封装所产生的应力和防止芯片表面的划伤，在半导体器件表面所涂覆的一层软聚酰亚胺。

2.5.4.10 介质隔离 Dielectric Isolation

介质隔离是用绝缘层（如氧化物）围绕着单片半导体集成电路中的元件，使该电路中的一个或多个元件之间形成电的隔离。

2.5.4.11 单层或多层介质 Dielectric Layer or Layers

为保护再分布金属层或为了在焊球连接区上形成接触孔，在芯片表面淀积的单层或多层介质层。

2.5.4.12 扩散岛 Diffusion Tub

扩散岛是在半导体材料中采用扩散工序（n-或p-型材料）所形成的一块体积（或区域），并由n-p（或p-n）结或介质材料（介质隔离、等平面工艺、SOS、SOI）与周围的半导体材料相隔离。

2.5.4.13 多余物 Foreign Material

多余物指来自器件和封装以外的任何物质，或在器件封装内那些已离开了其原来或预定位置的任何非外来物质。

2.5.4.14 功能电路元件 Functional Circuit Element

功能电路元件指二极管、晶体管、穿接层、电容器和电阻器。

2.5.4.15 栅氧化层 Gate Oxide

栅氧化层是将MOS结构的沟道与栅的金属化层（或用作栅电极的其他材料）相隔离的氧化层或其他介质层（图2-183）。

2.5.4.16 玻璃钝化层 Glassivation

玻璃钝化层是芯片顶层的透明绝缘材料，它覆盖了除键合区和梁式引线以外的有源电路区。

2.5.4.17 玻璃钝化层的裂纹 Glassivation Crack

玻璃钝化层的裂纹是在玻璃钝化层中的细微裂缝。

2.5.4.18 结界线 Junction line

结界线是指钝化层台阶的外边缘，它给出了p型和n型半导体材料之间边界的轮廓。有源结是指在电路元件正常工作时传导电流的任何一个p-n结（例如：集电极-基极结）。

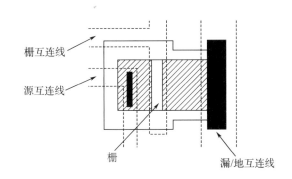

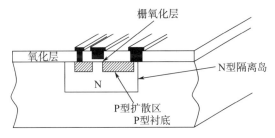

图 2 - 183　P 沟道 MOS 晶体管

2.5.4.19　切痕 Kerf

切痕是修正或切割时从元件面积上被移去或被修正掉一部分材料的区域。

2.5.4.20　间隔线 Line of Separation

间隔线是用显微镜放大观察时在该放大倍数下能分辨的两个不接触区域之间的可见距离或间隔。

2.5.4.21　金属半导体场效应晶体管（MESFET）Metal Semiconductor Field Effect Transistor

金属半导体场效应晶体管是指栅电极采用金属半导体整流接触的场效应晶体管。典型 MESFET 采用砷化镓制作，称为 GaAsMESFET。MESFET 分为耗尽型器件和增强型器件，分别记为 D - MESFET 和 E - MESFET。

2.5.4.22　金属化层的粘附不良 Metallization Nonadherence

不是由于设计要求而出现的金属化层材料与下面衬底的分离，空气桥和由设计切去金属层下部的情况除外。

2.5.4.23　多层金属化层（导体）Multilayered Metallization（Conductors）

多层金属化层（导体）是用于起互连作用的双层或多层金属或任何其他导电材料，这几层材料之间未用绝缘材料将它们彼此隔离。"下层金属"指顶层金属下面的任一层金属（图 2 - 184）。

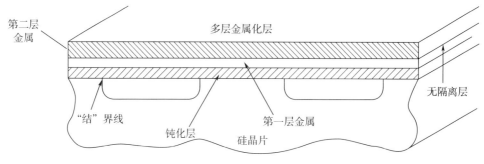

图 2 - 184　多层金属化层

2.5.4.24　多层布线金属化层（导体）Multilevel Metallization（Conductors）

多层布线金属化层（导体）是用于起互连作用的双层或多层金属或任何其他导电材料，这几层材料之间用绝缘材料（也称为层间介质）彼此隔离（图 2 - 185）。

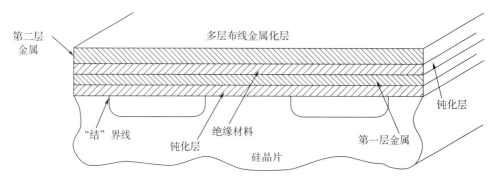

图 2 - 185　多层布线金属化层

2.5.4.25　电阻器最窄宽度 Narrowest Resistor Width

电阻器最窄宽度是一个给定电阻器在修正前的最窄部分的宽度。

2.5.4.26　工作金属化层（导体）Operating Metallization（Conductors）

工作金属化层（导体）是用作起互连作用的所有金属层或任何其他导电材料层，不包括金属化的划片槽、测试图、未连接的功能电路元件、不使用的键合区和识别标志。

2.5.4.27　原始宽度 Original Width

原始宽度是在没有出现异常情况下应具有的宽度或距离（例如：原始金属条宽、原始扩散区宽度、原始梁的宽度等）。

2.5.4.28　封装引线柱 Package Post

封装引线柱是指封装上的键合区域。

2.5.4.29　钝化层 Passivation

钝化层是在金属淀积之前或在多层布线器件的各金属层之间，在芯片上直接生长或淀积的氧化硅、氮化硅或其他绝缘材料。

2.5.4.30　钝化层台阶 Passivation Step

钝化层台阶是钝化层高度的急剧变化处，如在一个接触窗口或工作金属化层的交叉处。

2.5.4.31　外围金属 Peripheral Metal

外围金属是所有直接与划片槽相连或位于划片槽上的金属。

2.5.4.32　再分布层 Redistribution Layer（RDL）

再分布层是在硅圆片或芯片上将原有键合区重新布线而形成更适合于倒装芯片制作的布线层。

2.5.4.33　再分布金属层 Redistribution Metalization

再分布金属层为连接原始键合区到再分布后的焊球连接区而淀积的金属层。

2.5.4.34　挤出金属 Shooting Metal

挤出金属是在键合区引线键合（焊接）时产生的形状各异且长度不等的金属（如铝、金）挤出物。

2.5.4.35　焊球 Solder Ball

焊球是在接触孔的凸点下层金属上经过回流工艺形成的球形或半球形焊接材料。

2.5.4.36　焊料凸点 Solder Bump

焊料凸点是通过电镀或网印到光刻胶窗口中的焊料。在去掉光刻胶以后，未回流成球形或半球形之前，类似一个柱状块的焊料。

2.5.4.37　衬底 Substrate

衬底是起支撑结构作用的材料。钝化层、金属化层和电路元件位于其内和（或）其上。

2.5.4.38　衬底通孔 Substrate Via

衬底通孔是晶圆上的小孔，通过金属化，实现从晶圆正面（指构成电路的一面）到背面的电连接。

2.5.4.39　厚膜 Thick Film

厚膜是厚度大于 $5\ \mu m$ 的导电的或电阻性或电介质的膜系统。

2.5.4.40　薄膜 Thin Film

薄膜是厚度等于或小于 $5\ \mu m$ 的导电或电阻性或电介质的膜系统。

2.5.4.41　凸点下层金属 Under Bump Metalization（UBM）

凸点下层金属是淀积在铝键合区或焊球连接区上面，在凸点焊料与焊盘之间增强润湿性和阻止层间金属反应的金属层。

2.5.4.42　金属化层通孔 Via Metallization

金属化层通孔是多层金属化层中一层与另一层的连接通道。

2.5.5　混合电路内部目检

2.5.5.1　有源电路区 Active Circuit Area

有源电路区包括功能电路元件、工作金属化层或除梁式引线以外的任何组合连接区域。

2.5.5.2　附加基板 Add – on Substrate

附加基板是一种支撑结构材料，能在其上/内制作玻璃钝化层、金属化层和组装电路元件，并作为一个整体组装到主基板上。

2.5.5.3　粘结介质 Attachment Media

粘结介质是用来实现元件与下层表面附着的一种材料（例如：粘合剂、焊料、合金）。

2.5.5.4　键合区 Bonding Site

键合区是在基板与元件上用于引出与导电带互连的金属化区域。

2.5.5.5　冷焊接 Cold Solder Joint

冷焊接是表面呈粒状或无光泽的焊接。当此粒状或无光泽表面是某些特定材料（如 AuSn 焊料等）的特有性质时，不能作为冷焊接的拒收判据。

2.5.5.6　复合键合 Compound Bond

复合键合是一个键在另一个键上面所形成的单一金属键合。

2.5.5.7　传导粘结 Conductive Attach

传导粘结是可提供电接触或散热通道的粘结工艺和材料（例如：焊料、共晶焊或含有焊料的环氧树脂）。

2.5.5.8　非传导粘结 Dielectric Attach

非传导粘结是不提供电接触或散热通道的粘结工艺和材料。

2.5.5.9　边缘金属化 Edge Metallization

边缘金属化是能使基板上表面和下表面实现电连接且通过基板侧面的金属化层，也称环绕金属化。

2.5.5.10　元件 Element

元件是混合集成电路的组成单元，如整体淀积或丝网印刷的无源元件、基板、分立或集成的电子器件，包括芯片、片式元件及其他微元件，也包括机械零件，如壳体、封盖以及对混合集成电路工作起作用的所有部件。

2.5.5.11　电气公共端 Electrically Common

电气公共端是具有相等的直流电压/信号电位的两个或两个以上导电面互连。

2.5.5.12　端点接头或环绕元件 End Terminated or Wrap Around Elements

端点接头或环绕元件是电连接到边缘或基板背面的元件。

2.5.5.13　多余物 Foreign Material

多余物对器件来说，是外来的任何物质或在器件封装内任何离开了其原来或预定位置的非外来物质；导电的多余物是指在常规目检中，采用照明和放大条件下呈现为不透明的那些物质，当在粒子周围有明显彩色条纹时，该粒子应被认为已嵌入玻璃钝化层中。

2.5.5.14　玻璃钝化层 Glassivation

玻璃钝化层是芯片顶层的透明绝缘材料，它覆盖了包括金属化层在内（但不包括键合区和梁式引线）的有源电路区。龟裂是钝化层中的细微裂缝。

2.5.5.15　绝缘层 Insulation layer

绝缘层是用于隔离多层导电性和电阻性材料或保护顶层导电电阻材料的介质层。

2.5.5.16　金属间化合物 Intermetallics（紫斑 Purple Plague）

金属间化合物是金-铝化合物之一，是在金丝键合到铝上之后，经过再次暴露于潮湿和高温（温度大于 340 ℃）的环境过程后形成的。紫斑略带紫色，且非常脆，可导致与时间有关系的键合失效；由于有硅物质的存在，形成三元化合物可大大促进紫斑的生长。

2.5.5.17　机械强度试验 Mechanical Strength Tests

机械强度试验是用于验证粘结工艺和材料的试验，如机械冲击和恒定加速度。

2.5.5.18　不同金属的复合键合 Non‑monometallic Compound Bond

不同金属的复合键合是包含两根引线的键合，有不同的金属、一个引线键合到另一个键合的顶部构成；界面在不同金属引线的键合之间，如铝丝键合到金丝键合的顶部，反之亦然。

2.5.5.19　工作金属化层导体 Operating Metallization Conductor

工作金属化层导体是用作互连的所有金属层或任何其他材料层，不包括金属化的划片槽、测试图形、未连接的功能电路元件、不用的键合区和识别标志。

2.5.5.20　原始设计间距 Original Design Separation

原始设计间距是由设计规定的间距或距离。

2.5.5.21　原始宽度 Original Width

原始宽度是由设计所规定的宽度或距离（例如原始金属条宽、原始扩散区宽度、原始梁的宽度等）。

2.5.5.22　钝化层 Passivation

钝化层是在金属淀积之前，在芯片上直接生长或淀积的氧化硅、氮化硅或其他绝缘材料。

2.5.5.23　细丝 String

细丝是有机聚合物材料的细丝状伸出或触丝。

2.5.5.24　基板 Substrate

基板是支撑结构的材料，钝化层、金属化层和电路元件位于其内或其上。

2.5.5.25　射频调谐 RF Tuning

射频调谐是通过改变布线或键合点，增加、取消或改变导线带，或改变电阻、电感、电容的值来调整射频电路的输出信号，以满足特定的电性能规定。

2.5.5.26　通孔金属化层 Through Hole Metallization

通孔金属化层是电气上把基板顶部表面金属化层与基板背面连接起来的金属化层。

2.5.5.27　未用的部件或未用的淀积元件 Unused Component or Unused Deposited Element

未用的部件或未用的淀积元件是未与电路连接或和电路支路只在一点上相连的元件，连接情况可由设计或通过观察确定。

2.5.5.28　空洞 Void

空洞是材料中（内互连线、键合区域等）可以看到下层材料的任何区域，不是由划伤造成的。

2.5.5.29　可见线条 Visible Line

可见线条是在 60 倍放大条件下宽 12.7 μm 的线条。

2.5.5.30　受控环境 Controlled Environment

受控环境是湿度和空气洁净度受控。除允许的最大相对湿度不超过 65％外，100 级受控环境每立方米空气中微粒（直径大于等于 0.5 μm）应小于 3 520 个，1 000 级受控环境每立方米空气中微粒（直径大于等于 0.5 μm）应小于 35 200 个，100 000 级受控环境每立方米空气中微粒（直径大于等于 0.5 μm）应小于 3 520 000 个。

2.5.6　其他术语

2.5.6.1　静电放电敏感度 Electrostatic Discharge Sensitivity（ESDS）

静电放电敏感度是由分级试验确定的集成电路受静电损伤的敏感程度。

2.5.6.2　合格芯片 Known Good Die（KGD）

合格芯片是与封装好的相同芯片具有相同质量和可靠性等级的裸芯片。

2.5.6.3　允许不合格品率 Percent Defective Allowable（PDA）

允许不合格品率是在规定的 100％试验后，接收某批时允许出现的不合格品的最大百分数。

2.5.6.4　辐射强度保证 Radiation Hardness Assurance（RHA）

辐射强度保证是产品保证的一部分。即保证当产品置于规定的辐射环境时，器件能按规定继续工作或其性能退化不超过规定的范围。

参 考 文 献

［1］ 慕蔚，周朝峰，孟红卫．集成电路封装溢料问题探讨［J］．电子与封装，2009，9（7）：13-17.

［2］ 张延伟．半导体器件典型缺陷分析和图例［M］．北京：中国科学技术出版社，2004.

［3］ 朱恒静，等．宇航大规模集成电路保证技术［M］．西安：西北工业大学出版社，2016.

［4］ 李澍，韩庆龙，刘栋嫣．静电敏感元器件选用与质量控制方法研究与实践［J］．质量与可靠性，2017，03：44-48.

［5］ 林晓玲，章晓文，姚若河．闩锁效应对超大规模集成电路的影响及失效分析［C］．中国电子学会第十六届青年学术年会论文集，2010.

［6］ 樊海霞，朱纯仁．基于 CMOS 集成电路闩锁效应理论的实践［J］．理论与算法，2015（18）：42-43.

［7］ 吴晓亮，周雪薇，方圆．塑封器件分层失效实例分析［J］．电子与封装，2015，15（10）：4-7.

［8］ 张蓬鹤，陈选龙，刘丽媛．集成电路封装级失效及其定位［J］．可靠性，2015，40（6）：455-459.

［9］ 左艳春，禹胜林．细间距器件焊接桥连机理探析［J］．电子工艺技术，2008，29（4）：203-207.

［10］ 任晓刚，徐延东，马磊．LCCC 封装器件焊点可靠性研究［J］．电子工艺技术，2013，34（4）：200-203.

［11］ 李波，夏俊生，李寿胜．厚膜混合微电子芯片共晶焊工艺研究［J］．新技术新工艺，2016，05：6-9.

［12］ 卢茜，董东．SiP 组件中芯片失效机理与失效分析［J］．电子工艺技术，2015，36（2）：79-82.

［13］ 陆吟泉．混合集成技术中的丝焊可靠性分析［C］．全国第十届微波集成电路与移动通信学术年会论文集，2004.

［14］ 董江，胡蓉．微系统封装内引线键合的可靠性［J］．电子工艺技术，2015，36（5）：260-264.

［15］ 夏俊生，李波．厚膜 HIC 电容粘接工艺研究［J］．集成电路通讯，2007，25（3）：40-44.

［16］ 陈党辉．微电子组装用导电胶长期可靠性的研究［D］．西安：西安电子科技大学，2002.

［17］ 孔学东，恩云飞．电子元器件失效分析与典型案例［M］．北京：国防工业出版社，2006.

［18］ 吴建忠，张林春．IC 封装中引起芯片裂纹的主要因素［J］．电子与封装，2009，9（4）：33-36.

［19］ 丁荣峥，马国荣，史丽英．合金焊料盖板选择与质量控制［J］．电子与封装，2014，14（2）：1-4.

［20］ 张玲，田泽．军用大规模集成电路关键外协工序控制［J］．计算机技术与发展，2016，26（5）：170-173.

［21］ 刘晓红，常青松．混合集成电路内部多余物的控制研究［J］．半导体技术，2008，33（7）：575-577.

［22］　李兴鸿，赵俊萍，赵春荣. 集成电路开短路失效原因探讨［J］. 电子产品可靠性与环境试验，
　　　　2012，30（6）：20-24.

［23］　中国人民解放军总装备部. GJB 548B—2005，微电子器件试验方法和程序. 北京：中国人民解放
　　　　军总装备部，2005.

［24］　United States of AmericaDepartment of Defense. MIL‐STD‐883K，Test Method Standard
　　　　Microcircuits. United States of America Department of Defense，2016.

第3章 半导体分立器件

3.1 概述

半导体分立器件是集成电路的前世今生，相对于集成电路而言，它是单个无联系的、具有器件功能特性的管芯封装在一个管壳内的电子器件。半导体分立器件在大功率、高反压、高频高速、射频微波、低噪声、高灵敏度等许多应用场合起着举足轻重与不可替代的关键作用。

按照航天元器件的分类标准，半导体分立器件分为二极管和晶体管。二极管和晶体管根据其本质属性还可分为不同的小类和细类，详见 Q/QJA 40.1—2007《航天型号配套物资分类与代码　第1部分：电气、电子和机电元器件》（附录 A）。

3.1.1 二极管

二极管的核心是 PN 结，其最大的特性是 PN 结特性——单向导电性，即电流沿其一个方向呈现良好的导电性，而在相反方向呈现高阻特性。PN 结的 P 型半导体一端引出的电极称为阳极（正极），PN 结的 N 型半导体一端引出的电极称为阴极（负极）。PN 结两端各引出一个电极并加上管壳，就形成了二极管（图 3-1）。

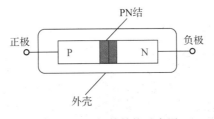

图 3-1　二极管结构示意图

根据应用类别，不同类型的二极管可实现整流、检波、稳压、恒流、变容、开关、发光及光电转换等作用。常见二极管的外形如图 3-2～图 3-4 所示。

3.1.2 晶体管

晶体管又称三极管，是内部含有两个 PN 结，外部通常为三个引出电极的半导体分立器件。晶体管主要分为两大类：双极型晶体管（BJT）和场效应晶体管（FET）。双极型晶体管有 PNP 和 NPN 两种组合结构，其外部引出三个极：发射极（Emitter）、基极（Base）和集电极（Collector），发射极从发射区引出，集电极从集电区引出，基极从基区引出（基区在中间），其剖面结构如图 3-5 所示。

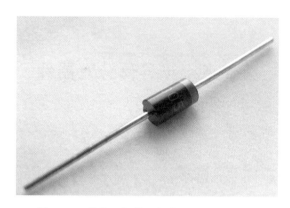

图 3-2　整流二极管（银色圈一端为负极）

图 3-3　稳压二极管

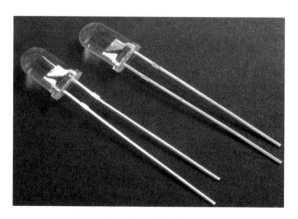

图 3-4　光电二极管

场效应晶体管又分为结型场效应晶体管（JFET）和绝缘栅型场效应管（MOSFET）两大类，它的三个极分别是源极（Source）、栅极（Gate）和漏极（Drain）。根据不同的沟道材料，场效应晶体管分为 N 沟道和 P 沟道两种，其结构如图 3-6 所示。绝缘栅型场效应管的栅极与源极、栅极与漏极之间均采用 SiO_2 绝缘层隔离，故又称为 MOS 管。

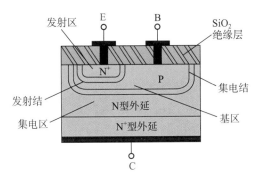

图 3 - 5　NPN 型晶体管剖面图

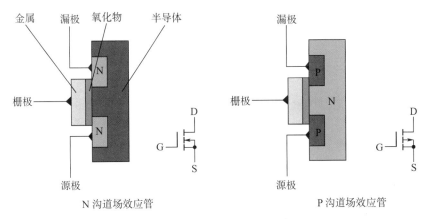

图 3 - 6　场效应晶体管结构示意图

3.1.3　半导体分立器件质量保证相关标准

与半导体分立器件质量保证相关的标准包括：GJB 33《半导体分立器件总规范》、GJB 2146《半导体发光二极管器件通用规范》、GJB 3519《半导体激光二极管总规范》、GJB 3930《红外发射二极管总规范》、GJB 8123《有机发光二极管显示器通用规范》、GJB 128《半导体分立器件试验方法》、QJA 20104《宇航用半导体分立器件通用规范》等。

3.1.4　半导体分立器件质量保证等级

型号用半导体分立器件采用的控制标准、协议包括：国家军用标准（GJB）、宇航元器件标准、航天型号总体院标准（LMS、CAST、SAST）、企业军用标准、协议等。其质量保证等级见表 3 - 1。

表 3 - 1　国产半导体分立器件质量等级

质量等级代号	质量等级名称	质量等级依据的标准	备注
JY	宇航级	GJB 33A—1997 半导体分立器件总规范	
JY1	亚宇航级	可靠性增长工程相关要求	

续表

质量等级代号	质量等级名称	质量等级依据的标准	备注
JCT	超特军级		包括:GCT
JT	特军级	GJB 33A—1997 半导体分立器件总规范	包括:GT
JP	普军级		包括:GP
YA	YA 级		
YB	YB 级	半导体分立器件宇航标准	
YC	YC 级		
SJ	SJ 级	电子行业相关规范	
QJB	企军标	相关企业军用标准	
QJB+	企军标+协议	相关企业军用标准和型号技术协议、条件	
QB	企标	相关企业标准	
QB+	企标+协议	相关企业标准和型号技术协议、条件	

3.2 半导体分立器件的监制

3.2.1 外部目检

半导体分立器件按照元器件类别,分别执行不同的外部目检标准:

1) 非透明玻璃封装、双插头、非空腔轴向引线二极管的外部目检按照 GJB 128A 方法 2068 进行。

2) 其他半导体分立器件的外部目检按照 GJB 128A 方法 2071 进行。

3.2.2 军用标准中的规定及图例

标准一: GJB 128A 方法 2068

本检验的目的是对非透明玻璃封装、双插头、非空腔轴引线二极管的裂纹进行目检。此裂纹可影响气密封的完整性。在管体玻璃中呈现裂纹的任何器件应拒收 (图 3 - 7)。在管体两端密封弯月面内的裂纹或缺损不应拒收。

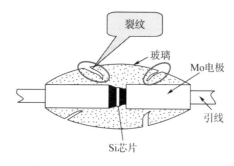

图 3 - 7 二极管玻璃封装裂纹示意图

标准二：GJB 128A 方法 2071

本检验是为了证明气密性器件的加工质量。本方法也适用于检查已封装器件由于操作、组装和试验引起的器件损坏。本检查通常用在器件承制方内部的出厂检验或用在器件的来料检验。

器件呈现下列缺陷之一，则认为器件失效，应予以拒收。

（1）器件结构、引线、识别、标志

器件结构（封装外形）、引线（引出端）、识别、标志（项目、位置和清晰度）不符合有关规范应拒收，其中包括：

1）管壳零件的偏差超过管壳外形图要求。

2）目检有锈蚀或沾污的迹象。以白/黄结晶形式出现的引线碳酸盐生成物应认为是有污染迹象。

3）引线或引出端的折断或弯曲妨碍了预定的用途。

4）镀层缺陷：附着不良、起皮、剥落和气泡暴露了下层板或底层金属。

5）引线或引出端毛刺，它引起管壳尺寸超差。

6）外来物（包括焊料或其他金属）桥连了引线，或者妨碍了器件的正常应用。

7）超过密封面的突出物，它妨碍了器件的密封。

8）错误的焊接或卷曲。

9）螺栓损伤（螺纹损坏或弯曲），妨碍正常安装。

10）金属帽凹进，妨碍其预定用途的使用。

11）熔管熔焊中的任何裂纹或断裂。

12）熔焊对准，基座熔焊结合面不平行或影响使用。

（2）金属管壳器件引线/引出端密封区的失效判据

1）径向裂纹（不包括月牙形裂纹）扩展大于引出端到外边缘距离的一半（图 3-8）。从外部边缘起始的径向裂纹。

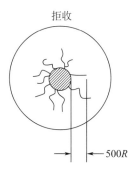

图 3-8　径向裂纹

2）圆周裂纹（不包括月牙形裂纹）扩展绕密封中心大于 90°（图 3-9）。

3）成行或成串的表面开口泡超过引线和封装壁之间距离的 2/3。

4）超过如下要求的明显表面气泡：

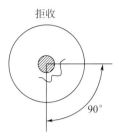

图 3-9　圆弧状裂纹

a）超过 1/3 玻璃密封区的大气泡或空洞（图 3-10）。

图 3-10　大气泡或空洞

b）单气泡或空洞大于引线到封装壁距离的 2/3，并且超过 1/3 的玻璃密封深度（图 3-11）。

图 3-11　单气泡或空洞

c）在同一线上的总计两个气泡大于引出端和外壳之间距离的 2/3（图 3-12）。

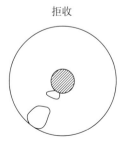

图 3-12　在同一线上的两个气泡

d）互连气泡大于引出端到外壳之间距离的 2/3（图 3 - 13）。

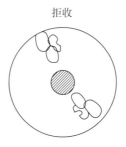

图 3 - 13　互连气泡

5）除按设计外，存在非均匀凹形或反凹形封装。

6）从引出端中心到玻璃孔边缘的径向长度偏差等于或大于 25%。

7）玻璃月牙形裂纹不在引线到外壳之间距离的一半之内（图 3 - 14）。玻璃月牙形被定义为引线或引出端上的隆起玻璃区。

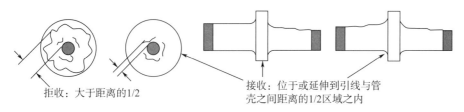

图 3 - 14　弯月形裂纹

8）任何陶瓷或密封玻璃的劈开，穿过密封玻璃深于玻璃月牙形平面。月牙形劈导致暴露底金属，如果被暴露区不深于 0.25 mm 或引线直径的 50%（取其大者），认为器件可接收（图 3 - 15）。

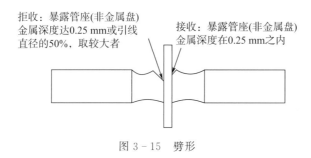

图 3 - 15　劈形

9）陶瓷封装的失效判据见 GJB 548B 方法 2009（本书第 2 章　集成电路）。

3.2.3　内部目检

半导体分立器件按照元器件类别，分别执行不同的内部目检标准：

1）功率金属氧化物半导体场效应晶体管的内部目检按 GJB 128A 方法 2069 进行。

2）微波分立晶体管和多芯片晶体管的内部目检按 GJB 128A 方法 2070 进行。

3）其他晶体管的内部目检按 GJB 128A 方法 2072 进行。

4）半导体二极管的芯片目检按 GJB 128A 方法 2073 进行。

5）半导体二极管的内部目检按 GJB 128A 方法 2074 进行。

3.2.4 军用标准中的规定及图例

标准一：GJB 128A 方法 2069

本方法适用于功率金属氧化物半导体场效应晶体管（MOSFET）封帽前的目检，进行封帽前目检的目的是验证封帽前检测点的组装工艺质量和结构。呈现下列缺陷之一的，应予以拒收。

键合检验（低放大倍数）：本检查和判据规定了对不同键合类型和位置必须进行的目检要求。检查时必须从顶部观察，如图 3-16 和图 3-17 所示（在确定键合的物理尺寸时，键合引线的尾部不是键合的一部分），呈现下列现象的器件不得接收。

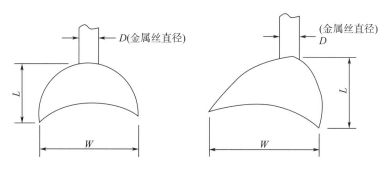

注：(1)1.2D≤W≤5.0D（宽度）
(2)0.5D≤L≤3.0D（长度）

(a) 无尾或月牙形

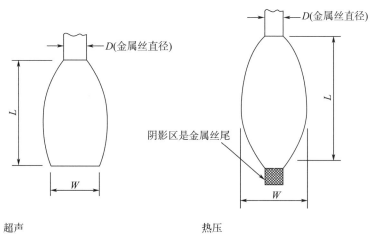

超声

注：(1)1.0D≤W≤3.0D（宽度）
(2)1.5D≤L≤5.0D（长度）

(b) 楔形

热压

注：(1)1.2D≤W≤3.0D（宽度）
(2)1.5D≤L≤5.0D（长度）

图 3-16　键合尺寸

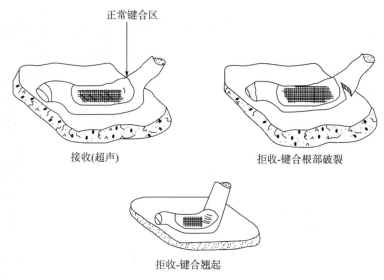

正常键合区

接收(超声)　　　　　　　　　　　　拒收-键合根部破裂

拒收-键合翘起

图 3-17　破裂/翘起的键合

（1）金丝球焊

1）球焊直径小于引线直径的两倍或大于引线直径的五倍。

2）金丝球焊的引线部分不完全在球的周界范围内。

3）金丝球焊的引线不在焊接区的边界范围内。

4）在金丝球焊的四周形成可见的金属间化合物。

（2）楔形键

1）超声/热超声楔形键，其宽度小于内引线直径的 1.2 倍或大于内引线直径的 3 倍，其长度小于内引线直径的 1.5 倍或大于内引线直径的 3 倍（从上面观察，在截断前）。

2）热压楔形键，其宽度小于内引线直径的 1.2 倍或大于内引线直径的 3 倍，其长度小于内引线直径的 1.5 倍或大于内引线直径的 3 倍。

（3）无尾键（月牙形）

1）无尾键，其宽度小于内引线直径的 1.2 倍或大于内引线直径的 5 倍，其长度小于内引线直径的 0.5 倍或大于内引线直径的 3 倍。

2）无尾键，其键合压痕未覆盖整个内引线宽度。

（4）一般情况（金丝球焊、楔形键和无尾键）

从上方观察。呈现下列现象的器件不得接收：

1）在芯片上，键合在未被玻璃钝化层覆盖的键合区之内的部分不到整个键的 75%（若由于几何尺寸原因，键合区尺寸小于键，则判据可改为 50%）（图 3-18）。

2）内引线的键合尾部延伸和接触到未被玻璃钝化层覆盖且不与此内引线相连的金属化层（图 3-19 和图 3-20）。

3）内引线的键合尾部，其长度在芯片键合区超过内引线直径的 2 倍，在管壳或引线柱上超过内引线直径的 4 倍。

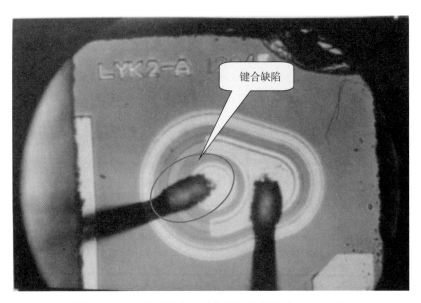

图 3 - 18　键合面积在非钝化的键合焊区内小于 75％

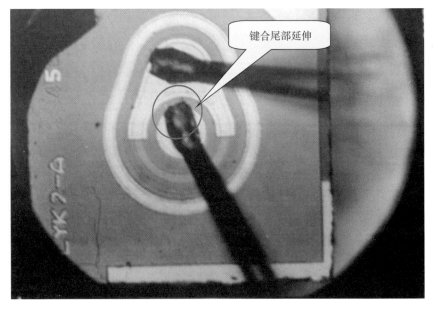

图 3 - 19　压点前拱靠近相邻电极，越过间隙宽度 50％

4）在管壳引线柱上的键合，键合不完全在引线柱顶部平面内。

5）在另一键合上部键合，键合的内引线尾、引线的残留段上的键合，并靠原先的键合区再进行超声楔形键合。原先键合区可观察宽度的减小不足 6.35 μm，即认为是可接收的。

6）键合与相邻的未钝化不相连的芯片金属化层的距离小于 25.4 μm。

7）二次键合。

键合尾部延伸

图 3 - 20　压点尾丝伸出压焊区外超过间隙条宽 50%

8）金丝球焊，不足 50% 的键合区位于无低共熔金属区内。

（5）金属丝

本条规定了不同的位置必须进行的目检要求，检查时必须从上方观察。呈现下列现象的器件不得接收：

1）引线与未被玻璃钝化层覆盖的工作金属化区之间、与另一引线之间（公用引线除外）、与封装接线柱之间、与未被钝化的相反极性的芯片区之间、与封装相反极性的任何部分（包括用于封装的凸缘部分）之间的距离小于一根引线直径（不包括设计，但在任何情况下，此距离不能小于 $6.35~\mu m$）（距芯片表面键合区周界 $127~\mu m$ 的球面内，此间距应大于 $25.4~\mu m$）。

2）引线上有裂缝、缺口、卷曲、划痕或变细，使引线直径减小 25% 以上，键合压焊区除外。

3）遗漏或多余的引出线。

4）在键合点和引线交界处，键合上翘或裂口。

5）从芯片键合区到封装引线柱之间的引线不呈弓形，即应力不能释放（图 3 - 21）。

6）引线与其他引线交叉，公共连接除外。在设计的情况下，距离最小为 $25~\mu m$。

7）引线未根据键合图纸键合（除设计文件中允许用于调谐的除外）（图 3 - 22）。

8）引线呈内角小于 90° 的死弯（非故意的突然弯曲）或引线扭曲到应力呈非常明显的程度（图 3 - 23）。

9）金丝球焊的引线向封装引线柱或其他端子点弯曲之前，对于距离大于 12.7 mm，引线与芯片表面法线方向偏离大于 10°。

封装条件（低放大倍数）：呈现下列情况的器件不得接收。

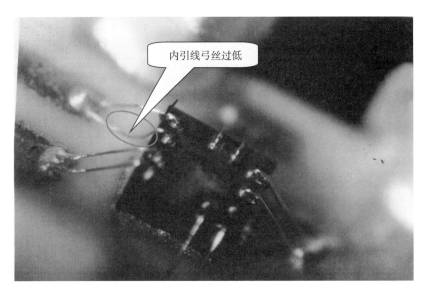

图 3-21　内引线弓丝过低，与衬底相连

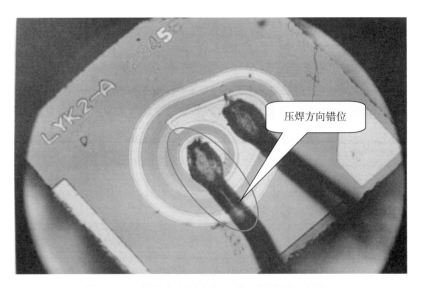

图 3-22　压焊方向错位和相邻电极接近（拒收）

（1）在芯片表面的多余物

可用规定气流（大约 1.35×10^5 Pa）将多余物或多余粒子吹掉，或用软驼毛照相机刷刷掉，然后检验器件，呈现下列现象的器件不得接收：

1）松散粘附的导电粒子（粘附部分小于其最大尺寸的一半）尺寸大到足以桥连未玻璃钝化有源金属化层的最窄间隙（硅渣或任何不透明材料应归为导电粒子）（图 3-24）。

2）芯片表面上的液滴、化学污斑或光致抗蚀剂桥连了未被玻璃钝化层覆盖的金属化层或裸硅区，未使用部分除外。

3）芯片表面的油墨覆盖了键合区面积的 25% 以上，或者桥连了未被玻璃钝化层覆盖

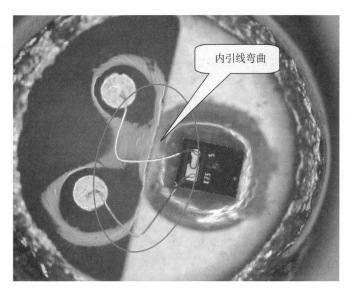

图 3 - 23　内引线弯曲

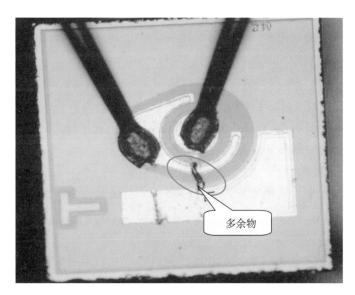

图 3 - 24　芯片表面不可去除多余物搭接

的金属化层或裸硅区，或它们的组合，未使用部分除外。

（2）芯片安装

1）在芯片的三个周边以上或芯片周边的 75％ 以上，观察不到在芯片和管座之间有安装材料。若器件通过了芯片粘附试验，则不要求检查浸润情况。

2）芯片安装材料成球状，从上方观察时看不见焊接轮廓。

3）芯片安装材料剥离。

4）芯片安装材料延伸至芯片顶部表面或垂直高度超过芯片顶部平面且妨碍键合。

多余物

图 3 - 25　芯片表面金属多余物

（3）芯片取向

1）芯片取向或位置与器件的组装图不符。

2）芯片与芯片安装面明显倾斜（大于 10°）。

（4）内部封装缺陷（低放大倍数检查）（适用于底座、基座、盖和帽）

作为对盖和帽 100％ 目检的替代，盖和帽可做适当清洗处理以及进行质量验证程序并经鉴定机构批准，所提供的盖或帽在封帽或密封准备前一直保持在受控环境中。

1）管座或引线柱镀层出现气泡、起皮或龟裂。

2）导电粒子粘附部分小于该粒子最大尺寸的一半。

3）在玻璃绝缘子中，气泡或互连的气泡串大于引线和管体或引线和引线之间距离的一半。

4）管座引线柱严重弯曲。

5）尺寸大于 25.4 μm 的玻璃、芯片或其他材料碎片粘附在管座的凸缘或边缘处，并有碍于密封。

6）沾污、油漆或管座变色延伸到芯片焊接区或引线键合区。

7）绝缘螺栓封装。

a）缺陷或异常使金属岛之间绝缘间隙比设计值减小 50％ 以上。

b）衬底裂纹或劈开。

（5）载体缺陷（氧化铍、氧化铝等衬底）

1）载体材料劈开。

2）载体金属化弄污或载体金属化设计图形不均匀，使工作的焊区、金属化条、盖安装金属化、边缘之间的距离比设计值小 50％ 或 12.7 μm，以小的为准。

3）影响气密性密封或芯片安装金属化的氧化铍或工作金属化裂纹（工具痕或冷模界

面线不是开裂，因此不是拒收的理由）。

4）金属化层翘起、剥离或气泡（在载体表面）。

5）粘附的导电多余物，它桥接金属化条、引线或有源电路元件的任何组合。

6）金属化层中的划伤或空洞沿长度在任何地方暴露其衬底，使留下的未涉及的原始金属宽度小于 75%。

注：为改进表面可焊性，有时在需要引线焊接的金属化区有意地刮擦一下，这种情况不拒收，刮擦面积满足失效判据的除外。

7）在操作和工艺过程中，由于不合理操作，在载体金属化中过度刮伤。

8）用焊料将载体与封装相粘连的浸润横截面小于 50%。

9）管座引线柱与管座法线方向偏离超过 10°。

10）金属化焊区间设计的间隙有 50% 以上被引线粘附的熔点焊锡所占据。

标准二：GJB 128A 方法 2070

本方法适用于微波分立和多芯片晶体管封帽前的目检，进行封帽前目检的目的是验证晶片、晶片直流测试、芯片检验和组装工艺的工艺质量和结构。本方法的各种检验和试验是用来检测并剔除有缺陷的晶体管，这些缺陷在使用中导致器件失效。呈现下列缺陷之一的，应予以拒收。

（1）圆片检验（可在金属化之后的任何时间进行）

详见 GJB 128A 方法 2070 的 3.2 条款。

（2）芯片金属化缺陷（高放大倍数）

详见 GJB 128A 方法 2070 的 3.3 条款，失效判据参考第 2 章集成电路的金属化层缺陷。

（3）划片和芯片缺陷（高放大倍数）

呈现下列缺陷的器件不得接收（图 3 - 26）：

1）除设计规定外，在有源金属化层或键合点四周和芯片边缘之间可见的钝化层小于 2.54 μm。

2）有源区中有残缺或裂缝（图 3 - 27）。

3）划片线内长度超过 50.8 μm 的裂缝．其裂纹指向有源金属化或有源区。

4）残缺伸入到离有源区 25.4 μm 的范围内（图 3 - 28），或伸入到设计空边的 50% 以内，以小的为准。

5）裂缝或残缺伸展到有源金属化层下面。

6）耗尽环损失了 25% 以上的管芯则拒收：一个耗尽环包围一个分立单元。圆形环包围整个管芯，真正的圆环与发射极有相同颜色。

（4）键合检验（低放大倍数）

详见 GJB 128A 方法 2070 的 3.5 条款，失效判据参考本章 3.2.4 中的相关内容。

（5）组装状况（低放大倍数）

详见 GJB 128A 方法 2070 的 3.6 条款，失效判据参考本章 3.2.4 中的相关内容。

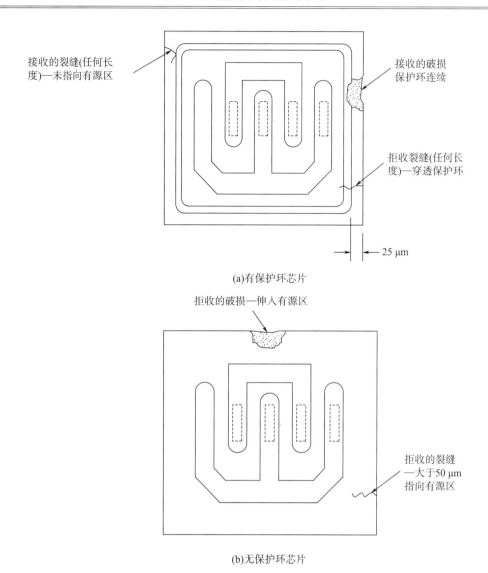

接收的裂缝(任何长度)—未指向有源区

接收的破损保护环连续

拒收裂缝(任何长度)—穿透保护环

25 μm

(a)有保护环芯片

拒收的破损—伸入有源区

拒收的裂缝—大于50 μm指向有源区

(b)无保护环芯片

图 3-26 裂缝和破损

（6）电容器缺陷（高放大倍数）

详见 GJB 128A 方法 2070 的 3.7 条款。

（7）对准（适用于单元的 25% 或管芯的 10%）

详见 GJB 128A 方法 2070 的 3.8 条款。

（8）电阻器（拒收判据是单元的 25% 或管芯的 10% 呈现下列缺陷）

详见 GJB 128A 方法 2070 的 3.9 条款。

标准三：GJB 128A 方法 2072

本方法适用于双极型晶体管、场效应晶体管、分立单片、多芯片和多结器件封帽前的目检，不适用于微波器件和某些选择的射频器件。本检验在封帽或包封前完成是为了检测器件内部将导致器件在正常使用下失效的缺陷，以及验证器件与适用的详细规范要求是否一致。

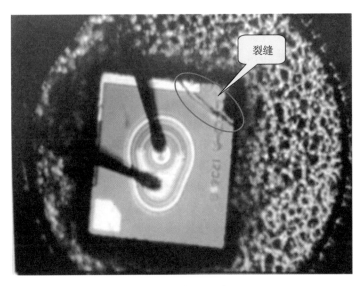

图 3-27　有源区裂缝

图 3-28　残缺伸入到离有源区的 25.4 μm 范围内

　　由于本方法中描述的缺陷与单片集成电路（GJB 548B 方法 2010）、功率金属氧化物半导体场效应晶体管（GJB 128A 方法 2069）的内部目检判据多有相同之处，元器件质量保证人员可以依据本方法中的文字判据，参考本书中第 2 章和本章有关内容。

　　标准四：GJB 128A 方法 2073

　　本方法适用于半导体二极管的芯片目检。本方法目的是检验半导体芯片质量及加工质量是否符合详细规范的要求。进行全部检验以发现和剔除有缺陷的芯片（缺陷可能导致半导体二极管失效）。这种检验通常是在封装前作 100％ 检验，也可在封装前进行抽样检验以确定生产厂操作工艺及质量控制能力。

　　这些检验适于合金扩散台面、外延台面、平面及外延平面结构工艺，除非另有规定，随机选择各受检芯片的至少一个面来进行检验。如果一批失效，应整批进行 100％检验。芯片缺陷判据详见 GJB 128A 方法 2073 的 4.1 条款。

标准五：GJB 128A 方法 2074

本方法适用于半导体二极管的内部目检。本方法是检验半导体二极管及 GJB 128A 中所描述的其他两端引出半导体器件的材料、设计、结构及加工质量是否符合要求。进行全部试验以发现和剔除有缺陷的二极管（此类缺陷可能导致二极管失效）。对不透明型结构应在封装之前进行检验。封装后检验见 GJB 128A 方法 2068，金属壳器件应在封帽之前进行检验。封帽或密封后检验见 GJB 128A 方法 2071。透明玻璃型结构，应封装后进行检验。

GJB 128A 方法 2074 中列出了大量的二极管缺陷判据示意图，本书不再重复，元器件质量保证人员可直接参考标准原文。

3.3　半导体分立器件的验收

半导体分立器件的验收应按照第 1 章 1.3.3 的要求进行，其中"交收试验"的具体方法以本节为准。半导体分立器件通用交收试验项目和要求见表 3－2。

表 3－2　半导体分立器件通用交收试验项目和要求

序号	试验项目	试验方法及要求
1	外观	详细规范和 GJB 128A—1997 方法 2071,100％,合格判据按本章 3.2.2 规定
2	物理尺寸	详细规范和 GJB 128A—1997 方法 2066,22(0)
3	A 组电参数测试*	适用的详细规范,100％
4	PIND	详细规范和 GJB 128A—1997 方法 2052,试验条件 A,100％
5	密封	详细规范和 GJB 128A—1997 方法 1071(细检漏为条件 H1,粗检漏为条件 C),100％
6	DPA	详细规范和 GJB 4027A—2006

注：* A\B\C\D 组的试验定义详见《质量一致性检验组别划分的一般原则(摘自 GJB 0.2—2001)》(附录 E)。

除另有协议外，破坏性物理分析（DPA）通用要求如下：

1）DPA 应在供需双方认可的独立实验室进行，或在使用方进行，或有使用方人员参加的情况下，在承制方进行。

2）DPA 应符合 GJB 4027A—2006 的要求，试验时项目不应少于表 3－3 的规定。

3）除内部气氛含量检测试验按标准规定外，对半导体分立器件，DPA 试验项目的抽样数量应为样品总数的 10％（不是整数时，按四舍五入原则取整数），但最少应不少于 2 只、最多应不多于 5 只；

4）除非另有规定，内部气氛含量检测试验的抽样方案为 3（0）。

5）除非另有规定，扫描电子显微镜（SEM）检查的抽样方案为 1（0）。

6）对 DPA 中的可疑批，可以采用加倍抽样方式，判定是否 DPA 合格。

7）DPA 试验项目和方法应符合本要求及相应产品规范或合同的要求，当采用规范或合同规定的检验项目和方法时，应根据适用情况在 GJB 128A、GJB 548B 等标准中选择。

8）DPA 不合格品处理：对于可筛选缺陷，应取得 DPA 分析单位的情况说明及筛选方法。在进行 100％补充筛选后，一般应补送样品进行 DPA，对于筛选效果十分明显的，如 PIND、密封性检查等，可不再补送样品进行 DPA。对 DPA 不合格（含内部气氛含量检测试验不合格），经整机设计单位、整机生产单位及元器件专家组评审后，确认超差使用该批电子元器件能够保证产品在特定应用中的可靠性，履行相应审批手续后，方可继续使用。当同一批产品由不同单位送样，出现合格与不合格的不一致结论时，按 DPA 不合格处理。

表 3 - 3　半导体分立器件 DPA 试验项目

序号	项目		方法 GJB 128A—1997	条件或要求
1	外部目检		2071	器件应至少放大 5 倍
2	X 射线检查(适用时)		2076	按规定
3	芯片粘结的超声检测(适用时)		GJB 548B—2005,方法 2030	按规定
4	粒子碰撞噪声检测 PIND		2052	试验条件 A
5	密封	细检漏	1071	试验条件 H1
		粗检漏		试验条件 C
6	内部气氛含量检测		1018	100 ℃时，水汽含量≤5 000 ppm 氧气含量≤2 000 ppm(软焊料)
7	内部目检	功率 FET	2069	按规定
		微波晶体管和 多芯片晶体管	2070	
		晶体管	2072	
		二极管	2074	
8	键合强度		2037	按规定
9	芯片剪切强度		2017	按规定
10	扫描电子显微镜(SEM)检查(适用时)		2077	按规定

3.4　半导体分立器件典型失效案例

3.4.1　氧化层缺陷

案例一：

（1）问题概述

某整机产品试验时发生异常，问题定位于一只 3DJ6I 场效应管栅源、栅漏之间均呈阻性失效所致。

（2）机理分析

开帽检查，发现场效应管两个键合点附近的铝条及其周围的氧化层表面有明显凹坑存在，为氧化层缺陷。氧化层缺陷引起不同金属化层间漏电，场效应管电特性表现为阻性失效，如图 3 - 29 所示。

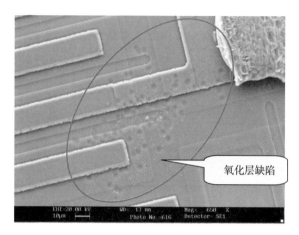

图 3 - 29　氧化层凹坑 SEM 形貌

（3）警示

氧化层缺陷为生产过程中产生。生产单位应加强研究晶圆或使用晶圆制造的半导体器件的质量控制方法以及缺陷检查方法，在生产过程中加强晶圆的检验和半导体器件封帽前内部镜检，有效剔除不良品。使用单位应加强验收工作，严格审查生产过程中的不合格品及处理结果，必要时加强 DPA 试验。

3.4.2　银离子迁移

案例二：

（1）问题概述

某批场效应管在用户补充筛选高温老炼试验过程中，发现多只产品漏电流增大或栅极与漏极间出现短路现象。

（2）机理分析

开帽检查，发现场效应管芯片边缘与导电银浆间有枝蔓状附着物，如图 3 - 30 所示，附着物成分为 Ag、C、O，与导电银浆成分一致，如图 3 - 31 所示，说明银迁移至芯片表面，导致栅极与漏极间漏电流增大，甚至短路。银在电场及一定温度、湿度（内部水汽含量超标）环境中，离解产生银离子，在电场作用下，银离子沿电场方向迁移，并形成絮状或枝蔓状形貌。

（3）警示

在电子元器件使用过程中，由于其内部存在水分，导致其中相对活泼的金属银离子发生迁移，导致电子设备出现短路、耐压劣化及绝缘性能变坏等问题。银离子迁移是一种电化学现象，当具备水分和电压的条件时，必定会发生银离子迁移现象。因此，生产单位应

图 3 - 30　芯片边缘导电银浆立体形貌

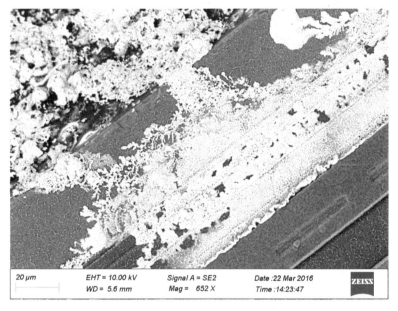

图 3 - 31　芯片边缘导电银浆 SEM 形貌

严格控制导电银浆成分及配比，在封帽前采取相应烘干措施，确保导电银浆中水份充分蒸发，并严格控制封帽设备真空箱中的水汽含量。使用单位在验收时要严格控制水汽含量指标。

3.4.3　钝化层裂纹

案例三：

（1）问题概述

某整机产品进行低温试验时出现故障，问题定位于 3DK9H 型三极管漏电流异常所致。

（2）机理分析

开帽发现，芯片钝化层表面存在裂纹，跨接不同金属化或者不同扩散区，其中较大的裂纹跨接了 C 极保护环和 B 极金属化，如图 3 - 32 和图 3 - 33 所示。由于外部低温环境下水汽凝露，在裂纹处聚集，同时 CB 间存在较高电场，吸附 Na、Cl 等导电离子，形成了导电通路，导致 CB 之间出现异常漏电

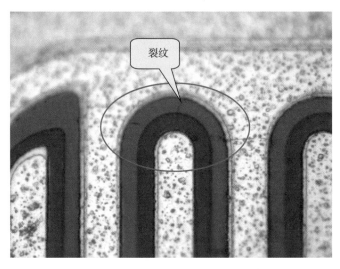

图 3 - 32　器件刻蚀后芯片裂纹形貌

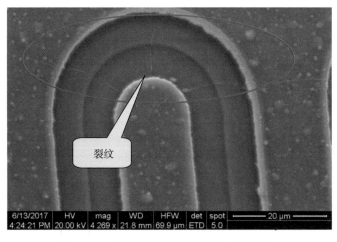

图 3 - 33　器件刻蚀后芯片裂纹 SEM 形貌

（3）警示

生产单位应加强钝化工艺的研究和过程控制，合理设置生成的温度和时间等参数，提高钝化层质量，确保钝化层与芯片表面其他材料之间具有良好的热匹配性能；供需双方应加强芯片镜检，及早剔除缺陷产品。

3.4.4　芯片烧结不良

案例四：

（1）问题概述

某批次 2N4233 型三极管功能异常，用晶体管特性图示仪对该元器件进行测试，发现栅源、栅漏、源漏之间均短路。

（2）机理分析

开帽检查，发现场效应管内部源极引线附近铝条表面有大面积烧毁的迹象，且部分芯片烧结焊料存在堆积，并呈黑色，在扫描电子显微镜下观察发现，焊料表面已经开裂并已长出"晶须"，如图 3 - 34 和图 3 - 35 所示，对其进行能谱分析，其主要成分为铅（Pb）。由此判断，焊料已经发生了"偏析"现象，焊料组织发生变化，热阻增大，芯片散热性变差，导致局部过热烧毁。

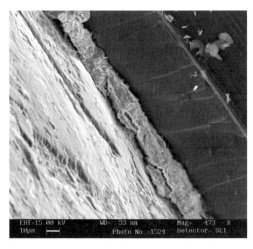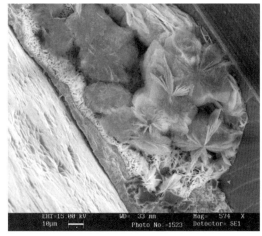

图 3 - 34　焊料偏析 SEM 形貌 1　　　　　　图 3 - 35　焊料偏析 SEM 形貌 2

（3）警示

元器件生产单位应加强焊料的选用控制，包括焊料的选用标准、主要性能指标以及焊料的入厂检验，检测分析方法等，避免焊料的使用不当。在生产中要加强芯片烧结工艺的控制，合理设置烧结温度、冷却时间等关键参数，确保焊料结晶时元素分布均匀，避免发生"偏析"现象。

3.4.5　芯片烧结焊料缺陷

案例五：

（1）问题概述

某整机产品在高低温试验后，常温测试时发生故障，问题定位于一只 FH206D 型达林顿管 B、E 极开路。

（2）机理分析

开帽发现，芯片表面存在明显裂纹并且部分脱落，如图 3-36 和图 3-37 所示。将芯片取下，发现芯片背面与基板焊接表面焊料不均匀，如图 3-38 所示。分析认为，由于芯片焊料薄厚不均匀，焊接部位存在空洞，元器件热阻增大，抗力学能力下降，导致元器件使用过程中在环境应力作用下发生断裂失效。

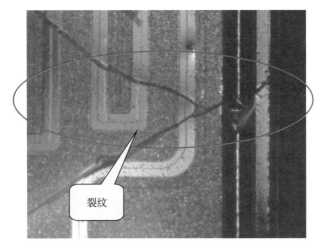

图 3-36 芯片表面裂纹金相形貌

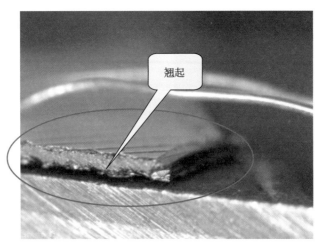

图 3-37 芯片断裂处翘起形貌

（3）警示

芯片烧结质量与焊料填充的均匀性有关。生产单位应加强相关工艺和控制方法研究，严格过程控制，避免产生空洞。在生产和验收过程中增加 X 光射线检测手段，制定芯片焊接质量控制标准，剔除有空洞的产品。

图 3 - 38　芯片背面焊料不均匀形貌

3.4.6　金属间化合物使金-铝键合系统失效

案例六：

（1）问题概况

GH3201 型元器件在高温贮存试验后，内阻变大，有时出现开路现象。

（2）机理分析

开帽发现，该器件键合点周围存在黑色环形形貌，如图 3 - 39 和图 3 - 40 所示。经无损键合拉力测试不合格，键合金丝脱离键合区。此现象为键合金丝与键合区（铝）之间在高温下产生了金属间化合物，在键合点周围形成黑色环形空洞，即发生"柯肯达尔"效应，导致键合点周围的铝膜部分或全部脱离，引起键合点接触电阻增大或开路。

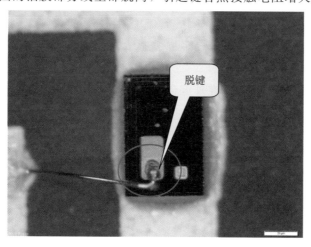

图 3 - 39　键合丝脱离形貌

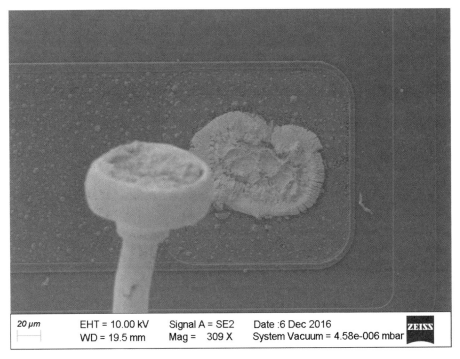

图 3 - 40　键合丝脱离 SEM 形貌

（3）警示

在元器件生产工艺中，对于功率器件或发热器件"金铝键合"会产生"柯肯达尔"效应，使键合界面产生空洞，造成键合拉力下降。对于航天用功率器件应禁止采用金铝键合工艺。

3.4.7　三极管键合点铝腐蚀失效

案例七：

（1）问题概况

某整机产品测试时发生故障，问题定位于一只 3DG130E 型三极管 be、bc 之间开路。

（2）失效机理

开帽检查，元器件基极内引线在外键合点处脱开，且已偏离原键合点位置。对内引线断口进行扫描电镜观察，发现其表面存在腐蚀现象，如图 3 - 41 和图 3 - 42 所示，腐蚀产物含有 S，表明元器件内部存在水汽和腐蚀性介质，并在其共同作用下发生化学反应，导致铝腐蚀。

（3）警示

生产单位应加强生产过程和环境控制，在封装工序中严格控制气氛洁净度，规范操作流程，避免引入水汽和污染物。验收时，严格审查 DPA 试验中的内部气氛指标。

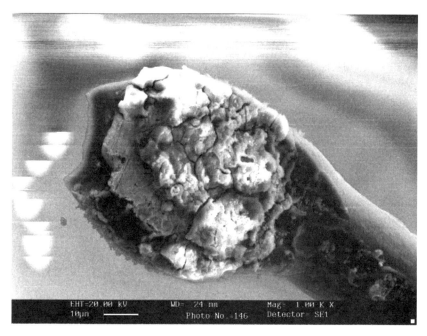

图 3 - 41　键合丝腐蚀 SEM 形貌 1

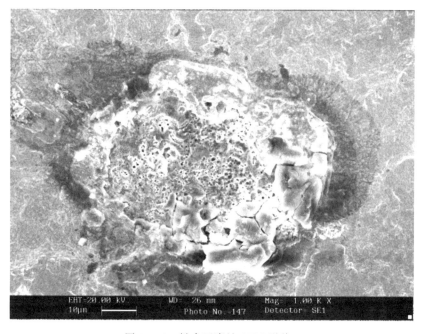

图 3 - 42　键合区腐蚀 SEM 形貌 2

3.5 术语和定义

3.5.1 基本术语

3.5.1.1 结型晶体管 Junction Transistor

结型晶体管是具有一个基区和两个或两个以上结的晶体管。

注：结型晶体管的工作取决于注入到基区的少数载流子。

3.5.1.2 双向晶体管 Bi - Directional Transistor

双向晶体管是当发射极和集电极端子互换时具有基本相同电特性的一种晶体管。

注：双向晶体管有时叫做对称晶体管。但不采用后面这个术语，因为它可能使人误解为该晶体管是理想对称的。

3.5.1.3 四极晶体管 Tetrode Transistor

四极晶体管是一种通常具有两个独立基极及两个基极引出端的四个电极的晶体管。

3.5.1.4 单结晶体管 Unipolar Transistor

单结晶体管是只利用一种极性电荷载流子的晶体管。

3.5.1.5 N 沟道场效应晶体管 N - Channel Field - Effect transistor

N 沟道场效应晶体管是具有 N 型导电沟道的一种场效应晶体管。

3.5.1.6 P 沟道场效应晶体管 P - Channel Field - Effect Transistor

P 沟道场效应晶体管是具有 P 型导电沟道的一种场效应晶体管。

3.5.1.7 结栅场效应晶体管 Junction Gate Field - Effect Transistor

结栅场效应晶体管是具有一个或多个与沟道形成 PN 结的栅区的一种场效应晶体管。

3.5.1.8 绝缘栅场效应晶体管 Insulated Gate Field - Effect Transistor

绝缘栅场效应晶体管是具有一个或多个与沟道电绝缘的栅极的一种场效应晶体管。

3.5.1.9 金属-氧化物-半导体场效应晶体管 Metal Oxide Semiconductor Field - Effect Transistor

金属-氧化物-半导体场效应晶体管是每个栅极和沟道之间的绝缘层是氧化物材料的一种绝缘栅场效应晶体管。

3.5.1.10 耗尽型场效应晶体管 Depletion Mode Field - Effect Transistor

耗尽型场效应晶体管是在栅-源电压为零时，有明显沟道电导率的一种场效应晶体管，其沟道电导率根据施加的栅-源电压的极性不同可以增大，也可以减小。

3.5.1.11 增强型场效应晶体管 Enhancement Mode Field - Effect Transistor

增强型场效应晶体管是在栅-源电压为零时，沟道电导率基本为零的一种场效应晶体管，当施加的栅-源电压极性适合时，其沟道电导率可以增加。

3.5.1.12　三极场效应晶体管 Triode Field – Effect Transistor
　　三极场效应晶体管是具有一个栅区、一个源区和一个漏区的场效应晶体管。
　　注：当不致发生混淆时，此术语可简称为“场效应三极管”。

3.5.1.13　四极场效应晶体管 Tetrode Field – Effect Transistor
　　四极场效应晶体管是具有两个独立的栅区，一个源区和一个漏区的场效应晶体管。
　　注：当不致发生混淆时，此术语可简称为“场效应四极管”。

3.5.1.14　基极端子 Base Terminal
　　基极端子是连至基区的规定外部可用连接点。

3.5.1.15　集电极端子 Collector Terminal
　　集电极端子是连至集电区的规定外部可用连接点。

3.5.1.16　发射极端子 Emitter Terminal
　　发射极端子是连至发射区的规定外部可用连接点。

3.5.1.17　集电区 Collector Region
　　集电区是晶体管的集电结和集电极之间的区域。

3.5.1.18　发射区 Emitter Region
　　发射区是晶体管的发射结和发射极之间的区域。

3.5.1.19　基区 Base Region
　　基区是晶体管的发射结和集电结之间的区域。

3.5.1.20　集电结 Collector Junction
　　集电结是位于基区和集电区之间通常被反向偏置的一个结，载流子通过这个结从少数载流子变成多数载流子。

3.5.1.21　发射结 Emitter Junction
　　发射结是位于基区和发射区之间通常被正向偏置的一个结，载流子通过这个结从多数载流子变成少数载流子。

3.5.1.22　场效应晶体管源区 Source region of a Field – Effect Transistor
　　场效应晶体管源区是一个区域，多数载流子从该区域流入沟道。

3.5.1.23　场效应晶体管漏区 Drain Region of a Field – Effect Transistor
　　场效应晶体管漏区是一个区域，多数载流子从沟道流入该区域。

3.5.1.24　场效应晶体管栅区 Gate Region of a Field – Effect Transistor
　　场效应晶体管栅区是栅极控制电压引起的电场能起作用的区域。

3.5.1.25　耗尽型工作 Depletion Mode Operation
　　耗尽型工作是场效应晶体管的栅–源电压从零变为某一有限值时，漏极电流值减小的工作方式。

3.5.1.26 增强型工作 Enhancement Mode Operation

增强型工作是场效应晶体管的栅-源电压从零变为某一有限值时，漏极电流值增加的工作方式。

3.5.1.27 沟道 Channel

沟道是在源区和漏区之间的半导体薄层，在该薄层内，其电流受栅极电压控制。

3.5.1.28 衬底 Substrate

（1）（结栅场效应晶体管的）衬底/（绝缘栅场效应晶体管的）衬底

（结栅场效应晶体管的）衬底/（绝缘栅场效应晶体管的）衬底包括沟道、源极和漏极并可以具有非整流接触的一种半导体材料。

（2）（薄膜场效应晶体管的）衬底

（薄膜场效应晶体管的）衬底是支承源极和漏极、栅绝缘层和半导体薄层的绝缘体。

3.5.1.29 有源区 Active Area

有源区是可对芯片的"N"或"P"区作电接触的区域。

3.5.1.30 结 Junction

结是"P"型和"N"型半导体材料的界面。

3.5.1.31 钝化层 Passivation

钝化层是在任何金属层淀积前，直接在芯片表面（含 P－N 结）上生长或沉积的二氧化硅、氮化硅或其他绝缘材料。

3.5.1.32 玻璃钝化层 Glassivation

玻璃钝化层是顶层透明绝缘材料，它覆盖有源区域金属化层，但不包括键合点。

3.5.2 与额定值和特性有关的主要术语

3.5.2.1 穿通电压 Punch－Through Voltage

穿通电压是集电极-基极电压值，超过此值时，发射极-基极开路电压几乎随集电极-基极电压线性地增加。

注：在该电压下，集电极耗尽层通过基区扩展到了发射极耗尽层。

3.5.2.2 饱和电压 Saturation Voltage

（1）集电极-发射极饱和电压 Collector－Emitter Saturation Voltage

集电极-发射极饱和电压是在基极电流或基极-发射极电压条件下的集电极和发射极之间的电压，超过此条件，基极电流或基极电压增加时，集电极电流基本保持恒定。

注：此电压是基极-发射极结和基极-集电极结均为正向偏置时的集电极和发射极之间的电压。

（2）基极-发射极饱和电压 Base - Emitter Saturation Voltage

基极-发射极饱和电压是在这样的基极电流或基极-发射极电压条件下的基极和发射极之间的电压，超过此条件，基极电流或基极电压增加时，集电极电流基本保持恒定。

注：此电压是基极-发射极结和基极-集电极结均为正向偏置时的基极和发射极之间的电压。

3.5.2.3　截止电流（反向电流）Cut - Off Current（Reverse Current）

截止电流（反向电流）是当发射极（或集电极）开路，其反向电压为规定值时，流过基极-集电极结（或基极-发射极结）的反向电流。

3.5.2.4　集电极串联电阻 Collercor Series Resistance

集电极串联电阻是在等效电路中，集电极端子和未达到集电极内部的点之间的电阻。

3.5.2.5　发射极串联电阻 Emitter Series Resistance

发射极串联电阻是在等效电路中，发射极端子和未达到发射极内部的点之间的电阻。

3.5.2.6　饱和电阻 Saturation Resistance

饱和电阻是当集电极电流受外电路限制时，在规定的基极电流和集电极电流条件下，集电极端子和发射极端子之间的电阻。

注：饱和电阻可以是饱和电压与总电流之比，也可以是微分电压与微分电流之比。采用哪种方法必须予以规定。

3.5.2.7　非本征基极电阻 Extrinsic Base Resistance

非本征基极电阻是在等效电路中，基极端子和未达到基极内部的点之间的电阻。

3.5.2.8　发射极耗尽层电容 Emitter Depletion Layer Capacitance

发射极耗尽层电容是发射极-基极结两端由耗尽层产生的那部分电容。

注：发射极耗尽层电容是耗尽层两端总电位差的函数。

3.5.2.9　集电极耗尽层电容 Collector Depletion Layer Capacitance

集电极耗尽层电容是集电极-基极结两端由耗尽层产生的那部分电容。

注：集电极耗尽层电容是耗尽层两端总电位差的函数。

3.5.2.10　（开关晶体管的）延迟时间 Delay Time（of a switching transistor）

（开关晶体管的）延迟时间是给开关晶体管的输入端施加使其从非导通态转变为导通态的脉冲开始，到由电荷载流子引起的脉冲在输出端上出现为止的时间间隔。

注：通常是在外加脉冲和输出脉冲幅度为 10% 的两个点之间来计算延迟时间（图 3 - 43）。

3.5.2.11　（开关晶体管的）上升时间 Rise Time（of a switching transistor）

（开关晶体管的）上升时间是当开关晶体管从非导通态转变为导通态时，在输出端子上脉冲的数值分别达到规定的上限和下限两个瞬间之间的时间间隔。

注：通常上限和下限分别为输出脉冲幅度的 10% 和 90%（图 3 - 43）。

3.5.2.12 （开关晶体管的）载流子贮存时间 Carrier Storage Time (of a switching transistor)

（开关晶体管的）载流子贮存时间是从施加到（开关晶体管）输入端的脉冲开始下降的点起，到电荷载流子在输出端产生的脉冲开始下降的点为止的时间间隔。

注：开始下降的点通常是以两脉冲幅度的 90% 计算（图 3-43）。

3.5.2.13 （开关晶体管的）下降时间 Fall Time (of a switching transistor)

当开关晶体管从导通态转变为非导通态时，在输出端子上脉冲的数值分别达到规定的上限和下限两个瞬间之间的时间间隔。

注：上限和下限分别为输出脉冲幅度的 90% 和 10%（图 3-43）。

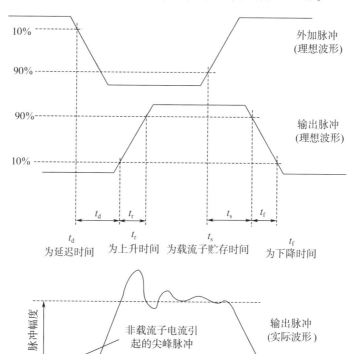

图 3-43　开关晶体管的开关特性

3.5.2.14 最高振荡频率 Maximum Frequency of Oscillation

在规定的条件下，晶体管振荡的最高频率。

注：最高振荡频率近似等于最大资用功率增益减小到 1 时的频率。

3.5.2.15 "反向"和"正向" "Reverse" and "Forward" Directions

"反向"是指：沟道载流子减小（耗尽）的方向；

"正向"是指：沟道载流子增加（增强）的方向。

3.5.2.16　（增强型场效应晶体管的）阈值电压 Threshold Voltage

（增强型场效应晶体管的）阈值电压是当漏极电流值达到规定低值时的栅-源电压。

3.5.2.17　（耗尽型场效应晶体管的）截止电压 Cut - Off Voltage

（耗尽型场效应晶体管的）截止电压是当漏极电流值达到规定低值时的栅-源电压。

3.5.2.18　（结栅场效应晶体管的）栅极截止电流 Gate Cut - Off Current

（结栅场效应晶体管的）栅极截止电流是当栅结处在反向偏置时，流过结型场效应晶体管栅极的电流。

3.5.2.19　（绝缘栅场效应晶体管的）栅极漏泄电流 Gate Leakage Current

（绝缘栅场效应晶体管的）栅极漏泄电流是流过绝缘栅场效应晶体管栅极的漏泄电流。

3.5.2.20　输入电容 Input Capacitance

输入电容是在规定的偏置和频率条件下，漏极与源极之间交流短路时，栅极和源极之间的电容。

3.5.2.21　栅-源电阻 Gate - Source Resistance

栅-源电阻是在规定的栅-源和漏-源电压下，栅极和源极之间的直流电阻。

参 考 文 献

［1］ 国防科学技术工业委员会．GJB 128A－97，半导体分立器件试验方法．北京：国防科学技术工业委员会，1997．

［2］ United States of AmericaDepartment of Defense. MIL － STD － 750F，Test Methods For Semiconductor Devices. United States of America Department of Defense，2012．

［3］ United States of AmericaDepartment of Defense. MIL－STD－750－2，Mechanical Test Methods For Semiconductor Devices. United States of America Department of Defense，2012．

第4章　电阻和电容

4.1　概述

4.1.1　电阻器

电阻器是电路元件中应用最广泛的一种，在电子设备中约占元件总数的30％以上，其质量的好坏对电路工作的稳定性有极大影响。电阻器是用电阻材料制成、有一定结构形式、在电路中起限制电流通过作用的二端电子元件。阻值不能改变的称为固定电阻器，在电路中的主要用途为：分流、限流、分压、偏置。阻值可变的称为电位器或可变电阻器，在电子设备中用于匹配、平衡和调节电路变量，可作分压器或变阻器。理想的电阻器是线性的，即通过电阻器的瞬时电流与外加瞬时电压成正比。一些特殊电阻器，如热敏电阻器、压敏电阻器和敏感元件，其电压与电流的关系是非线性的。

4.1.2　电容器

电容器，顾名思义，是"装电的容器"，是一种容纳电荷的器件。任何两个彼此绝缘且相隔很近的导体（包括导线）间都构成一个电容器。电容器是电子设备中大量使用的电子元件之一，广泛应用于电路中的隔直通交、耦合、旁路、滤波、调谐回路、能量转换、控制等方面。

4.1.3　电阻器和电容器质量保证相关标准

与电阻器质量保证相关的标准包括：GJB 244A《有质量等级的薄膜固定电阻器总规范》、GJB 601A《热敏电阻器总规范》、GJB 920A《膜固定电阻网络、膜固定电阻和陶瓷电容的阻容网络通用规范》、GJB 1432B《片式膜固定电阻器通用规范》、GJB 1782A《压敏电阻器通用规范》、GJB 1929《高稳定薄膜固定电阻器总规范》、GJB 2828《功率型线绕固定电阻器总规范》、GJB 3017A《高压膜固定电阻器通用规范》、GJB 6786《含宇航级功率型线绕固定电阻器通用规范》、GJB 6787《含宇航级零欧姆片式膜固定电阻器通用规范》、GJB 7690《有、无失效率等级的表面安装膜固定电阻网络通用规范》、GJB 8263《射频功率型固定电阻器通用规范》、GJB 8266《有失效率等级的精密线固定电阻器通用规范》、QJA 20086《宇航用膜固定电阻器通用规范》、QJA 20087《宇航用片式膜固定电阻器通用规范》、QJA 20088《宇航用功率型线绕固定电阻器通用规范》、QJA 20089《宇航用精密线绕固定电阻器通用规范》、QJA 20090《宇航用膜固定电阻网络通用规范》等。

与电容器质量保证相关的标准包括：GJB 63C《固体电解质钽固定电容器通用规范》、

GJB 191B《含宇航级云母固定电容器通用规范》、GJB 192B《有失效率等级的无包封多层片式瓷介固定电容器通用规范》、GJB 468A《I 类瓷介固定电容器通用规范》、GJB 603A《有失效率等级的铝电解电容器通用规范》、GJB 728《玻璃介质微调可变电容器总规范》、GJB 733B《有失效率等级的非固体电解质钽固定电容器通用规范》、GJB 920A《膜固定电阻网络、膜固定电阻和陶瓷电容的阻容网络通用规范》、GJB 924A《2 类瓷介固定电容器通用规范》、GJB 972A《有和无可靠性指标的塑料膜介质交直流固定电容器通用规范》、GJB 1214A《含宇航级金属化塑料膜介质密封固定电容器通用规范》、GJB 1312A《非固体电解质钽电容器总规范》、GJB 1313《云母电容器总规范》、GJB 1314《2 类瓷介电容器总规范》、GJB 1433《瓷介微调可变电容器总规范》、GJB 1520《非气密封固体电解质钽电容器总规范》、GJB 1940A《高压多层瓷介固定电容器通用规范》、GJB 2283A《片式固体电解质钽固定电容器通用规范》、GJB 2442《有可靠性指标的单层片式瓷介电容器总规范》、GJB 2451《金属壳密封抑制电磁干扰电容器总规范》、GJB 3516《铝电解电容器总规范》、GJB 4157A《高可靠瓷介固定电容器通用规范》、GJB 5437《有可靠性指标的有引线模压固体电解质钽固定电容器通用规范》、GJB 6788《含宇航级的多芯组瓷介固定电容器通用规范》、GJB 8483《真空电容器通用规范》、QJA 20091《宇航用瓷介固定电容器通用规范》、QJA 20092《宇航用固体电解质钽固定电容器通用规范》、QJA 20093《宇航用片式固体电解质钽固定电容器通用规范》、QJA 20094《宇航用非固体电解质钽固定电容器通用规范》、QJA 20095《宇航用有机介质非密封固定电容器通用规范》、QJA 20096《宇航用云母固定电容器通用规范》等。

4.1.4　电阻器和电容器质量保证等级

目前型号用国产电阻器、电容器采用的控制标准、协议包括：国家军用标准（GJB）、宇航元器件标准、型号院标准（LMS、CAST、SAST）、企业军用标准、协议等。型号用国产电阻器、电容器质量等级见表 4－1 和表 4－2。

表 4－1　国产电阻器质量等级

质量等级代号	质量等级名称	质量等级依据的标准	备注
T	宇航级	GJB 244A—2001 有质量等级的薄膜固定电阻器总规范	
S	八级	GJB 224A—2001 有质量等级的薄膜固定电阻器总规范　　GJB 1432A—1999 有可靠性指标的膜式片状固定电阻器总规范	
R	七级		
P	六级		
M	五级		
C	无可靠性指标	GJB 224A—2001 有质量等级的薄膜固定电阻器总规范	
B	八级	GJB 224—1987 有质量等级的薄膜固定电阻器总规范　　GJB 1432—1992 有可靠性指标的膜式片状固定电阻器总规范	
Q	七级		
L	六级		
W	五级		

续表

质量等级代号	质量等级名称	质量等级依据的标准	备注
GJB	军级	GJB 265—1987 合成电位器总规范	
		GJB 917—1990 线绕预调电位器总规范	
		GJB 918—1990 非线绕预调电位器总规范	
		GJB 601A—1998 热敏电阻器总规范	
		GJB 1523—1992 精密线绕电位器总规范	
		GJB 1782—1993 压敏电阻器总规范	
		GJB 1865—1994 非线绕精密电位器总规范	
		GJB 1929—1994 高稳定薄膜固定电阻器总规范	
		GJB 2828—1997 功率型线绕固定电阻器总规范	
		GJB 3017—1997 膜式高压固定电阻器总规范	
		GJB 4154—2001 散热器安装功率线绕固定电阻器总规范	
YA	YA 级	电阻器宇航标准	
YB	YB 级		
YC	YC 级		
QJ	QJ 级	航天行业相关规范	
SJ	SJ 级	电子行业相关规范	
QJB	企军标级	相关企业军用标准	
QJB+	企军标+协议	相关企业军用标准和型号技术协议、条件	
QB	企标级	相关企业标准	
QB+	企标+协议	相关企业标准和型号技术协议、条件	

表 4 - 2　国产电容器质量等级

质量等级代号	质量等级名称	质量等级依据的标准	备注
S	八级	GJB468A—2011　1 类瓷介固定电容器通用规范	
R	七级	GJB924A—2012　2 类瓷介固定电容器通用规范 　GJB1214—1991 有可靠性指标的优质金属化塑料膜介质直流、交流或交、直流金属壳密封的固定电容器总规范	
P	六级	GJB1940A—2012 高压多层瓷介固定电容器通用规范	
M	五级	GJB4157A—2011 高可靠瓷介固定电容器通用规范 GJB 63A—1991 有可靠性指标的固体电解质钽电容器总规范 GJB 63B—2001 有可靠性指标的固体电解质钽电容器总规范 　GJB972A—2002 有和无可靠性指标的塑料膜介质交直流固定电容器通用规范	
C	无可靠性指标	GJB 733A—1996 有可靠性指标的非固体电解质固定钽电容器总规范 　GJB 192B —2011 有失效率等级的无包封多层片式瓷介固定电容器通用规范 GJB 191A—1997 有可靠性指标的云母电容器总规范 GJB 2283—1995 有可靠性指标的片式固体电解质钽电容器总规范	

续表

质量等级代号	质量等级名称	质量等级依据的标准	备注
GJB	军级	GJB 728—1989 玻璃介质微调可变电容器总规范	
		GJB 1312A—2001 非固体电解质钽电容器总规范	
		GJB 1313—1991 云母电容器总规范	
		GJB 1314—1991 2 类瓷介电容器总规范	
		GJB 1433—1992 瓷介微调可变电容器总规范	
		GJB 1520—1992 非气密封固体电解质钽电容器总规范	
		GJB 3516—1999 铝电解电容器总规范	
YA	YA 级	电容器宇航标准	
YB	YB 级		
YC	YC 级		
QJB	企军标级	相关企业军用标准	
QJB+	企军标＋协议	相关企业军用标准和型号技术协议、条件	
QB	企标级	相关企业标准	
QB+	企标＋协议	相关企业标准和型号技术协议、条件	

4.2　电阻器内部结构

4.2.1　片式厚膜固定电阻器

片式厚膜固定电阻器的内部结构如图 4-1 所示。

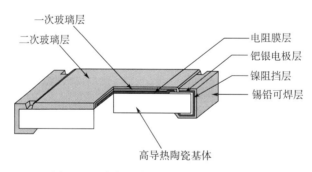

一次玻璃层　二次玻璃层　电阻膜层　钯银电极层　镍阻挡层　锡铅可焊层　高导热陶瓷基体

图 4-1　片式厚膜固定电阻器的内部结构

4.2.2　片式薄膜固定电阻器

片式薄膜固定电阻器的内部结构如图 4-2 所示。

4.2.3　RJ 高稳定金属膜固定电阻器

RJ 高稳定金属膜固定电阻器的内部主要结构用料为高 Al_2O_3 含量陶瓷，在陶瓷表面

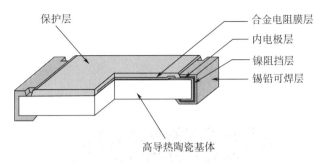

图 4 - 2　片式薄膜固定电阻器的内部结构

真空淀积合金薄膜形成电阻膜，采用端帽与基体紧配合的方式引出电阻值，采用刻槽方式调整阻值，涂漆包封，如图 4 - 3 所示。

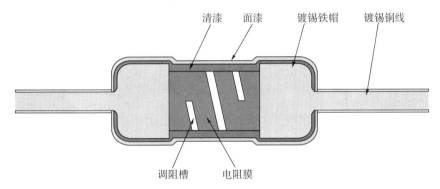

图 4 - 3　RJ 高稳定金属膜固定电阻器的基本结构

4. 2. 4　RJK 型有质量等级的金属膜固定电阻器

　　RJK 型有质量等级的金属膜固定电阻器的内部主要结构用料为高 Al_2O_3 含量陶瓷，在陶瓷表面真空淀积合金薄膜形成电阻膜，采用端帽与基体紧密配合的方式引出电阻值，采用刻槽方式调整阻值，漆层涂覆，高质量环氧树脂包封，如图 4 - 4 所示。

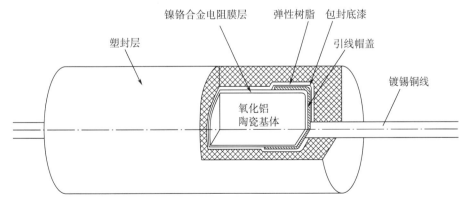

图 4 - 4　RJK 型有质量等级的金属膜固定电阻器的基本结构

4.2.5 RJK711 型电阻器（精密合金箔电阻器）

RJK711 型电阻器是一种精密合金箔电阻器，其基本结构主要包括三个部分：陶瓷基体、金属箔、包封层，如图 4-5 所示。

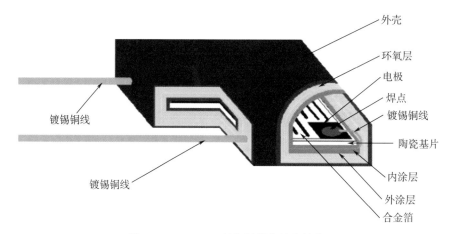

图 4-5 RJK711 型电阻器的基本结构

4.3 电容器内部结构

4.3.1 单层（芯片）瓷介电容器

单层（芯片）瓷介电容器具有体积小、电气性能稳定、可靠性高、电参数随环境变化影响较小等优点，特别是高频下性能优越，广泛应用于运载火箭系统、卫星系统、导弹、神舟飞船、区域电子对抗系统中的微通信、功率放大器、发射机等微波集成电路中（MIC），起隔直、旁路、耦合、调谐、阻抗匹配和共面波导等作用。其基本结构主要包括：陶瓷介质基片，端电极金属层，如图 4-6 所示。

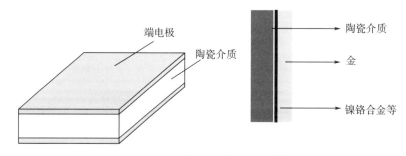

图 4-6 单层电容器的基本结构

4.3.2 多层片式瓷介电容器

多层片式瓷介电容器的基本结构主要包括三个部分：陶瓷介质膜、内电极、端电极，如图 4-7 所示。

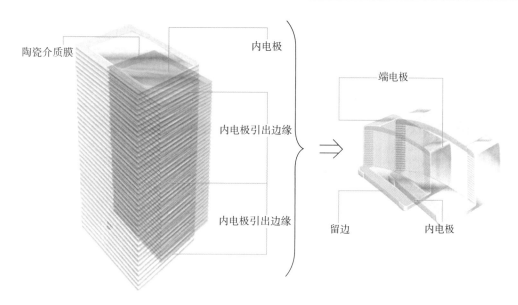

图 4 - 7　多层片式瓷介电容器的基本结构

4.3.3　高能钽混合电容器

高能钽混合电容器结构如图 4 - 8 所示。

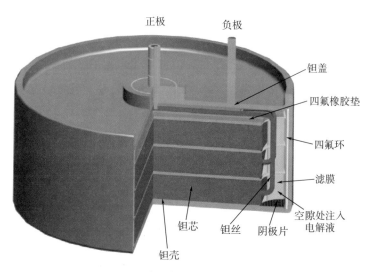

图 4 - 8　高能钽混合电容器结构图

4.3.4　非固体电解质钽电容器

钽外壳非固体电解质钽电容器结构如图 4 - 9 所示。

银外壳非固体电解质钽电容器是将烧结型阳极芯块封装在银外壳内,采用高频焊焊接的方式将耐酸绝缘子与外壳焊接成一体,正负极引线从产品的两端引出。其内部芯块结构如图 4 - 10 所示。

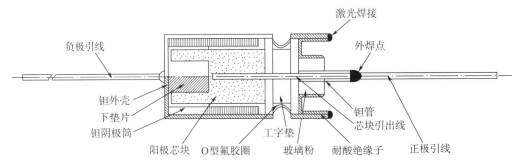

图 4 – 9　钽外壳非固体电解质钽电容器结构图

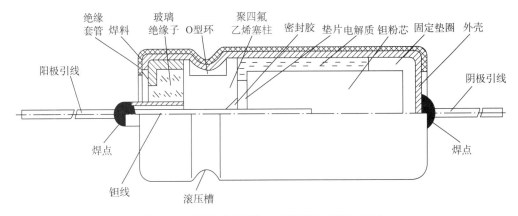

图 4 – 10　银外壳非固体电解质钽电容器结构图

4.3.5　片式固体电解质钽电容器

片式固体电解质钽电容器的内部芯块结构如图 4 – 11 所示。

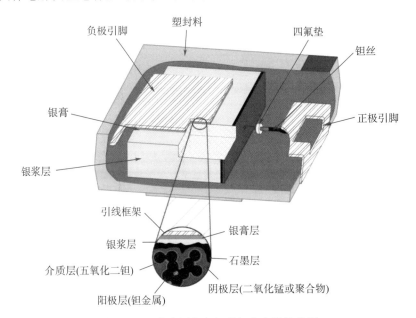

图 4 – 11　片式固体电解质钽电容器结构图

4.4　精密合金箔电阻器的监制

4.4.1　焊接质量

（1）步骤

将电阻芯组平放在显微镜的载物台上，在显微镜下用载物台上方的直射光源检查，显微镜倍数为 30 倍。

（2）内、外引线焊接质量

应符合如下要求：

1）内引线两端的焊点应光滑、牢固、无缺陷和虚焊现象，电阻芯片表面应无焊接时溅出的焊锡残留物。

2）内、外引线连接方式应为先点焊，然后将内引线绕在外引线上再锡焊。

3）内引线焊点处，焊锡应包住内引线，并能看到内引线端部伸出焊点的痕迹，如图 4-12 所示。焊点面积不小于电极面积的二分之一，但也不应多出电极面积，焊锡不应溢出焊区流到导电区，无残留焊剂。

4）内引线不应撕裂，不应拧成麻花状。

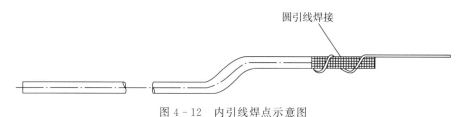

图 4-12　内引线焊点示意图

5）点焊、锡焊外引线时，内引线与外引线扁平面应重合且平行，偏差不大于三分之一，如图 4-13 所示；焊点在扁平面内，内引线不应撕裂，锡焊焊点应无残留焊剂。

图 4-13　内、外引线焊接示意图

6）不应有焊错引线（所焊引线和所要产品功率不匹配）现象。

7）内、外引线不应有露铜、发黑、机械损伤等现象，焊好后的芯片组件如图 4-14 所示。

（3）多芯组芯片焊接

多芯组芯片采用覆铜板连接外引线，焊接质量要求如下：

1）外引线锡焊至覆铜板垫片的焊点处，焊锡应沿焊盘包住外引线，焊锡不应超出焊盘。

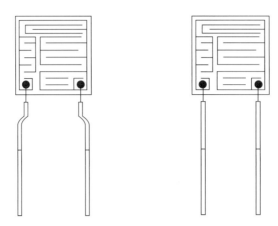

图 4 - 14　芯片完成引线焊接后示意图

2）串联引线的焊接应在同一个平面上，焊锡面长度应大于外引线压扁长度的二分之一。

3）覆铜板无破损，覆铜板上无多余锡球，并联垫片焊接时高温绝缘套管不应开裂，穿覆铜板垫片时应穿至芯片圆引线根部。

4）内引线应自然背折于电阻芯片的背面，内引线不应撕裂，焊点无残留焊剂，焊好后的芯片组件如图 4 - 15 所示。

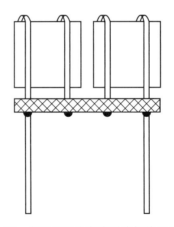

图 4 - 15　多芯组芯片完成引线焊接后示意图

4. 4. 2　芯组外观

（1）检查芯组划伤、刻痕缺陷

检查时，应将电阻芯组平放在显微镜的载物台上，关闭载物台上方直射光源，仅采用室内照明自然光（避免阳光直射），用显微镜的透射光源（即载物台的下光源，透射光源的透光面积不大于电阻芯片面积）照明，检查芯组表面状况，当观察到电阻图形上有线状透光痕迹时，则该处为严重划伤。

（2）检查凸起缺陷

检查凸起缺陷时，应将电阻芯组平放在显微镜的载物台上，打开载物台上方直射光源，检查芯组表面状况，当电阻箔材的凸起部分宽度大于正常电阻线条宽度的四分之一时，则该处为严重凸起。

（3）芯组外观质量

应符合如下要求：

1）电阻图形中电阻线条应平直，针孔的宽度应小于正常电阻线条宽度的四分之一，即针孔部位的线条宽度应不小于正常电阻线条的四分之三。

2）电阻图形表面及周边部分不应有焊接时溅出的焊锡颗粒和残渣。

3）电阻图形表面不应有严重划伤、刻痕及严重凸起的现象。

4）电阻片表面应无污迹、无残留焊剂、无严重划伤、无箔材翘起且电阻芯片上无金属屑。

4.5　电阻和电容的验收

电阻和电容的验收应按照第 1 章 1.3.3 的要求进行，其中"交收试验"的具体方法以本节为准。以下内容为不同类型电阻和电容的通用交收试验项目和要求。

4.5.1　固定电阻器

固定电阻器通用交收试验项目和要求见表 4－3，具体细则见相关产品执行的总规范、详细规范及采购规范。

表 4－3　交收试验项目和要求

序号	试验项目	技术要求和试验方法	备注
1	外观检查	详细规范和 GJB 360B	
2	直流电阻	详细规范和 GJB 360B	
3	尺寸检查(适用时)	详细规范和 GJB 360B	
4	机械检查(适用时)	详细规范和 GJB 360B	
5	电性能检查(适用时)	详细规范和 GJB 360B	
6	短时过载(适用时)	详细规范和 GJB 360B	
7	可焊性(适用时)	详细规范和 GJB 360B	
8	介质耐压(适用时)	详细规范和 GJB 360B	
9	绝缘电阻(适用时)	详细规范和 GJB 360B	
10	剪切强度(适用时)	详细规范和 GJB 360B	
11	电阻温度特性(适用时)	详细规范和 GJB 360B	
12	附着力(适用时)	详细规范和 GJB 360B	
13	破坏性物理分析(适用时)	详细规范和 GJB 4027A	

（1）尺寸检查

尺寸标准：应符合相应的详细规范。

（2）外观检查和机械检查

1）在显微镜下进行检查，以证明其材料、设计、结构及加工质量符合相关详细规范的规定。

2）电阻器表面不允许有裂痕等现象，引线或端头光亮，不得有锈迹或发暗，标志应清晰。

（3）直流电阻及电性能检查

依据 GJB 360B 方法 303 及相关产品规范的规定进行测试，应选择满足相关产品直流电阻测试的测量仪表、测试电压、温度及其他要求。

（4）短时过载

依据相关产品规范及以下要求进行试验：

1）对产品进行安装，并测量直流电阻。

2）将一定额定工作电压施加在电阻器的引出端，保持相应时间。

3）在室温环境下稳定后再次测量直流电阻。

（5）可焊性

可焊性主要目的是确定电子及电气元件引出端锡焊的可焊性。依据 GJB 360B 方法 208 及相关产品规范的规定进行试验。

（6）介质耐电压

介质耐电压试验是在相互绝缘的部件之间或绝缘的部件与地之间，在规定时间内施加规定电压，以此来确定元件在额定电压下能否安全工作；能否耐受由于开关、浪涌及其他类似现象所导致的过电位，从而评定元件绝缘材料或绝缘间隙是否合适。

如果元件有缺陷，则在施加试验电压后，必然产生击穿放电或损坏。击穿放电表现为飞弧（表面放电）、火花放电（空气放电）或击穿（击穿放电）现象。过大漏电流可能引起电参数或物理性能的改变。

依据 GJB 360B 方法 301 进行试验，以下细则须满足各产品规范的要求：

1）安装及初始测量。

2）试验条件：大气压强、试验电压、电压类型及频率、持续时间、施压部位等。

3）最终测量及检查。

（7）绝缘电阻

绝缘电阻测试是测量元件的绝缘部分，在外加规定的直流电压下，由于绝缘不完善产生漏电流而形成的电阻。确定元件的绝缘性能是否符合电路设计的要求或经受高温、潮湿等环境应力时，其绝缘电阻是否符合有关标准的规定。

依据 GJB 360B 方法 302 及各产品规范中规定的试验条件进行测试。

（8）电阻温度特性

用以确定电阻器在试验温度下的直流电阻值对基准温度下直流电阻值的相对变化

程度。

依据产品规范选取试验温度点，并按照 GJB 360B 方法 304 及规范中的规定进行试验及测试。

（9）破坏性物理分析（DPA）

除另有协议外，DPA 按下列规定进行：

1）DPA 应在供需双方认可的独立实验室进行，或在使用方进行，或有使用方人员参加的情况下、在承制方进行。

2）DPA 按 GJB 4027A—2006 工作项目 0101、0102、0103 的规定进行。

3）DPA 样品数按交货数量的 10% 随机抽取，但不少于 5 只，不多于 10 只。对于价格昂贵或批量很小的元器件，样本大小可适当减少，但应经用户批准后实施，根据应用需求，用户保留进一步追加 DPA 项目和样品数的权利。

4.5.2 瓷介固定电容器

瓷介固定电容器通用交收试验项目和要求见表 4 - 4，具体细则见相关产品执行的总规范、详细规范及采购规范。

表 4 - 4 瓷介固定电容器交收试验项目和要求

序号	试验项目	技术要求和试验方法	备注
1	外观尺寸	详细规范和 GJB 360B	
2	外观质量	详细规范和 GJB 360B	
3	介质耐电压	详细规范和 GJB 360B	
4	绝缘电阻	详细规范和 GJB 360B	
5	电容量、损耗角正切	详细规范和 GJB 360B	
6	超声波无损检测（适用时）	详细规范	
7	破坏性物理分析（适用时）	详细规范和 GJB 4027A	

（1）外观尺寸

应符合相应的详细规范。

（2）外观质量

应符合相应的通用规范和详细规范，且

1）在 10 倍显微镜下进行检查，电容器表面不允许有裂痕、缺瓷现象，引线或端头光亮，不得有锈迹或发暗，标志应清晰。

2）产品本体颜色不存在色差，不同规格不同批次间不存在颜色差异。

（3）介质耐电压

电容器应按 GJB 360B 方法 301 的规定进行试验。若详细规范无其他规定，应采用下列细则：

1）电容器不安装。

2）试验仪器：DC 耐电压测试仪。

3）试验电压：按详细规范要求。

4）施加试验电压的持续时间：$5\ s\pm1\ s$。

5）试验电压的施加点：两引出端之间。

6）浪涌电流的限制值：小于等于 1 250 V 时，电容器最大浪涌电流为 50 mA，大于 1 250 V 时最大浪涌电流为 10 mA。

7）试验期间和试验后的检查。合格判据：应无击穿和损坏。

8）高压电容量应将电容器放在惰性介质（如硅油等）中进行介质耐电压，防止表面飞弧等。

9）测试后放电处理：对于容量大于 $0.1\ \mu F$，或者电压超过 100 V 的高压瓷介电容器，测试完成后，应采用 10 kΩ 或 50 kΩ 的电阻进行缓慢放电，防止快速放电造成电容器损伤或损坏。

（4）绝缘电阻

电容器应按 GJB 360B 方法 302 的规定进行试验，若无其他规定，应采用下列细则：

1）电容器不安装。

2）测试仪器：绝缘电阻测试仪，如 HP4339A 高阻表、TH2681A 型绝缘电阻测试表。

3）相对湿度：≤70%。

4）施加电压：详细规范要求。

5）测试点：两引出端之间。

6）充电电流限制最大值为 50 mA。

7）读数时间：应连续施加测试电压 $60\ s\pm5\ s$ 并立即读数。当测试仪上绝缘电阻读数与规定极限值一致且是稳定的或持续升高时，可以比规定时间提前结束测试。

8）特殊条件：如果在高于 50% 的相对湿度下测试结果不合格，可在低于 50% 的任意相对湿度下再次测量绝缘电阻。

9）有极性电容器注意事项：应避免多次测试，若不止做一次测试，则随后的测试应当采用与初次测试时相同的极性进行。

10）测试后放电处理：对于容量大于 $0.1\ \mu F$，或者电压超过 100 V 的高压瓷介电容器，测试完成后，应采用 10 kΩ 或 50 kΩ 的电阻进行缓慢放电，防止快速放电造成电容器损伤或损坏。

（5）电容量和损耗角正切

电容器的电容量可用 LCR 数字电桥或其他合适的仪器仪表进行测试。对测试元件电容量有影响的重要因素包括温度、测试电压大小及性质。因此应根据要测试的具体元件适当选择这些因素。

电容器应按 GJB 360B 方法 305 的规定进行测量，若无其他规定，应采用以下细则：

1）电容器不安装。

2）测试设备：通常采用 LCR 测试仪，如 HP4278、HP4284、4288、4980 等 LCR 测试仪。

3）测试条件见表 4 - 5。

表 4 - 5　电容量和损耗角正切测试条件

类别	测试条件	设备频率	设备电压
1 类瓷介电容器	$C_0 \leqslant 1\,000$ pF	1 MHz±20%	1.0 V 有效值
	$C_0 > 1\,000$ pF	1 kHz±20%	1.0 V 有效值
2 类瓷介电容器	$C_0 \leqslant 100$ pF	1 MHz±20%	1.0 V 有效值
	100 pF$< C_0 \leqslant$10 μF	1 kHz±20%	1.0 V 有效值
	$C_0 > 10$ μF	120 Hz±20%	0.5 V 有效值

（6）超声波无损检测

超声波检测仪可选用 A - Scan、C - Scan、Q - Ban、T - Scan、3V 等扫描方式，将电容器芯片内部空洞、分层、裂纹等缺陷，以波形信号和黑白明暗反差的图像将扫描结果显示出来（图像显示选用对称的黑白颜色图）。通过黑白颜色的渐变和反差，结合波形信号和扫描图像，来判定和测量缺陷。

（7）破坏性物理分析（DPA）

除另有协议外，DPA 按下列规定进行：

1）DPA 应在供需双方认可的独立实验室进行，或在使用方进行，或有使用方人员参加的情况下、在承制方进行。

2）DPA 按 GJB 4027A—2006 工作项目 0202 的规定进行。

3）DPA 样品数按交货数量的 10% 随机抽取，但不少于 5 只，不多于 10 只。对于价格昂贵或批量很小的元器件，样本大小可适当减少，但应经用户批准后实施，根据应用需求，用户保留进一步追加 DPA 项目和样品数的权利。

4.5.3　钽电解电容器

钽电解电容器通用交收试验项目和要求见表 4 - 6，具体细则见相关产品执行的总规范、详细规范及采购规范。

表 4 - 6　钽电解电容器交收试验项目和要求

序号	试验项目	技术要求和试验方法	备注
1	外观尺寸	详细规范和 GJB 360B	
2	外观质量	详细规范和 GJB 360B	
3	直流漏电流	详细规范和 GJB 360B	
4	电容量、损耗角正切	详细规范和 GJB 360B	
5	等效串联电阻(适用时)	详细规范和 GJB 360B	
6	阻抗测试(适用时)	详细规范和 GJB 360B	
7	破坏性物理分析(适用时)	详细规范和 GJB 4027A	

（1）外观尺寸

尺寸标准：应符合相应的详细规范。

（2）外观质量

在 10 倍显微镜下检查外观质量，剔除器件引线锈蚀、损伤；检查器件表面是否有污渍、划痕、裂纹、变形、碎裂、标志不清和其他缺陷。

（3）直流漏电流

直流漏电流测试是在相应的温度下，加直流额定电压，充电时间最长为 5 分钟，电容器应串联一支 1 000 Ω 的电阻限制充电电流，漏电流不得超过定额表中电流极限值。

电容器应按相应详细规范的规定进行试验。若详细规范无其他规定，应采用下列细则：

1）电容器不安装。

2）试验仪器：电解电容漏电流测试仪。

3）试验电压的施加点：两引出端之间。

（4）电容量和损耗角正切

电容器应按相应详细规范的规定进行测量，若无其他规定，应采用以下细则：

1）电容器不安装。

2）测试设备：LCR 数字电桥、电容测量仪。

3）测试频率：120 Hz±5 Hz 或 100 Hz±5 Hz。

4）极化电压值：若详细规范无其他规定，在进行所有交流测量时，最大直流偏压应为 2.2 V，交流电压不大于 1.0 V。

（5）等效串联电阻

电容器的等效串联电阻测试应按详细规范的规定进行测量，若无其他规定，应采用以下细则：

1）电容器不安装。

2）测试温度和偏差：25 ℃±5 ℃。

3）测试设备：LCR 数字电桥、电容测量仪。

4）测试频率：非固体电解质钽电容器为 1 kHz±5 Hz；固体电解质钽电容器为 120 Hz±5 Hz 或 100 Hz±5 Hz。

5）极化电压值：若详细规范无其他规定，在进行所有交流测量时，最大直流偏压应为 2.2 V，交流电压不大于 1.0 V。

（6）阻抗测试

当电容器在直流电路中工作时，相当于对电容器施加端电压，此时可看作类开路现象。当工作在一定频率的交流电路中时，电容器会呈现出具有一定阻力的元件，而描述此阻碍电流流动的能力（阻力）即称为电容器的阻抗。

电容器的阻抗应按详细规范的规定进行测量，若无其他规定，应采用以下细则：

1）电容器不安装。

2）测试温度和偏差：—55 ℃±5 ℃。

3）测试设备：LCR 数字电桥、电容测量仪。

4）测试频率：非固体电解质钽电容器为 100 Hz±5 Hz。

5）极化电压值：若详细规范无其他规定，在进行所有交流测量时，最大直流偏压应为 2.2 V，交流电压不大于 1.0 V。

（7）破坏性物理分析（DPA）

除另有协议外，破坏性物理分析按下列规定进行：

1）DPA 应在供需双方认可的独立实验室进行，或在使用方进行，或有使用方人员参加的情况下、在承制方进行。

2）DPA 按 GJB 4027A—2006 工作项目 0205、0207、0208 的规定进行。

3）DPA 样品数按交货数量的 10% 随机抽取，但不少于 5 只，不多于 10 只。对于价格昂贵或批量很小的元器件，样本大小可适当减少，但应经用户批准后实施，根据应用需求，用户保留进一步追加 DPA 项目和样品数的权利。

4.6　电阻器典型失效案例

4.6.1　电阻器开路失效

案例一：

（1）问题概述

某产品测试过程中，发现一只 RCK‐0.25W‐280Ω‐LB 型精密合金箔电阻器在高温下（55 ℃）开路失效。

（2）机理分析

该精密电阻开路失效是由于其中一根带状引出线顶端弯曲部位断裂所致，如图 4‐16 所示。电阻器在穿环氧垫片过程中，由于操作不当，对外引线施加了异常应力，使其出现松动，降低了外引线的粘接强度；同时固定胶流至带状内引线部位形成硬支点，造成内引线释放应力的能力减弱。电阻器装机使用后，随单板、整机进行环境试验，在热应力、电应力和机械应力的综合作用下，最终使内引线硬支点处发生疲劳断裂，导致电阻器开路失效。

（3）警示

生产厂家应完善工艺文件，提高穿环氧垫片等手工操作的可操作性和指导性；研究工艺改进方法，设计专门的工具工装，降低工艺操作难度；制定针对性的检验控制措施，有效剔除缺陷产品。

案例二：

（1）问题概述

某整机产品发生故障，问题定位于一只 RJ711‐02A‐0.5W‐4.42kΩ‐L‐S 型电阻器开路失效。

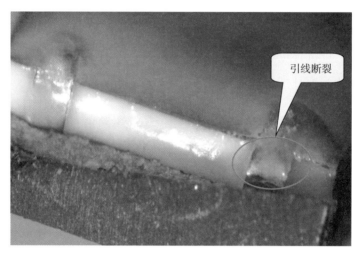

图 4 - 16　一根带状引出线断裂形貌

（2）机理分析

由于电阻器个别部位胶膜受到污染，导致合金箔与陶瓷基片粘接不良，在环境应力作用下，使电阻线条从陶瓷基片上脱落、翘起并被拉断，最终引起电阻器开路失效（图 4 - 17）。

图 4 - 17　电阻器失效部位

（3）警示

生产厂针对电阻器的手工操作（如粘贴工序）环节，要在工艺文件中明确钢板、木棍、贴箔夹具等工具在使用前的清洁、检查要求，规定手套等辅助器材的更换要求，有效控制污染来源。

4.6.2 电阻器阻值漂移

案例三：

（1）问题概述

某压力传感器测试异常，问题定位于一只 RN55 - 297K - B - C4 型电阻器失效，表现为电阻器阻值增大。

（2）机理分析

问题原因是由于电阻槽末端变窄，局部存在桥连（图 4 - 18），在后续使用时，部分桥连位置受电应力及环境应力作用后断开，导致电阻阻值异常增大。桥连是由于电阻器毛坯表面附着有硬度较大的颗粒，刻槽刀片在碰到颗粒时出现抖动，电阻器膜层出现切割不完全现象。

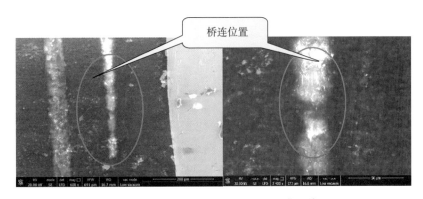

图 4 - 18 扫描电子显微镜下电阻膜形貌

（3）警示

生产厂应完善环境控制相关文件，加强对净化间的定期检查，关注生产设备的清理、清洁工作是否到位等基本问题，有效防控污染源。加强检验过程控制，确保在筛选、检验阶段有效剔除缺陷产品。

案例四：

（1）问题概述

某整机产品在综合测试时发生异常，问题定位于一只 RJK52 - 0.05W - 10K - B - N 型电阻器失效，表现为电阻器阻值增大。

（2）机理分析

电阻器的膜蒸镀工艺不良，外界潮气浸入电阻内部到达电阻膜表面，在后续工作电场的作用下，局部电阻膜产生电化学腐蚀后脱落变窄，金属膜缺损，露出磁体，具体形貌见图 4 - 19 所示，导致电阻阻值增大。

（3）警示

生产厂应严格控制生产工艺流程，完善相关管理文件，加强检验过程控制，确保在筛选、检验阶段有效剔除缺陷产品。

图 4 - 19　金属膜缺损形貌

4.7　电容器典型失效案例

4.7.1　瓷介质电容器开路失效

案例一：

（1）问题概述

某整机产品测试时异常，问题定位于一只 CCK410805BC50V101JZPT 型瓷介质电容器失效，表现为电容容量由正常值的 100 nF 减小为 30 pF。

（2）机理分析

失效电容器的端头与陶瓷体完全分离，如图 4 - 20 所示，多层瓷介电容器的最内层端电极是通过将端头浸入端浆材料后烧制而成，如端浆异常或者电容器端头污染都可能使电容器端头与陶瓷体结合不良，在环境应力作用下断裂脱落，导致容值下降。

图 4 - 20　端电极脱落形貌

（3）警示

该问题属于因工艺控制不当引起。生产厂应制定明确具体的检查工艺文件，并严格执行工艺要求，通过端浆料的检验及未涂端电容器的清洗和保护，确保端电极的烧结质量。电容器端电极与内电极的结合强度应通过附着力及引出端强度试验进行考核，生产厂应确保批次评估试验充分、适宜、有效。

案例二：

（1）问题概述

某型号整机产品在综合测试时发生异常，故障定位于一只 CC41L‑1210‑2C1‑100V‑223K 电容器失效所致。该电容器容量减小。

（2）机理分析

解剖观察，电容器端电极内部有孔洞等缺陷，端电极与内电极之间分离，如图 4‑21 所示。造成端电极与内电极之间分离的原因是：电容器在焊接过程中焊接温度和时间控制不当，导致电容器阻挡层受到损伤破坏，端头结合强度减弱。

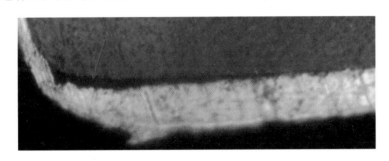

图 4‑21　端头与内电极分离

（3）警示

多层瓷介电容器阻挡层用来保护最内层端电极在焊接过程中不与焊料发生熔融，避免内电极无法引出，电容器容值发生衰减。生产单位应完善工艺要求，加强检验考核，有效剔除缺陷产品。使用单位应严格按照产品应用指南及规范要求，对电容进行焊接操作，防止焊接时间过长或温度过高，导致电容过热损伤问题。

4.7.2　瓷介质电容器短路失效

案例三：

（1）问题概述

某整机产品进行综合测试时发现某通道异常，问题定位为一只电容器 GCT41‑1206‑2R1‑10V‑226M 绝缘电阻异常所致。

（2）机理分析

对其进行剖面分析，当解剖到某一剖面时，发现电容器内部电极材料之间有严重分层现象，形貌如图 4‑22 所示。

该批电容器由于烧结过程中温度不均，造成电容内电极与介质层结合强度较低，出现分层现象，导致电容产生裂纹而绝缘下降甚至短路。

案例四：

（1）问题概述

某整机产品测试时发现电源电流超差，问题定位于一只 CC41‑0805‑50V‑473 型瓷介质电容器绝缘电阻降低所致。

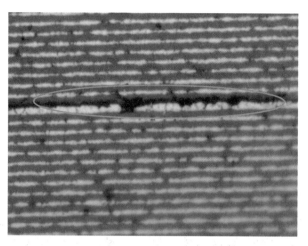

图 4 - 22   内电极分层形貌

（2）机理分析

解剖分析，电容器内部电极和介质层出现扭曲和变形现象，形成结瘤，形貌如图 4 - 23 所示，降低了电极层间的有效距离，结瘤附近部分绝缘性能不高。在后续使用电应力和温度应力作用下，电容器局部介质层绝缘性能恶化，导致绝缘强度降低失效。

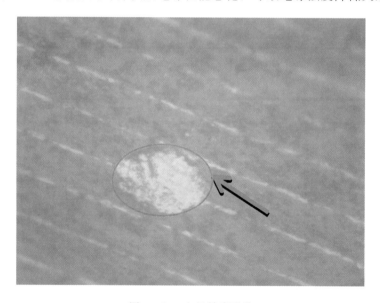

图 4 - 23   电极结瘤形貌

（3）警示

瓷介质电容器的分层缺陷以及电极结瘤缺陷的主要成因是介质膜污染，此现象与产品生产环境尤其是净化间洁净度的控制密切相关。生产厂应完善环境控制相关文件，加强对净化间的定期检查，关注生产设备的清理、清洁工作是否到位等基本问题，有效防控污染源，同时，生产厂应加强过程控制检验，确保在筛选、测试阶段有效剔除缺陷产品。

案例五：

（1）问题概述

某单机产品测试时发现故障，故障定位于一只电容 CT41L - 0805 - 2C1 - 50V - 224K 绝缘电阻下降，介质损耗为 0.77（合格值应小于 0.025），损耗超差导致失效。

（2）机理分析

解剖分析，发现电容器内部介质层存在明显空洞，且空洞尺寸超过介质层厚度的 50%，形貌如图 4 - 24 所示。瓷介电容器在生产和制造过程中，介质层因材料不致密或存在杂质，经过高温烧结后出现紧缩而形成的空洞，空洞部位介质层厚度变薄，在后续使用中的温度应力和电应力作用下，导致相邻内电极层之间绝缘电阻下降，最终导致电容参数超差失效。

图 4 - 24　介质层空洞形貌

（3）警示

该问题与制造工艺过程控制有关，生产厂家应确保流延工序所用浆料经过严格检验，合理设置工序过程检验点，加强环境控制及测试筛选。同时，有效开展成品的结构分析和 DPA 工作，充分评估产品批次性质量。

案例六：

（1）问题概述

某模块产品在调试时发现输出失效，问题定位为一只 CT41G - 1206 - X7R - 50V - 0.47 μF - K（N）型多层瓷介质电容器呈阻性失效所致。

（2）机理分析

对其进行解剖分析，发现内部陶瓷介质存在裂纹，且裂纹贯穿了不相连的内电极层，形貌如图 4 - 25 所示和图 4 - 26 所示。

　　该批电容器生产过程中由于排胶时间不足，部分产品内部有机高分子尚有残留，在随后的烧结中，有机高分子快速分解，形成微小针孔，导致陶瓷体强度不足，容易形成裂纹。在经过焊接等生产过程之后，使裂纹进一步扩大延伸，最终引起产品绝缘电阻降低而失效。

图 4 - 25　陶瓷介质裂纹的金相切片形貌

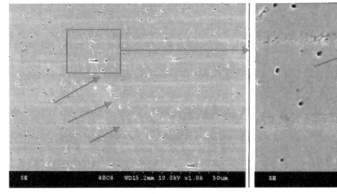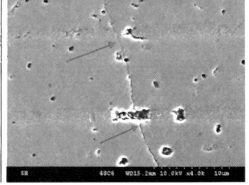

图 4 - 26　陶瓷介质裂纹的 SEM 形貌

（3）警示

　　生产厂要不断提高产品制造工艺水平，通过在烧结前进行适当的供干和共烧过程中合理的排胶和升降温过程，有效改善陶瓷介质分层和介质开裂等问题，并充分借助超声检查等检验手段剔除内部存在缺陷的电容器。质量保证人员在下厂监制、验收时，应对生产厂家的生产过程质量控制进行确认，对生产过程记录进行检查，对异常数据进行分析，确保验收产品质量。

4.7.3　液体钽电容漏液失效

案例七：

（1）问题概述

某型号整机产品测试时发生故障，问题定位于一只 GCA351 - 63V - 4.7uf - K 型液体钽电容参数超差，该钽电容是由于内部电解液从阳极泄漏，导致电容器失效。

（2）机理分析

随着液体钽电容充放电次数的增多，电容器内部温度升高，在使用环境为高温的条件下，电解液会加速消耗，同时，随着温度的升高，电容器内部的压力增大，会造成内部电解液从电容器的薄弱处（即阳极绝缘子与壳体之间的缝隙）泄漏。电解液减少，电容器有效接触面积就会减小，容量随之降低，损耗增大。电解液泄漏将导致阳极引出端与阴极金属壳体之间形成漏电通道，造成电容器漏电流增大（图 4 - 27）。

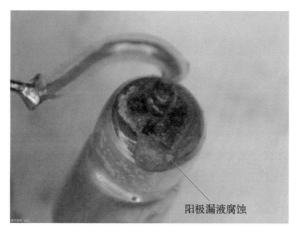

阳极漏液腐蚀

图 4 - 27　钽电容阳极泄漏形貌

（3）警示

生产厂家应严格控制工艺流程，增加检漏试验，对阳极绝缘子部位密封性进行控制，保证电容密封性良好，避免漏液失效。使用单位应严格控制液体钽电容的反向电压，禁止使用万用表电阻档对有钽电容器的电路或电容器本身进行不分极性的测试。注意钽电容器工作时的工作电压不能高于额定电压，使用环境的温度不要超过其工作温度范围。

4.7.4　固体钽电解电容器短路失效

案例八：

（1）问题概述

某整机产品调试时参数异常，问题定位于一只 CA45 - 25V - 22μF±20% - E 钽电容器漏电流超差。

（2）机理分析

电容失效是由于钽粉芯局部存在破损和微裂纹，使用过程中在温度应力和电应力作用下，裂纹退化形成晶化点，导致漏电流超差，如图 4-28 所示。固体钽电容器阳极钽块是由钽粉在真空烧结炉中高温烧结而成的多孔体，再采用电化学方法在钽块表面形成五氧化二钽（Ta_2O_5）氧化膜介质层，如果在此过程中工艺控制不好，会影响芯块的质量。

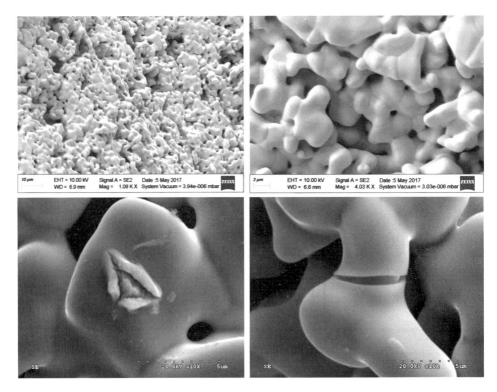

图 4-28　固钽电容器氧化膜缺陷

（3）警示

生产单位应对生产过程中的赋能、被膜工序进行严格把关，提高产品芯块性能，减少由于材料与工艺原因造成的杂质、裂纹和孔洞等疵点，确保质量一致性。

4.8　电阻器术语和定义

4.8.1　一般性术语

4.8.1.1　片式厚膜固定电阻器

片式厚膜固定电阻器是在陶瓷基体上通过印刷、烧结的方式形成电极膜、电阻膜及玻璃保护层，然后通过端头涂银、烧结及电镀的方式形成产品的端电极结构，为表面贴装型电阻器。

4.8.1.2　片式薄膜固定电阻器

片式薄膜固定电阻器是在陶瓷基体上通过蒸发、溅射的方式形成产品的电极、电阻膜层，通过印刷方式形成玻璃保护层，然后通过端头涂银、烧结及电镀的方式形成产品的端电极结构，为表面贴装型电阻器。

4.8.1.3　金属膜固定电阻器

金属膜固定电阻器采用圆柱形陶瓷棒作基体，在陶瓷表面真空淀积合金薄膜形成电阻膜，采用端帽与基体紧密配合的方式引出电阻值，采用刻槽方式调整阻值。

4.8.1.4　精密合金箔固定电阻器

精密合金箔固定电阻器是应用电阻应变原理设计而成。该电阻材料采用经轧制而成的镍铬系列的精密电阻金属箔作为电阻材料，电阻体采用平面结构。

4.8.2　主要特性参数术语

4.8.2.1　标称阻值

标称阻值是电阻器设计所确定的，通常指在电阻器上标出的阻值。

4.8.2.2　临界阻值

临界阻值是额定电压等于元件极限电压时的阻值。

注：当阻值小于临界阻值时是计算出的额定电压，当阻值大于或等于临界阻值时则是元件极限电压。

4.8.2.3　类别温度范围

类别温度范围是电阻器设计所确定的能够连续工作的环境温度范围，该范围取决于它的相应类别的温度极限值。

4.8.2.4　上限类别温度

上限类别温度是电阻器设计所确定的、用类别功耗标出的那部分额定功耗下能够连续工作的最高环境温度。

4.8.2.5　下限类别温度

下限类别温度是电阻器设计所确定的能够连续工作的最低环境温度。

4.8.2.6　额定温度

额定温度是在该温度的耐久性试验条件下，可连续施加额定功耗的最高环境温度。

4.8.2.7　额定功耗

额定功耗是在环境温度低于额定温度的条件下，对电阻器可连续施加的最大功耗。

4.8.2.8　额定电压

额定电压是用标称阻值和额定功耗乘积的平方根计算出来的直流电压或交流电压有效值。

注：由于电阻器的尺寸和结构上的原因，在高阻值时不允许施加额定电压。

4.8.2.9　元件极限电压

元件极限电压是可以连续施加在电阻器两个引出端上的最大直流电压或交流电压有效值（元件极限电压通常取决于电阻器的尺寸和制造工艺）。

本书使用"交流电压有效值"这个术语时，峰值电压不超过其电压有效值的 1.42 倍。

注：当阻值大于或等于临界阻值时，只对电阻器施加元件极限电压。

4.8.2.10　绝缘电阻

绝缘电阻是电阻器电极引出端与电阻体外壳（或涂覆层）或任何导电安装零件之间的电阻。

4.8.2.11　电阻温度特性

电阻温度特性是相对于基准温度 20 ℃，在类别温度之间规定的温度范围内产生的阻值最大可逆变化。

4.8.2.12　电阻温度系数

电阻温度系数是两个规定温度之间的阻值相对变化除以产生这个变化的温度之差。

注：应该说明，采用该术语并不意味着这个函数的线性程度如何，也不作任何假设。

4.8.2.13　电阻电压系数

电阻电压系数是施加电压而产生的阻值可逆变化，用每施加 1 V 电压阻值变化的百分数表示。

4.8.2.14　工作温度范围

工作温度范围是电阻器的工作温度范围，是指电阻器能连续工作的最低环境温度到最高环境温度的范围。

4.8.2.15　贮存温度范围

贮存温度范围是电阻器在非工作状态下，最适宜的贮存温度。

4.8.2.16　降功耗曲线

降功耗曲线是当环境温度超过元件额定温度时，为保证电阻器能可靠工作而降额使用的规定。

4.9　电容器术语和定义

4.9.1　一般性术语

4.9.1.1　单层（芯片）瓷介电容器

电容器是由陶瓷介质膜片经过高温烧结形成基片，再在基片上下表面金属化处理（常用溅射、电镀等工艺）形成电极，最后通过切割而成的。

4.9.1.2　多层片式瓷介电容器

多层陶瓷电容器（MLCC）是由多个印好内电极的陶瓷介质膜片以错位的方式叠合起来，经过高温烧结形成陶瓷芯片，再在芯片两端封上端电极，形成类似独石的结构体，又称独石电容器，是多个平行板电容器的并联体。

4.9.1.3　高能钽混合电容器

高能钽混合电容器内部采用了叠片式结构，采用了阴极＋隔膜＋阳极的结构，在产品内部两片阴极作为一片阳极的对电极，高能钽混合电容器芯块在内部并联后与绝缘子上的正极引线连接，阴极与外壳连接。

4.9.1.4　非固体电解质钽电容器

非固体电解质钽电容器是将烧结型阳极芯块封装在钽外壳或银外壳内，采用激光焊接的方式将玻璃绝缘子与外壳焊接成一体，正负极引线从产品的两端引出。

4.9.1.5　片式固体电解质钽电容器

片式固体电解质钽电容器是一种表面贴装的、设计用于固定极性的直流电压下工作的电容器，是以钽粉块为阳极主体，以二氧化锰或高分子聚合物为阴极的电解电容器。烧结后的钽阳极块具有一种海绵状结构，在赋能工序通过电化学反应，在钽粉颗粒表面形成氧化膜作为电容器的介质层，在被膜工序采用水汽分解硝酸锰溶液的方法在氧化膜表面附着二氧化锰或以聚合物聚合作为阴极引出，最后在芯块表面浸渍石墨、银浆以形成良好的电性连接。

4.9.2　主要特性参数术语

4.9.2.1　标称电容量

标称电容量是指电容器设计所确定的和通常在电容器上所标出的电容量值。

标称电容量以皮法拉（pF）为单位，用三位数字表示：第 1、2 位数代表电容量的有效值数，第 3 位代表有效值后"零"的个数。如 104 代表 10×10^4 pF；如果电容量小于 10 pF，则用 R 替代小数点，如 9R1 代表 9.1 pF。

4.9.2.2　类别温度范围

类别温度范围是电容器设计所确定的能连续工作的环境温度范围。这里以下限类别温度和上限类别温度给定。

4.9.2.3　下限类别温度

下限类别温度是电容器设计所确定的能连续工作的最低环境温度范围。

4.9.2.4　上限类别温度

上限类别温度是电容器设计所确定的能连续工作的最高环境温度范围。

4.9.2.5　额定温度

额定温度是可以连续施加额定电压的最高环境温度。

4.9.2.6 额定电压

额定电压是在下限类别温度和额定温度之间的任一温度下，可以连续施加在电容器上的最大直流电压或脉冲电压的峰值。

4.9.2.7 类别电压

类别电压是电容器在上限类别温度下可以连续施加在电容器上的最高电压。

4.9.2.8 温度降额电压

温度降额电压是在额定温度和上限类别温度之间的任一温度下，可以连续施加在电容器上的最高电压。

注：如果适用，应在有关规范中给出额定温度和上限类别温度之间的电压-温度曲线。

4.9.2.9 浪涌电压比

浪涌电压比是在类别温度范围内的任一温度下，在规定的时间内可以加到电容器引出端上的最高瞬时电压与额定电压或温度降额电压（按适用）的比。

4.9.2.10 电容量允许偏差

电容量允许偏差是电容器实际电容量相对标称电容量可允许的最大偏差。

4.9.2.11 损耗角正切（tanδ）

损耗角正切是在规定频率的正弦电压下，电容器的损耗功率除以电容器的无功功率。

4.9.2.12 耐电压

耐电压是电容器在规定条件和时间内，介质承受电压作用而不发生击穿与飞弧的能力。

4.9.2.13 绝缘电阻

绝缘电阻是电容器引出端之间的直流电阻值，是对电容器在额定电流电压作用下介质抗漏电流能力的度量。

4.9.2.14 时间常数（RC常数）

时间常数是绝缘电阻和电容量的乘积，通常以秒表示。

4.9.2.15 电容量温度特性

电容量温度特性是在一个不超出类别温度范围的给定温度范围内，所出现的电容量最大可逆变化。一般此变化表示为相对25℃时电容量的百分比。瓷介电容器温度特性代码含义见表4-7。

注：该术语主要适用于电容量随温度而线性和非线性变化，且不能精确和肯定地表示出来的电容器。

表 4 - 7　瓷介电容器温度特性代码

代码	容量最大允许变化	类别温度范围	代码	容量最大允许变化	类别温度范围
BX	±15%		X7R	±15%	−55～125 ℃
BY	±15%（不加偏压）	−55～125 ℃	X5R	±15%	−55～85 ℃
2R1	±15%		Y5U	−56%～+22%	−30～85 ℃
2C0	±20%	−55～155 ℃	Y5V	−82%～+22%	
2C1	±20%	−55～125 ℃	2C2	±20%	−55～85 ℃

4.9.2.16　电容量温度系数

电容量温度系数是在规定的温度范围内测量的电容量随温度的变化率。通常用 $10^{-6}/℃$ 表示。

注：该术语主要适用于电容量随温度而线性和非线性变化，且不能精确和肯定地表示出来的电容器。

4.9.2.17　电容量温度循环漂移

在规定的温度循环次数完成期间或结束之后，在室温下所观测到的电容量的最大不可逆变化。这种不可逆变化通常是用与基准温度有关的电容量的百分比表示，基准温度通常是 25 ℃。

注：1. 该术语主要适用于电容量随温度而线性和非线性变化，且不能精确和肯定地表示出来的电容器。

2. 应规定温度循环期间和循环之后的测量条件，温度循环的方法和循环次数。

4.9.2.18　等效串联电阻（ESR）

电容器内所有损耗的综合叫等效串联电阻（ESR），由介质损耗（Rsd）和金属损耗（Rsm）组成。

4.9.2.19　等效串联电感（ESL）

等效串联电感是电容器的引脚电阻与电容器两个极板的等效电阻相串联构成的。

4.9.2.20　直流漏电流

对电容器施加额定直流工作电压，从观察到充电电流的变化开始，随着时间而下降，到某一终值时达到较稳定状态，这一终值电流称为漏电流。

4.9.2.21　阻抗

当电容器在直流电路中工作时，相当于对电容器施加端电压，此时可看作类开路现象。当工作在一定频率的交流电路中时，电容器会呈现出具有一定阻力的元件，而描述此阻碍电流流动的能力（阻力）即称为电容器的阻抗。

4.9.2.22　自愈

电容器的介质局部击穿之后，电容器的电特性迅速地恢复到击穿之前数值的过程。

4.9.2.23　额定纹波电流

额定纹波电流是一种规定频率的最大允许交流电流的有效值，在该电流下电容器可在规定温度下连续工作。

4.9.2.24　额定纹波电压

额定纹波电压是叠加在直流电压上的一种规定频率的最大允许交流电压有效值，在该电压下电容器在规定的温度下可以连续工作。

注：加在电容器上的直流电压和交流电压的峰值之和应不超过额定电压或适用的温度降额电压。

4.9.2.25　额定功耗

额定功耗是指由直流漏电流和允许的最大纹波电流在通过电容器时产生的有功功率之和。

4.9.2.26　最低贮存温度

最低贮存温度是电容器在非工作状态下不出现损伤应能承受的最低允许环境温度。

4.9.2.27　最高贮存温度

最高贮存温度等于电容器的上限类别温度。

4.9.2.28　额定脉冲负荷

额定脉冲负荷是在下限类别温度和额定温度之间的任一温度下，可以在某一脉冲重复频率下，在电容器引出端上施加的最大脉冲电荷。它可以用 1）和 2）中的任何一项表示：

1）每微米脉冲峰值电流或 du/dt（V/ms）。

2）充电和放电周期的相对持续时间。

3）电流。

4）电压峰值。

5）反向电压的峰值。

6）脉冲重复频率。

7）最大有功功率。

对于周期性脉冲，这些参数是固定的。

注：1. 对间歇脉冲，应规定占空系数；对随机脉冲，应规定给定周期内预计的脉冲总数。

2. 脉冲电流有效值应按 IEC 60469—1：1987 的 2.5.2.4 计算。间歇或随机脉冲时间间隔的选择应与最大温升相对应。

4.9.2.29　电容器的脉冲等效电路

电容器的脉冲等效电路是由一个理想的电容器与剩余电感和等效串联电阻（ESR）串联组成。

注：对脉冲工作而言，等效串联电阻与用正弦电压测得的等效串联电阻相似但不相

等。脉冲等效串联电阻应考虑到脉冲中的一系列谐波和损耗随频率的变化。

4.9.2.30　额定交流负荷

额定交流负荷是在下限类别温度和额定温度之间的任何温度下，可以连续地施加在电容器引出端上的最大正弦交流负荷。它可以表示为：

1）在低频时为额定交流电压。

2）在高频时为额定交流电流。

3）在中频时为额定无功功率。

对此可用图 4 - 29 表示。

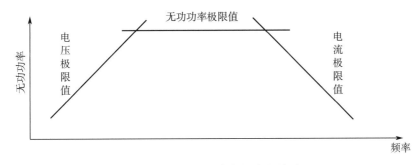

图 4 - 29　无功功率与频率的关系

参 考 文 献

［1］ 中国人民解放军总装备部 . GJB 360B — 2009，电子及电气元件试验方法 . 北京：中国人民解放军总装备部，2009.

［2］ 中国人民解放军总装备部 . GJB 4027A — 2006，军用电子元器件破环性物理分析方法 . 北京：中国人民解放军总装备部，2006.

［3］ 电子元器件应用可靠性研究，福建火炬电子科技股份有限公司内部刊物.

第5章 继电器

5.1 概述

继电器是具有隔离功能的自动开关元件，广泛应用于遥控、遥测、通信、自动控制设备中，是组成电气控制系统的基础电气元件之一。继电器主要由绝缘隔离的输入控制部分和输出电路开关切换部分构成，主要功能包括信号放大功能、自动化逻辑电路控制、用电系统电源供配电开关和中继执行遥测遥控命令等。

由于生产环境、工艺以及继电器本身的结构设计等原因，继电器的失效时有发生，位居失效电子元器件分析比例的第一位。因此，继电器的质量保证工作至关重要。

5.1.1 继电器的分类

航天用继电器包含了卫星、飞船、导弹、运载火箭及地面测发控系统配套的各型产品，主要门类有电磁继电器、延时继电器、固体继电器、温度继电器等。电磁继电器是当前航天应用最多、最广泛的门类。按切换功率大小可分为信号传递型和功率型电磁继电器；按继电器实体尺寸可分为微型、超小型和小型电磁继电器；按切换电压类型可分为直流和交流电磁继电器；按工作形式可分为磁保持、非磁保持继电器，其中磁保持继电器在航天系统中应用较广泛。

5.1.2 继电器质量保证相关标准

与继电器质量保证相关的标准包括：GJB 65B《有可靠性指标的电磁继电器总规范》、GJB 1042A《电磁继电器通用规范》、GJB 1429《热延时继电器总规范》、GJB 1434A《真空继电器通用规范》、GJB 1436《干簧继电器总规范》、GJB 1461《含可靠性指标的电磁继电器总规范》、GJB 1513A《混合和固体延时继电器通用规范》、GJB 1515A《固体继电器总规范》、GJB 1517A《恒温继电器通用规范》、GJB 2888A《有失效率等级的功率型电磁继电器通用规范》、GJB 7401《有失效率等级的射频电磁继电器通用规范》、QJ 3283《宇航用电磁继电器通用规范》等。

5.1.3 继电器质量保证等级

航天型号用继电器经过多年的研制、生产发展，形成了宇航级、军级、企军标等质量等级，具体见表 5-1。

表 5-1　国产继电器质量等级

质量等级代号	质量等级名称	质量等级依据的标准	备注
R	七级	GJB 65B—1999 有可靠性指标的电磁继电器总规范 GJB 2888—1997 有可靠性指标的功率型电磁继电器总规范	
P	六级		
M	五级		
L	亚五级		
Y	Y 级	GJB 1515A—2001 固体继电器总规范	
W	W 级		
GJB	军级	GJB 1042A—2002 电磁继电器总规范	
		GJB 1434—1992 真空继电器总规范	
		GJB 1436—1992 干簧继电器总规范	
		GJB 1461—1992 含可靠性指标的电磁继电器总规范	
		GJB 1514—1992 水银湿簧继电器总规范	
		GJB 1517—1992 恒温继电器总规范	
		GJB 2449—1995 塑封通用电磁继电器总规范	
YA	YA 级	继电器宇航标准	
YB	YB 级		
YC	YC 级		
QJ	QJ 级	QJ 3283—2006 宇航用电磁继电器通用规范	
SJ	SJ 级	电子行业相关规范	
QJB	企军标级	相关企业军用标准	
QJB+	企军标+协议	相关企业军用标准和型号技术协议、条件	
QB	企标级	相关企业标准	
QB+	企标+协议	相关企业标准和型号技术协议、条件	

5.2　继电器的监制

　　以下列出了电磁继电器、磁保持继电器、温度继电器、混合延时继电器和固体继电器的典型结构和内部目检要求。

5.2.1　电磁继电器

5.2.1.1　结构
　　典型密封电磁继电器结构如图 5-1～图 5-3 所示。

5.2.1.2　触簧组（动、静接触簧片）
　　1）触簧组的装配位置应正确，触簧组之间的间隙应符合相关产品装配工艺；在衔铁吸合和释放的两个位置上，各簧片必须与所有相邻的零件隔离开，保持在设计最小间距以上，如图 5-4 和图 5-5 所示。

图 5-1　典型电磁继电器照片

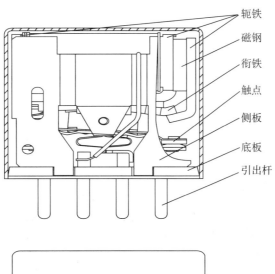

轭铁

磁钢

衔铁

触点

侧板

底板

引出杆

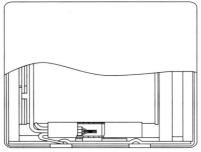

图 5-2　电磁继电器结构示意图

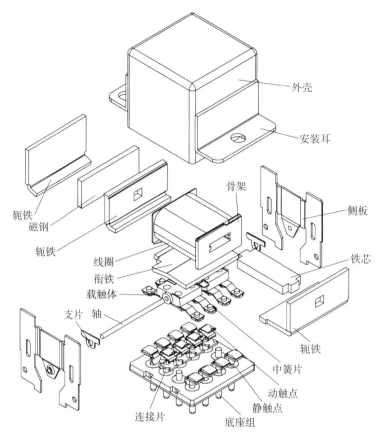

图 5 - 3　电磁继电器内部结构

图 5 - 4　触簧组照片

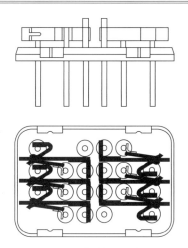

图 5-5　触簧组示意图

2）触簧组接触部位不应有钎焊或点焊造成的烧伤、开裂及镀层明显变色现象，如图 5-6 所示。

图 5-6　触簧组正常接触部位

3）触簧组的每一部位应清洗干净；不允许有纤维、钎焊造成的可脱落氧化物等多余物附着；不允许有明显划伤，如图 5-7 和图 5-8 所示。

图 5-7　触簧组夹杂的纤维

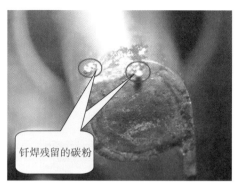

图 5-8　钎焊残留的碳粉

4）触簧组各簧片表面镀层无开裂、起泡、变色及脱落现象；簧片边缘不允许有毛刺，如图 5-9 和图 5-10 所示。

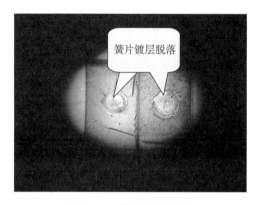

图 5-9　簧片镀层脱落

图 5-10　簧片边缘毛刺

5）簧片不允许碰线圈、支架、基座，各不相连的簧片、线圈脚不得相碰，如图 5-11 所示。

图 5 - 11　簧片搭接

6) 触点接触部位为簧片的凸包处时，不允许边缘接触，如图 5 - 12 所示。

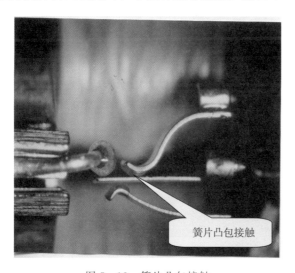

图 5 - 12　簧片凸包接触

5.2.1.3　线圈组件

1) 线圈与铁芯的配合应符合工艺要求；线圈组在铁芯上应配合紧密，不允许转动、松动；线圈架不应开裂；线圈组使用的包扎薄膜不应松动露线，表面不允许有擦伤及多余物；线圈表面不能有油污、破损现象，如图 5 - 13 和图 5 - 14 所示。

2) 线圈引出线捆扎后应有适当的应力松弛，焊接应牢固，焊接部位应光滑，不允许虚焊和焊伤，如图 5 - 15 所示。

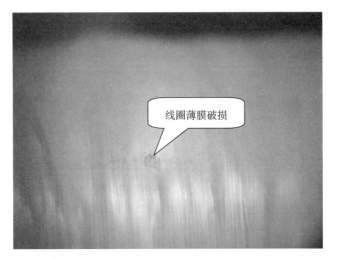

图 5 - 13　线圈薄膜破损

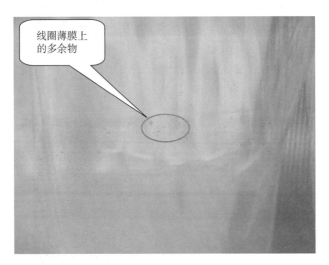

图 5 - 14　线圈薄膜上的多余物

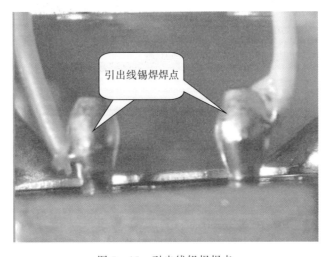

图 5 - 15　引出线锡焊焊点

3）线圈引出线不允许有伤痕，外绝缘层不应有划伤，压伤，如图 5 - 16 和图 5 - 17 所示。

图 5 - 16　引出线损伤

图 5 - 17　引出线外绝缘层压伤

4）线圈引出线绝缘层套管应与动接触片等活动零部件留有一定间隙，且能使线圈引出线与铁芯、轭铁、支架、罩壳等相邻零件有效地绝缘。套管内径与丝径选择适当，套管长度不应过短，套管不允许碰簧片，如图 5 - 18 和图 5 - 19 所示。

5.2.1.4　衔铁和轭铁

1）衔铁与轭铁极面应无多余物。锡焊部位应光滑，无锡渣及焊剂，如图 5 - 20 所示。

2）衔铁端部不允许碰侧板、支架，衔铁不得歪斜，如图 5 - 21 所示。

3）推动杆无镀层脱落、碰线圈等现象，与衔铁点焊处不允许开裂，如图 5 - 22 所示。

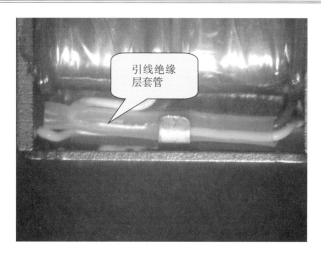

图 5 - 18　引线绝缘层套管

图 5 - 19　线圈引线

图 5 - 20　金属多余物

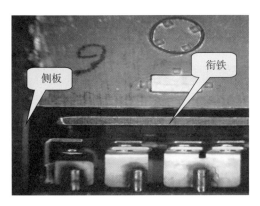

图 5 - 21　衔铁与侧板部位

图 5 - 22　点焊处开裂

4）推动球应对准簧片中间部位，推动球与簧片间有可见间隙，不能有裂纹、掉块等缺陷，如图 5 - 23 所示。

图 5 - 23　推动球位置

5.2.1.5　底座组（基座组合）

1）底座与支架正确装配，不应有不允许的工具操作伤痕，如图 5 - 24 所示。

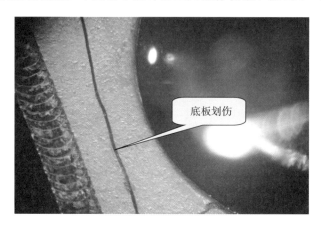

图 5 - 24　底板划伤

2）底座组表面应清洗干净，无锈蚀和多余物；无镀层开裂、起泡及脱落现象，如图 5 - 25 所示。

图 5 - 25　镀层脱落

3）支架、侧板孔口不允许有毛刺。

4）点焊触簧组，簧片要有明显的焊痕，焊接部位不应断裂，如图 5 - 26 所示。

5）玻璃绝缘子表面不应有污染物（图 5 - 27）及有害的破裂现象，缺陷合格与否以图 5 - 28 和下列条件为依据：

a）具有锋利刃口的破裂或张口气泡，则不合格。

b）气泡直径超过引出端与金属座板之间径向距离的 1/3（对气泡群应采取复合直径），则不合格，如图 5 - 28 所示。

c）在玻璃内部或玻璃表面上含有杂质，则不合格。

图 5 - 26　合格焊点

图 5 - 27　绝缘子表面污染物

d）黑点（颜色浓集点）的直径超过引出端与金属座板之间径向距离的 1/3，则不合格。

e）环形裂纹的范围超过 90°，则不合格，如图 5 - 28 所示。

f）径向裂纹的长度超过引出端与金属座板之间径向距离的 1/3，则不合格，如图 5 - 28 所示。

g）横切方向裂纹不在同一个环带区域内，则不合格，如图 5 - 28 所示。

h）表面缺口的长度和宽度超过引出端与金属座板之间径向距离的 1/3，则不合格，如图 5 - 28 所示。

i）弯月形裂纹是合格的，但不能扩展到玻璃表面之下，也不能超过引出端与金属座板之间径向距离的 1/3。

j）弯月形裂纹沿引出端向上，扩展超过 0.5 mm 或引出端直径的 1/3（取最大者），则不合格。

k）在玻璃边界和金属座板周围出现外围裂纹，则不合格。

l) 任何引出端与玻璃分离，则不合格。

注：虚线所示为引出端和金属座板间的径向距离，它们将玻璃划分为三等分。这样就在引出端周围形成了同心圆。

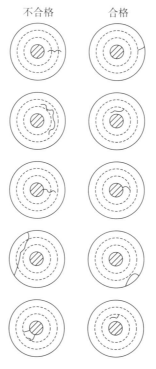

图 5-28　玻璃绝缘子检验示意图

5.2.1.6　继电器整件

1) 整件的锡焊部位应光滑、无锡渣、无虚焊、无焊剂残留物，如图 5-29 所示。

图 5-29　焊剂残留

2）点焊飞溅物应清除干净，如图 5 - 30 所示。

图 5 - 30 点焊飞溅

5.2.1.7 外壳组（外罩组合）

1）外壳组应无裂纹和明显划伤现象，如图 5 - 31 所示。

图 5 - 31 合格外壳

2）外壳组内壁应无污染物和多余物，如图 5 - 32 所示。

3）带安装板的外壳，组合焊点不允许出现局部穿透外壳现象，如图 5 - 33 所示。

5.2.1.8 焊接飞溅物

用 10 倍体视显微镜观察触簧组、线圈组、轭铁组、底座组和整件，对观察到的危险焊瘤用 0.2 N 的测力计检测，若能承受则允许存在，封壳前对每个焊瘤仅允许探测一次。

图 5 - 32　外壳内部多余物

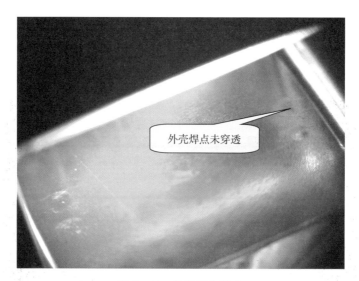

图 5 - 33　外壳组合焊点

5.2.2　磁保持继电器

5.2.2.1　结构

磁保持继电器是一种双线圈双稳态继电器，利用继电器保持线圈与复位线圈，实现输出值的保持与复位。典型磁保持继电器结构如图 5 - 34 和图 5 - 35 所示。

5.2.2.2　检查要求

1）磁保持继电器的内部目检要求与电磁继电器一致。

2）磁保持继电器双线圈安装扣片与衔铁表面不允许破损或有毛刺。

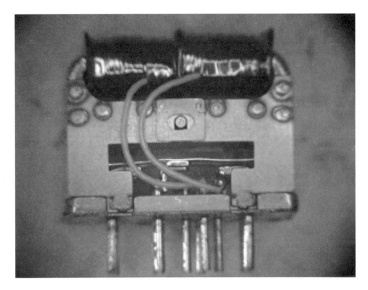

图 5 - 34　典型磁保持继电器照片

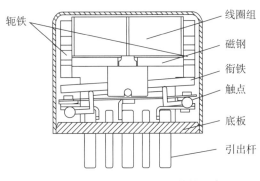

图 5 - 35　典型磁保持继电器结构示意图

5.2.3　温度继电器

5.2.3.1　结　构

机电式温度继电器的温度传感器为双金属片，利用双金属片翻转的突跳式动作，获得推力或挠度，推动触点接通或断开。典型机电式温度继电器的结构如图 5 - 36～图 5 - 38 所示。

5.2.3.2　检查要求

1）至少放大 20 倍检查产品的所有裸露内表面，不允许有散落的金属或非金属多余物。

2）触点和触点引出端无裂纹或镀层脱落，当触点引出端有毛刺或球状熔焊料溅落物或喷溅物时，使用 1.2 N 的力探测时，若可活动则不予接收。

3）触点与其配对触点不对准或互相不平行则不予接收。

图 5-36　典型温度继电器照片

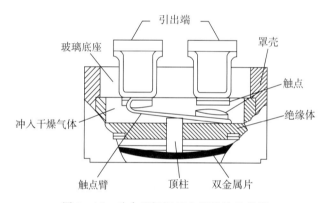

图 5-37　动合型恒温继电器结构示意图

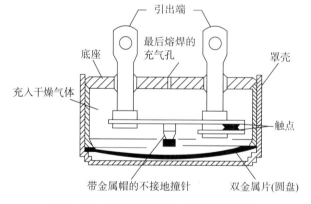

图 5-38　动断型恒温继电器结构示意图

4）双金属片表面不允许存在锈斑等缺陷，簧片接触部位不允许有明显划伤及多余物附着。

5）玻璃绝缘子缺陷合格判据见电磁继电器要求。

6）外壳表面不允许出现划伤；带安装板的外壳，组合焊点不允许出现局部穿透外壳现象。

5.2.4　混合延时继电器

5.2.4.1　结　构

混合延时继电器由混合电路、电子元器件与电磁继电器组合而成，典型混合延时继电器结构如图 5-39 和图 5-40 所示。

图 5-39　典型混合延时继电器照片

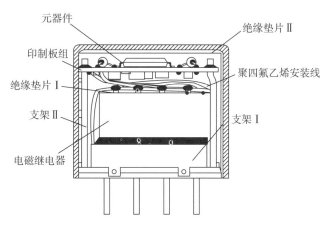

图 5-40　典型混合延时继电器结构示意图

5.2.4.2　检查要求

1）至少放大 20 倍检查产品的所有裸露内表面，不允许有散落的金属或非金属多余物。

2）延时电路板的锡焊点应光滑，无锡渣、焊剂残留物及虚焊等现象，如图 5-41 所示。

图 5-41　电路板合格锡焊点

3）引线焊接牢固，焊接部位应光滑，不允许虚焊和焊伤，如图 5-42 所示。

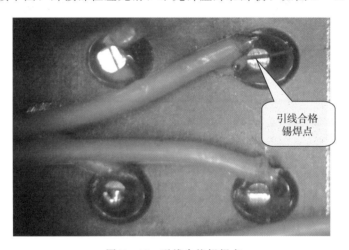

图 5-42　引线合格锡焊点

4）玻璃绝缘子的缺陷合格判据见电磁继电器要求。

5）底座组（基座组合）检查要求见电磁继电器要求。

6）带安装板的外壳，组合焊点局部不能出现穿透外壳现象。

5.2.5　固体继电器

5.2.5.1　结　构

固体继电器是一种全电子电路组合的元件，它依靠半导体器件和电子元件的电磁和光特性来实现其隔离和继电切换功能。典型固体继电器结构如图 5-43～图 5-48 所示。

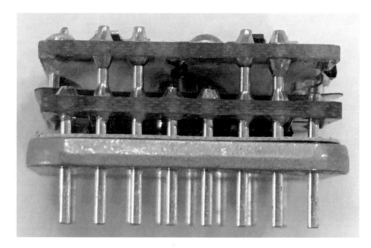

图 5-43　典型分立式固体继电器照片

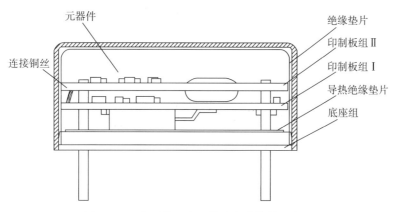

图 5-44　典型分立式固体继电器结构示意图

图 5-45　典型混合式固体继电器照片

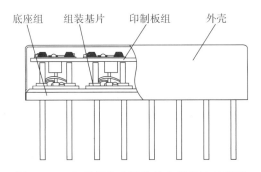

图 5-46　典型混合式固体继电器结构示意图

图 5-47　光-MOS 固体继电器照片

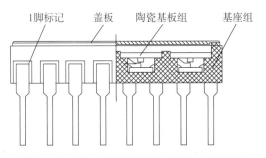

图 5-48　光-MOS 固体继电器结构示意图

固体继电器按内部结构分为两类：

1 类：分立结构。该类固体继电器只采用分立器件组装的气密式密封继电器。

2 类：混合结构。该类固体继电器由分立器件、膜固定电阻网络和芯片采用混合工艺组装，芯片与引线采用键合结构的气密式密封继电器。

固体继电器的组装形式有单层固体继电器和双层固体继电器。目检时使用放大倍数为 6.5～45 倍的体视显微镜，采用适当角度和适当照明完成。如果发现有疑点而又无法判定其性质时，可通过 60～100 倍的高放大倍数显微镜检验进行证实。

5.2.5.2　检查要求

1）至少放大 30 倍检查产品的所有裸露内表面，不允许基片有缺边或缺角、裂纹等损伤；不允许有散落的金属或非金属多余物；基板、电路板无污物，如图 5-49～图 5-53 所示。

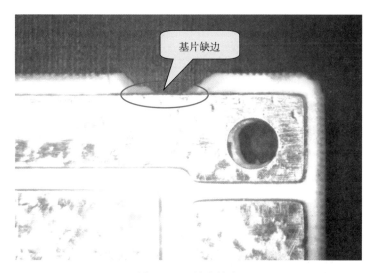

图 5-49　基片缺边

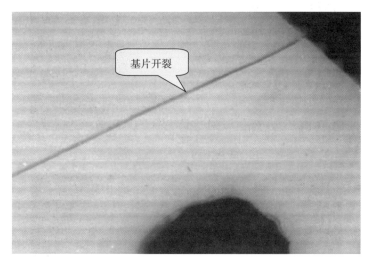

图 5-50　基片开裂

2）芯片检验在 40 倍显微镜下镜检，表面无划伤、裂痕及缺损现象，金属化完整，如图 5-54～图 5-57。

3）玻璃绝缘子的缺陷合格判据见电磁继电器要求。

4）外壳、底座不应有表面划伤、镀层脱落，如图 5-58 所示。

图 5 - 51　焊盘槽内非金属多余物

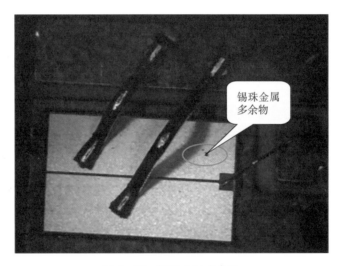

图 5 - 52　锡珠金属多余物

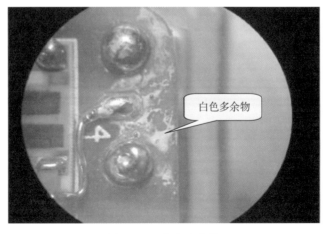

图 5 - 53　白色多余物

图 5 - 54　芯片划伤

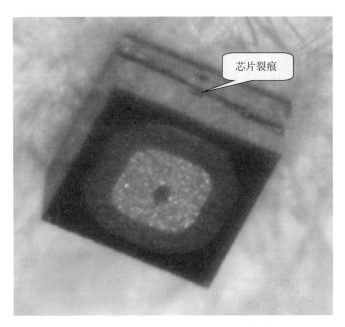

图 5 - 55　芯片裂痕

5.2.5.3　自动焊接检查内容

1）回流焊焊点不应有虚焊、连焊现象；非焊料区不应有焊料沾污（焊盘上焊料自然漫延到相连导带上的除外），如图 5 - 59 和图 5 - 60 所示。

2）片式元器件围绕每一端的周界可见焊料不足 50%，除非焊料在元器件的两个不相邻的侧边上连续，焊料流到元件上，使 $L < (1/2)M$，如图 5 - 61 和图 5 - 62 所示。

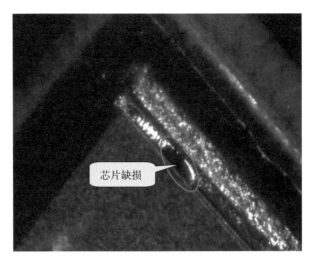

图 5-56　芯片缺损

图 5-57　金属化完整

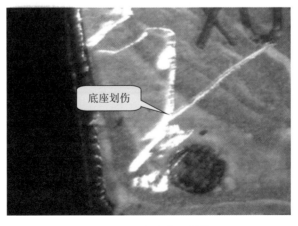

图 5-58　底座表面划伤

图 5 - 59　连焊

图 5 - 60　焊料沾污

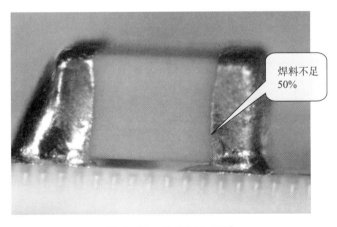

图 5 - 61　焊料不足 50%

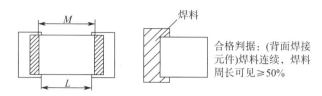

图 5-62　焊料不足 50％示意图

3）焊料不应延伸到有源件顶部表面。

4）焊料用量应符合要求，如图 5-63 和图 5-64 所示。

图 5-63　焊端润湿良好的焊点

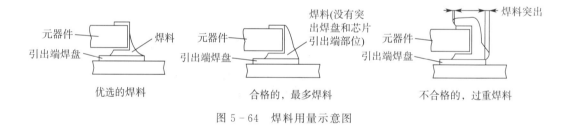

图 5-64　焊料用量示意图

5）元器件应在两焊盘中央，左右和上下偏差在规定范围内，如图 5-65 所示。

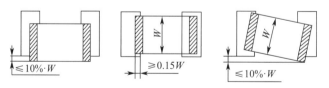

图 5-65　元器件位置允许偏差

6）元器件倾角界限应符合要求，如图 5-66 所示。

7）贴装二极管器件焊料形状应符合要求，如图 5-67 所示。

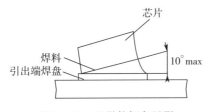

图 5 - 66　元器件倾角界限

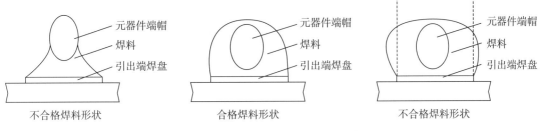

图 5 - 67　合格与不合格焊料形状示意图

5.2.5.4　手工焊接检查内容

1）手工锡焊的焊点应光滑，焊锡充满焊盘（典型合格焊点如图 5 - 68 所示），无锡渣、焊剂残留物、拉尖、桥接、虚焊、冷焊和漏焊以及焊料过多或过少等不良现象（表 5 - 2），不应对其他位置造成损伤。

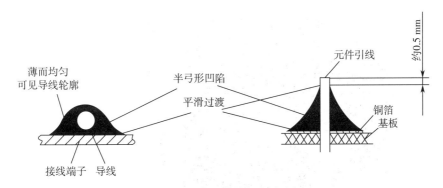

图 5 - 68　典型合格焊点示意图

表 5 - 2　常见焊点缺陷

焊点外观	缺陷特点	缺陷表征	焊点外观	缺陷特点	缺陷表征
	焊料与焊件交界面接触角过大，不平滑	虚焊		焊点剥落（不是铜箔剥落）	剥离
	焊锡未流满焊盘	不对称		焊料面呈凸形	焊料过多

续表

焊点外观	缺陷特点	缺陷表征	焊点外观	缺陷特点	缺陷表征
	导线或元器件引线可移动	松动		焊料未形成平滑面	焊料过少
	出现尖端	拉尖		焊点中夹有松香渣	松香焊
	相邻导线搭接	桥接		焊点发白,无金属光泽,表面较粗糙	过热
	目测或放大镜测可见有孔	针孔		表面呈豆腐渣状颗粒,有时可有裂纹	冷焊
	引线根部有时有焊料隆起,内部藏有空洞	气泡			

2）检查变压器单丝纱包线或单丝漆包线应无破损，四周去漆搪锡部分搪锡均匀，不得有任何残留漆层，初次级间有可见间距。

5.2.5.5　器件粘结检查内容

1）粘结器件的内部涂胶目检应在不低于 30 倍显微镜下检验。

2）元器件导电胶粘结的元器件周界均应可见导电胶，导电胶无开裂现象；导电胶不得延伸到有源件顶部表面；导电胶不得滴到其他位置，如图 5 - 69 和图 5 - 70 所示。

图 5 - 69　导电胶开裂

3）厚膜电路芯组与管座间粘结的导热环氧树脂不得滴到其他地方；导热环氧树脂应完全固化。

4）元器件加固导热环氧树脂不得滴到其他地方；导热环氧树脂应完全固化。

5）变压器加固的导热环氧树脂应涂于变压器周界且完全覆盖变压器引线；导热环氧树脂不得滴到其他地方；导热环氧树脂应完全固化。

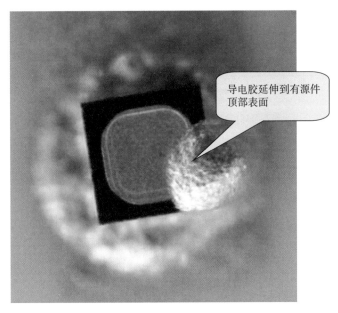

图 5-70　导电胶延伸到有源件顶部表面

5.2.5.6　键合检查内容

在 30～60 倍显微镜下进行键合检查（金丝球键合、铝丝楔形键合）。本检查对键合类型和位置采用俯视的观察方式。

（1）金丝球焊键合

呈现下列情况不予接收：

1）引线键合区的金丝球键合点，其直径小于 2 倍引线直径或大于 5 倍引线直径，如图 5-71 所示。

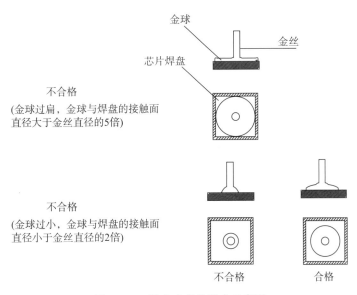

图 5-71　键合点直径要求示意图

2) 金丝球焊键合点的引线引出端不完全在键合球的周界内，如图 5 - 72 所示。

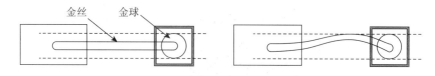

合格（键合引出线在金球周线内）　　　　不合格（键合引出线不在金球周线内）

图 5 - 72　键合点的引线要求示意图

3) 金丝球焊键合点的引线中心引出端不完全在键合区边界内，如图 5 - 73 和图 5 - 74 所示。

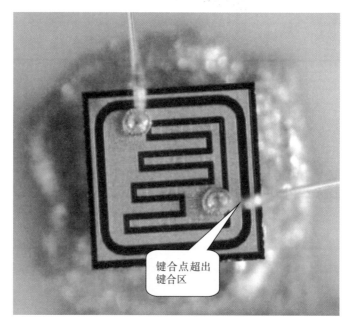

图 5 - 73　键合点超出键合区

图 5 - 74　键合点的引线中心引出端要求示意图

4) 在金丝球焊的四周有可见形成物，如图 5 - 75 所示。

5) 键合引线出现断线、脱焊、塌陷，如图 5 - 76 所示。

图 5 - 75 球焊周边有形成物

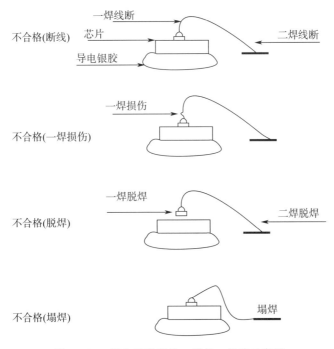

图 5 - 76 键合引线断线、脱焊、塌陷示意图

（2）楔形键合

呈现下列情况不得接收：

1）引线键合区的超声楔形键合点，其宽度小于 1.2 倍引线直径或大于 2.5 倍引线直径，或其长度小于 1.5 倍引线直径或大于 5 倍引线直径，如图 5 - 77 所示。

2）引线键合区的热声和热压换形键合，其宽度小于 1.5 倍引线直径或大于 3 倍引线直径，或其长度小于 1.5 倍引线直径或大于 5 倍引线直径，如图 5 - 77 所示。

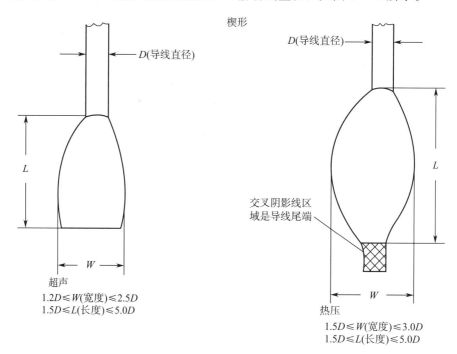

图 5 - 77　楔形键合尺寸

3）键尾压在键合区的"连接通道"导致金属化层损伤，如图 5 - 78 所示。

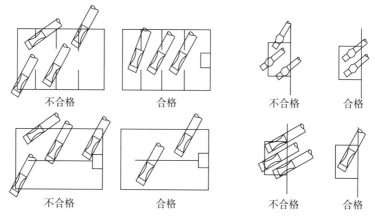

图 5 - 78　键合位置判据

4）键合引线弯曲、塌陷，键合点变形、缺损，引线和键合接合处破损（接合处是指在键合点的引线折痕线），如图 5-79 和图 5-80 所示。

图 5-79　引线和键合接合处破损

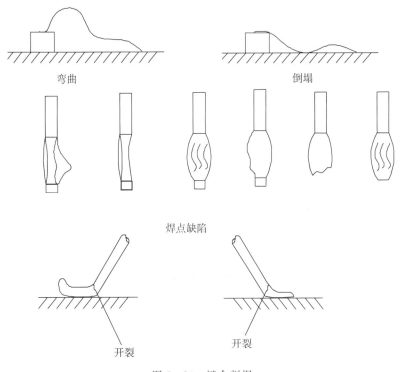

图 5-80　键合判据

5.2.5.7　其他检查要求

呈现下列情况不得接收：

1）金丝在芯片键合区上的无尾键合。

2）封装引线柱或基板上的键合点不完全在键合区内。

3）在元件粘结材料、污染物或多余物上的键合点及剥落与脱皮的键合，如图 5 - 81 和图 5 - 82 所示。

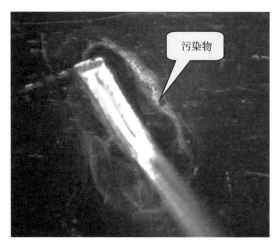

图 5 - 81　污染物

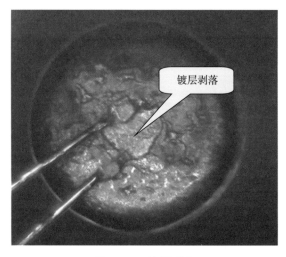

图 5 - 82　镀层剥落

4）键合点的位置使从键合点引出的引线与另一键合点交叉（公共键合点除外），间距小于引线直径的 2 倍，如图 5 - 83 所示。

5）第二次键合的接触面积小于下层键合面积 75% 的复合键合。

6）键合线上的裂口、划伤、刻痕使引线直径减少超过 25%。

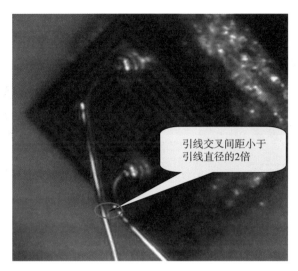

图 5 - 83　引线交叉间距小于引线直径的 2 倍

7）位于键合区到金属化引线出口处的键合，键合区周边和金属化条之间存在可见的损伤，如图 5 - 84 所示。

图 5 - 84　金属线损伤

8）不符合键合图要求的遗漏的或额外的键合丝。

9）引线呈直线形而不呈弧形，如图 5 - 85 所示。

10）与元件本体全部或部分分离的引线，如图 5 - 86 所示。

11）键合丝高度不符合文件要求。

12）引线与不该电连接的导电面之间的距离小于引线直径的两倍。

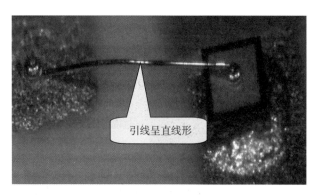

图 5 - 85　引线呈直线形

图 5 - 86　引线与元件脱离

13) 键合引线的尾丝延伸到或接触到任何非公共的、未玻璃钝化的有源金属区；键合引线的尾丝在键合区的长度超过引线直径的 2 倍，或在封装引线的长度超过引线直径的 4 倍。

5.3　继电器的验收

继电器的验收应按照第 1 章 1.3.3 的要求进行，其中"交收试验"的具体方法以本节为准。以下内容为不同类型继电器的交收试验项目和要求。

5.3.1　试验项目

5.3.1.1　有可靠性指标的电磁继电器

有可靠性指标的电磁继电器是指非功率型电磁继电器，其交收试验项目见表5-3。

表 5 - 3　有可靠性指标的电磁继电器交收试验项目

序号	试验项目	技术要求和试验方法	备注
1	绝缘电阻		
2	介质耐电压		
3	电性能		
4	外观和机械检查	详细规范和 GJB 65B—1999	
5	微粒碰撞噪声检测		
6	密封		
7	内部潮湿		
8	破坏性物理分析(DPA)		

5.3.1.2　有可靠性指标的功率型电磁继电器

有可靠性指标的功率型电磁继电器验收通用试验项目见表 5 - 4。

表 5 - 4　有可靠性指标的功率型电磁继电器交收试验项目

序号	试验项目	技术要求和试验方法	备注
1	绝缘电阻		
2	介质耐电压		
3	线圈电阻		
4	静态接触电阻和接触压降	详细规范和 GJB 2888—1997	
5	规定的动作、保持和释放值(电压)		
6	动作和释放时间		
7	触点动态特性		
8	外观检查		
9	微粒碰撞噪声检测	详细规范和 GJB 2888—1997	
10	密封		
11	内部潮湿		
12	破坏性物理分析(DPA)		

5.3.1.3　固体和混合延时继电器

（1）固体延时继电器

固体延时继电器交收试验项目见表 5 - 5。

表 5 - 5   固体延时继电器交收试验项目

序号	试验项目	技术要求和试验方法	备注
1	介质耐电压	详细规范和 GJB 1513A—2009	
2	绝缘电阻		
3	电性能 1)输出电压降 2)输入电流 3)定时循环 4)再循环时间		
4	密封		
5	外观和机械检查		
6	破坏性物理分析(DPA)		

（2）混合延时继电器

混合延时继电器交收试验项目见表 5 - 6。

表 5 - 6   混合延时继电器交收试验项目

序号	试验项目	技术要求和试验方法	备注
1	介质耐电压	详细规范和 GJB 1513A—2009	
2	绝缘电阻		
3	电性能 1)接触电阻 2)输入电流 3)定时循环 4)再循环时间		
4	密封		
5	外观和机械检查		
6	破坏性物理分析(DPA)		

5.3.2   试验要求详解

5.3.2.1   通用试验要求

5.3.2.1.1   绝缘电阻

绝缘电阻测试是测量元件的绝缘部分，在外加规定的直流电压下，由于绝缘不良产生漏电流而形成的电阻。确定元件的绝缘性能是否符合电路设计的要求或经受高温、潮湿等环境应力时，其绝缘电阻是否符合有关标准的规定。

绝缘电阻是设计高阻抗电路的限制因素。绝缘电阻低，意味着漏电流大，这将破坏电路的正常工作，例如，形成反馈回路，过大的漏电流所产生的热或直流电解将使绝缘破坏或使电连接器的电性能变劣。

绝缘电阻测试与介质耐电压试验是不能等同的。清洁、干燥的绝缘体尽管具有高的绝缘电阻，但却可能发生不能经受介质耐压试验的故障；反之，一个脏的、损伤的绝缘体，其绝缘电阻虽然低，但在高电压下也可能不会被击穿。由于绝缘部件是由不同材料制成或是由不同材料合成的，它们的绝缘电阻各不相同。因此，绝缘电阻的测试不能完全代表对清洁度或无损伤程度的直接量度。但是，这种测试对确定热、湿、污物、氧化或挥发性材料等对绝缘特性的影响程度是极为有益的。

进行绝缘电阻测试时，影响因素有：温度、湿度、残存电荷、仪器或测试电路时间常数、试验电压、预处理及连续施加测试电压的持续时间。最后一个因素对某些元件（如电容器及电缆等）的特性有影响。这类元件，电流总是由一个高瞬时值降到一个低稳定值。其衰减速度决定于测试电压、温度、材料、电容及外部电路电阻。因此，在连续施加电压下，必须在一个相当长的时间内使被测的绝缘电阻稳定。有鉴于此，要经过数分钟才能获得最大绝缘电阻读数。如果使其适当地接近稳定值，电流与时间曲线是已知的，或在进行测试时采取适当的修正系数，不但能缩短读数时间，而且可获得有效的试验结果。如果要求在试验前后都进行测量，两次测量应在相同的条件下进行。

继电器分别处于激励与去激励（自保持/复归）状态，按 GJB 360 的方法 302 规定进行绝缘电阻测试。若无其他规定，应采用下列细则：

1）试验条件：A（适用于线圈和触点额定值均低于 60 V 的继电器）和 B（适用于所有其他继电器）。

2）测试点：按表 5 - 7 中规定的各施加点。

3）可采用属性（合格或不合格）数据。

当继电器按规定进行试验时，若无其他规定，绝缘电阻不应小于 10 000 MΩ。在高电平寿命试验后，绝缘电阻不应小于 1 000 MΩ。

表 5 - 7　绝缘电阻测试点

试验电压的施加点	试验电压
外壳、底座或外壳整体与处于激励与去激励状态（对自保持继电器为自保持和复归状态）下所有触点之间	交流 1 000×(1±5%)＋2 倍额定电压，或规定值×(1±5%)
外壳、底座或外壳整体与各线圈之间（对自保持继电器为自保持或复归状态）	
所有触点和线圈之间（对自保持继电器为自保持或复归状态）	
处于激励与去激励状态（对自保持继电器为自保持和复归状态）下的各断开触点之间	
自保持继电器的各线圈之间（自保持或复归状态）	
处于激励与去激励状态（对自保持继电器为自保持和复归状态）下的各触点组之间（适用于多触点组继电器）	

5.3.2.1.2　介质耐电压

介质耐电压试验是在相互绝缘的部件之间或绝缘的部件与地之间，在规定时间内施加规定电压，以此来确定元件在额定电压下能否安全工作；能否耐受由于开关、浪涌及其他类似现象所导致的过电位，从而评定元件绝缘材料或绝缘间隙是否合适。

如果元件有缺陷，则在施加试验电压后，必然产生击穿放电或损坏。击穿放电表现为飞弧（表面放电）、火花放电（空气放电）或击穿（击穿放电）现象。过大漏电流可能引起电参数或物理性能的改变。

（1）正常大气压

继电器按 GJB 360 的方法 301 规定进行测试。若详细规范无其他规定应采用下列细则：

1）试验电压的施加点和试验电压的大小：按 GJB 360 的方法 301 中的规定。

2）最大漏电流：100 μA。对于 A 组检验，漏电流的测量设备应具有的漏电流测量准确度至少为 10%。

3）加压持续时间：对鉴定检验，B 组和 C 组检验最少为 60 s；对 A 组检验最少应为 5 个周期（50 Hz），其试验设备应经鉴定机构批准且应有足够的响应时间测量漏电流。如在非自动试验装置（如台式设备）上进行 A 组检验，则加压时间至少应为 5 s。

4）可采用属性（合格或不合格）数据。

（2）低气压

继电器按 GJB 360 的方法 105 规定进行测试，并应采用下列细则：

1）安装方法：正常的安装方法。

2）试验条件：C。

3）在低气压下的测试：若无其他规定，试验电压应为 350 V。

4）试验电压的施加点：所有引出端与外壳间。

5）加压持续时间：至少为 60 s。

6）可采用属性（合格或不合格）数据。

当继电器按规定的施加点进行试验时，若无其他规定，漏电流不得超过详细规范的规定值。高电平寿命试验后，在正常大气压或低气压下的介质耐电压测量值至少应为初始值的 75%。

5.3.2.1.3 外观检查和机械检查

（1）方法

放大 10 倍进行外部目检，当出现异常现象或有争议时，最大可放大至 30 倍进行检查。

（2）缺陷判据

1）底座的玻璃绝缘子出现 GJB 65B 中 3.30 的缺陷。

2）电镀区未镀或镀涂层不连续。

3）镀涂层脱屑、起皮、气泡或粗斑。

4）外壳变形或凹坑。

5）标志不符合产品规范的规定。

6）引出端弯曲或断裂。

7）引出端不符合详细规范规定，有毛刺和变形。

8）螺栓的螺纹、螺孔、垫圈规格不符合详细规范的规定，螺纹不符合有关标准的规定，螺纹变形，螺纹啮合少于 3 个整牙。

9）排屑孔和螺帽、垫圈等附件规格不符合详细规范的规定，有毛刺和变形。

10）螺栓和支架等在外壳上固定不牢固。

5.3.2.1.4　密封

测定内腔为真空状态或含有空气或其他气体的元件密封性。密封元件表面任何部分的缺陷都可能使有害杂质进入元件内腔，从而会降低元件的有效寿命。密封试验用于检验由于使用了劣质密封材料或因密封工艺不良所造成的漏泄。

当继电器按规定进行试验时，空气漏率不得超过 1×10^{-3} Pa・cm^3/s，细检漏按 GJB 360 方法 112 中试验条件 C 程序 Ⅳ 进行；粗检漏按试验条件 B，检漏液使用酒精。

5.3.2.1.5　破坏性物理分析（DPA）

（1）密封电磁继电器 DPA

密封电磁继电器破坏性物理分析（DPA）在供需双方认可的独立实验室进行，或在使用单位进行，或有使用单位人员参加的情况下在生产单位进行。DPA 应符合 GJB 4027A—2006 的要求。若无其他规定，DPA 试验项目应不少于表 5-8 的规定，DPA 样品数按产品详细规范或相关技术要求随机抽取，但不少于 2 只，不多于 5 只。

表 5-8　密封电磁继电器的 DPA 项目和顺序

序号	项目	备注
1	外部目检	
2	粒子碰撞噪声检测（PIND）	
3	密封	
4	内部气体成分分析	
5	显微洁净检查（当规定时）	
6	内部检查	

（2）固体继电器 DPA

固体继电器破坏性物理分析（DPA）在供需双方认可的独立实验室进行，或在使用单位进行，或有使用单位人员参加的情况下在生产单位进行。DPA 应符合 GJB 4027A—2006 的要求。若无其他规定，DPA 试验时项目应不少于表 5-9 的规定，DPA 样品数按产品详细规范或相关技术要求随机抽取，但不少于 2 只，不多于 5 只。

表 5-9　固体继电器的 DPA 项目和顺序

序号	项目	备注
1	外部目检	
2	X 射线检查	
3	粒子碰撞噪声检测（PIND）	
4	密封	

续表

序号	项目	备注
5	内部气体成分分析	
6	内部目检	
7	键合强度	
8	扫描电子显微镜（SEM）检查	
9	剪切强度	

5.3.2.2　特定试验要求

5.3.2.2.1　有可靠性指标的气密式密封电磁继电器电性能试验

有可靠性指标的气密式密封电磁继电器电性能测试由以下规定的试验组成。若无其他规定，电性能应按如下所示顺序100％检验。

（1）线圈电阻或线圈电流

①线圈电阻

继电器线圈应按 GJB 360 的方法 303 规定进行测试，进行测试时，线圈电阻应符合详细规范的规定。

②线圈电流

当线圈加额定电压时，线圈电流应在详细规范规定的极限范围内。施加额定电压时间最长为 5 s。当继电器进行线圈电流测试时，带有线圈瞬态抑制和反向保护二极管的继电器，其线圈电流应符合详细规范的规定。

（2）静态接触电阻

继电器应按 GJB 360 的方法 307 规定进行测试，并应采用下列细则和特殊规定。

①连接方法

对于具有线状引出端的继电器，应在引线露出继电器或分离板的底部不超过 3.2 mm 处进行测量。

②测试负载

在最大 6 V 下（直流或交流峰值）最大 10 mA（阻性）。

③高电平寿命和中等电流试验后的测试负载

电流和电压应与高电平寿命或中等电流试验的电流和电压相同，或是最大直流 28 V、最大 100 mA。

④测试点

1）所有常闭触点组之间。

2）在线圈以额定电压激励下，所有常开触点组间。对自保持继电器，线圈应去激励。

⑤测试前的动作次数

无。

⑥测试动作次数

3 次。

⑦每次动作的测量次数

每组触点的闭合状态 1 次。

当继电器按上述规定进行测试时，若无其他规定，静态接触电阻不得超过 0.05 Ω。

（3）规定的动作或自保持/复归、保持和释放值（电压）

规定的动作或自保持/复归、保持和释放值（电压）应按规定进行测量。对于鉴定检验，若无其他规定，应将继电器安装在三个相互垂直平面的每一个平面上。对于质量一致性检验，继电器的安装位置任意。采用合适的指示装置监测触点的状态。试验过程中，当线圈以不小于规定的动作或自保持/复归值（电压）激励时，或当线圈电压降低至不小于规定保持值（电压）的任一值时，或当线圈电压从规定的释放值（电压）降低至零时，所有触点均不得改变状态（断开或重新闭合）。允许采用规定的阶跃函数变化电压进行规定的动作或自保持/复归、保持和释放值（电压）测试。由于电压的缓慢上升会使继电器线圈过热，并会改变规定的动作（自保持/复归）、保持和释放值（电压），因此当有争议时，应以阶跃函数法为准。

①规定的动作值（电压）（不适用于自保持继电器）

电压应从零开始增加，直至继电器动作，测量规定的动作值（电压）。允许采用下列规定和图 5 - 87 所示的阶跃函数变化电压进行规定的动作值（电压）测试：

1）阶跃升高到规定的动作值（电压），触点应转换，所有常开触点应闭合。

2）阶跃升高到线圈额定电压。

3）阶跃降低电压到规定的保持值（电压），常开触点必须保持闭合。

4）阶跃降低电压到规定的释放值，所有触点应转换，所有常闭触点应闭合。

5）阶跃降低电压到零。

②规定的自保持/复归值（电压）（只适用于自保持继电器）

在测试规定的自保持/复归值（电压）之前，应使自保持继电器的所有触点处于后激励线圈的激励状态，而单线圈自保持继电器的所有触点处于色标绝缘子处引出端为正极的激励状态。否则，就加额定电压来确定后激励的触点状态。逐渐增加自保持线圈或单线圈自保持继电器自保持方向的电压，直至各触点转换并测试规定的动作（自保持）值（电压）。继续增加至额定自保持电压，而后降低至零。接着逐渐增加复归线圈或单线圈自保持继电器复归方向的电压，直至各触点转换并测试规定的复归值（电压）。允许采用下列规定和图 5 - 87 所示的阶跃函数变化电压进行规定的最大自保持/复归值（电压）测试：

1）对双线圈自保持继电器的自保持线圈或对于单线圈自保持继电器在其自保持方向，阶跃升高到规定的自保持值（电压）。各触点应转换到自保持状态。

2）阶跃升高电压到额定值，然后阶跃降低到零。

3）对双线圈自保持继电器的自保持线圈或对单线圈自保持继电器在其复归方向，阶跃升高到规定的复归值（电压）。各触点应转换到复归状态。

4）阶跃升高电压到额定值，然后阶跃降低到零。

③规定的保持值（电压）（不适用于自保持继电器）

线圈加额定电压，然后将电压降低到规定的保持值，所有触点不得改变状态。允许采用图5-87所示的阶跃函数变化电压进行本测试。

④规定的释放值（电压）（不适用于自保持继电器）

线圈加额定电压，然后逐渐降低电压，直至所有触点恢复到去激励状态，并测量规定释放值（电压）。允许采用图5-87所示的阶跃函数变化电压进行本测试。

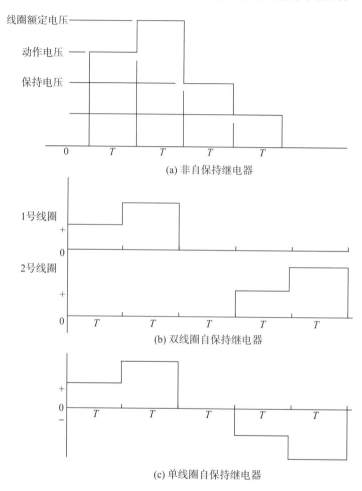

图 5-87　动作或自保持/复归、保持和释放测试程序

当继电器按上述规定进行测试时，规定的动作或自保持/复归、保持和释放值（电压）应符合详细规范的规定。

（4）动作和释放时间

应采用示波器或由鉴定机构批准的其他设备测量动作和释放时间。线圈加额定电压，触点负载为阻性10 mA（最大值），6 V（直流最大值或交流峰值）。应采用图5-88所示的电路或与其等效的电路，动作和释放时间不包括触点回跳和触点稳定时间。应对所有触点组进行时间测量，释放时间不适用于自保持继电器。

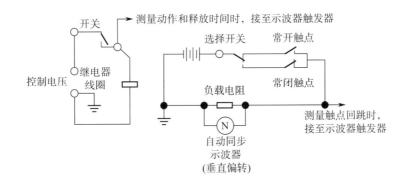

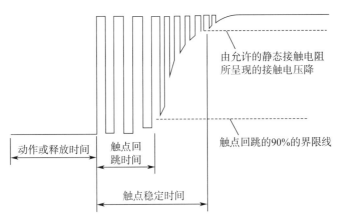

图 5 - 88　测量动作和释放时间、触点回跳和触点稳定时间的典型电路和典型波形图

当继电器按上述规定进行测试时，动作和释放时间应符合详细规范的规定。对于具有多组触点的继电器，在测量每组的动作和释放时间时，从初始动触点闭合到最终动触点闭合之间的时间差应不超过 1 ms。动作和释放时间不包括触点回跳时间。

先断后合，应采用图 5 - 89 所示的电路或经鉴定机构批准的等效电路监测触点状态。多组触点的继电器，不应呈现动触点在所有闭合触点断开前与任何断开触点闭合的现象。此规定适用于继电器任一状态。

（5）触点动态特性

①触点回跳（适用"L"级失效率）

应采用示波器或由鉴定机构批准的其他设备测量每一组触点的回跳。当使用示波器时，其波形图应显示出动作和释放时触点的转换过程及合适的时标。线圈应加额定电压，触点负载为阻性 10 mA（最大值），6 V（直流最大值或交流峰值）。在高电平额定负载寿命试验和中等电流试验之后，应在 100 mA（最大值），28 V（直流最大值）的负载下测量触点回跳。当出现任何等于或大于 90% 的开路电压，且脉冲宽度等于或大于 10 μs 的现象则认为是触点回跳。

当继电器按上述规定进行测试时，若无其他规定，触点回跳时间不得超过 1.5 ms。

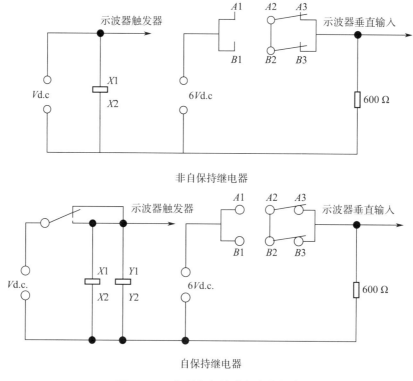

图 5 - 89　典型的先断后合试验电路

②触点稳定时间（适用于"M""P"和"R"级失效率）

应采用示波器或由鉴定机构批准的其他设备测量每一组触点的触点稳定时间。测试设备应能指示出脉冲宽度大于 $1\,\mu s$ 的失效。当使用示波器时，其波形图应显示出动作和释放时触点的转换过程与合适的时标，以及允许的最大接触压降（等于允许的静态接触电阻）标记线。线圈应加额定电压。触点负载为 $50\,mA$（最大值）或 $50\,mV$（直流最大值或交流峰值）。触点稳定时间定义为：在继电器的实际动作和释放时间之后，触点达到并保持静态接触电阻状态时，所允许的最大时间（实质上，触点稳定时间是触点回跳时间与由动态接触电阻稳定到静态接触电阻时的时间之和）。在高电平额定负载寿命试验和中等电流试验之后，触点负载为 $100\,mA$（最大值），$28\,V$（直流最大值），并按规定测量触点回跳时间以代替触点稳定时间。

当继电器按上述规定进行测试时，若无其他规定，达到并保持静态接触电阻状态的时间不得超过 $2\,ms$。

（6）线圈瞬态抑制和二极管阻断完好性

①线圈瞬态抑制（适用于带有线圈瞬态抑制二极管直流工作的继电器）

线圈应按图 5 - 90 所示或与其等效的电路进行连接。注意，若电压大于最大规定值，则会损坏线圈抑制器件。

转换继电器应是汞润触点继电器。E 是被试继电器的线圈额定工作电压。转换继电器

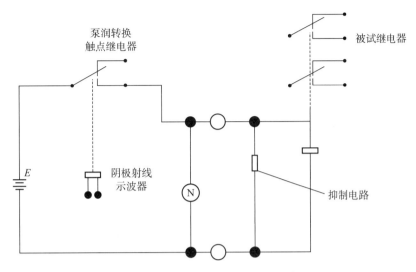

图 5-90　线圈瞬态抑制试验电路

由独立于 E 的电压源驱动。阴极射线示波器的上升时间不大于 $0.020~\mu s$，水平（时间）偏转应调整到每刻度 $0.5\sim1~ms$（$0.5\sim1~ms/cm$）；垂直（电压）偏转的调整应能显示垂直增益的准确读数，例如，反电动势极限值为 $12~V$ 时，刻度为 $5~V/cm$，反电动势极限值为 $24~V$ 时，刻度为 $10~V/cm$，水平（时间）和垂直（电压）偏转扫描线应为调整准的网格间距（以 cm 或 mm 为单位）。

　　电源 E 应是低阻抗电源，在无限流电阻器或电位器用来调整线电压的情况下，能提供线圈额定电压。

　　汞润转换继电器闭合时间应至少 10 倍于被试继电器或转换继电器的动作时间（取较大者），使示波器和电路网络稳定后断开，以得到感应的电压偏转波形图。继电器以 10 ± 2 Hz 的循环速率驱动，断开和闭合时间大致相等。

　　在示波器或其他等效电子试验仪器上观测读数，记录所感应的瞬态电压大小。典型的波形图如图 5-91 所示。

　　记录 3 个连续读数的最大值。

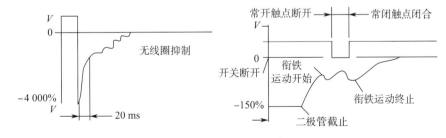

图 5-91　典型瞬态电压波形图

　　对于 A 组检验，只测试 1 次，并可以采用其他合适的测试方法来证明反电动势（线圈反冲）在规定的范围之内。

当继电器按上述规定进行测试时，直流工作的继电器，其线圈产生的反电动势不应大于详细规范的规定值。

②二极管阻断完好性（适用于带有反向保护二极管直流工作的继电器）

对继电器线圈加反方向适当电压（按详细规范规定），在微安计或示波器或鉴定机构批准的试验设备上监测漏电流。漏电流不应超过详细规范的规定值。

（7）中位筛选（仅适用于自保持继电器）

1）继电器两个线圈同时加额定电压，时间至少为 10 ms。在电压切除后，测定继电器的触点是否处于中位状态。

2）如果继电器触点不停留在中位状态，则重复 1）两次。在此连续 3 次循环中，如果继电器未呈现中位状态，则判为合格，并且不需要另外试验。

对于停留在中位状态的继电器，应按下列规定进行测试：

1）自保持线圈加允许的最大自保持电压（25 ℃）10±1 ms 的脉冲，以判明继电器是否已自保持。如果不能自保持，判为不合格。

2）重复上述 1）。

3）复归线圈加允许的最大复归电压（25 ℃）10±1 ms 的脉冲，以判明继电器是否已复归。如果不能复归，判为不合格。

5.3.2.2.2　有可靠性指标的气密式密封电磁继电器其他试验

（1）微粒碰撞噪声检测

当详细规范规定时，气密式密封电磁继电器按 GJB 65B 或 GJB 2888 附录 B 要求进行试验时，不应存在自由活动的微粒污染物。

（2）内部潮湿

继电器（线圈去激励）应在 15～25 ℃下至少保持 30 min，只测量和观察所有触点引出端与外壳间的绝缘电阻。继电器线圈以 140％ 的额定电压激励 2.5 min。在此期间，只检查所有触点引出端与外壳间的绝缘电阻，应至少 30 s 测量 1 次。最小值应符合详细规范的要求。

5.4　继电器典型失效案例

5.4.1　铅晶须

案例一：

（1）问题概述

某整机产品测试时出现异常，发现多只 4JL - 4 型电磁继电器引脚与外壳绝缘电阻超差。

（2）机理分析

解剖检查，发现动触簧组挂锡处存在晶须生长现象，晶须将动触簧组和壳体搭接，造成绝缘下降，如图 5 - 92 所示。晶须成分为铅（Pb），含量 100％，熔断后的晶须形貌如图 5 - 93 所示。

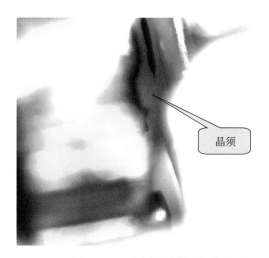

图 5 - 92　晶须搭接簧片与衔铁图

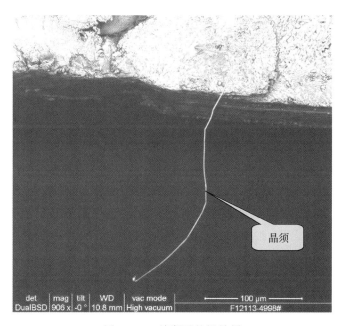

图 5 - 93　熔断后的铅晶须

由于工人采用目测方法确认电镀分槽零件数量，存在分配不均的情况，造成数量少的槽内零件镀层厚度超差，为铅晶须生长创造了条件，当镀层厚度超差零件内部应力释放时，就可能生长晶须。铅晶须生长至一定的长度后，搭接衔铁、支架或底座，导致动触簧引脚与外壳之间绝缘电阻下降。

（3）警示

簧片电镀工艺过程的确认应严格按照要求进行，做到量化、细化，不能凭经验操作。要强化特殊作业规范的确认准则，明确控制方法和工艺参数，并加强工艺纪律的执行与检查。

5.4.2　银离子迁移

案例二：

（1）问题概述

某整机产品测试时出现参数异常，问题定位于 1 只 4JGXM - 3/Ⅱ28C 型电磁继电器的引出杆对壳体绝缘电阻下降所致。

（2）机理分析

解剖检查，发现玻璃绝缘子内表面存在一明显裂纹，如图 5 - 94 所示，裂纹从引出杆根部延伸到壳体，裂纹内部有附着物存在，经检测，附着物为金属银。

该现象是在生产装配过程中，由于防护不到位，引出杆（镀银）受异常外力作用，导致玻璃绝缘子内表面产生裂纹。后续在电场及内部潮气的作用下，裂纹内部发生银离子迁移，迁移产物将壳体与引出杆之间连接导致引出杆对壳体绝缘电阻下降。

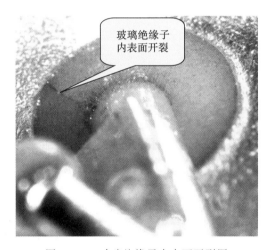

玻璃绝缘子
内表面开裂

图 5 - 94　玻璃绝缘子内表面开裂图

（3）警示

生产厂要在工艺文件中明确对引出杆的防护要求，避免引出杆受异常外力作用。对产品内部气氛进行严格控制。采用激光焊等先进工艺代替锡焊工艺，提高产品密封性能。使用方订购时应优先考虑激光封焊的同型号、规格产品。继电器套壳前应强化绝缘子的检验控制，剔除径向裂纹超标的产品。

5.4.3　玻璃球磨损

案例三：

（1）问题概述

某型号电路板在经历电性能初测、力学试验后，发现 1 只 2JB0.5 - 1 - 28 型磁保持继电器的一组触点接触电阻超差。

（2）机理分析

解剖检查，发现推动器玻璃球与簧片接触部位磨损产生粉末状多余物，如图 5-95 所示，多余物在电场作用下聚集在故障簧片触点位置，导致触点接触电阻超差。

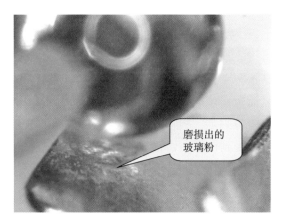

图 5-95　磨损出的玻璃粉

其原因是推动器玻璃球烧结后退火时间不足，不符合工艺文件要求，使得玻璃球内部烧结应力释放不充分。在后续振动试验等环节，残存应力释放使得玻璃球表面出现微裂纹，耐磨性能下降，在使用过程中出现磨损，如图 5-96 所示。

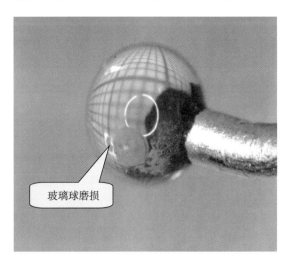

图 5-96　玻璃球磨损

（3）警示

生产厂应针对产品生产流程梳理特殊过程，强化特殊过程的管控，细化对推动器玻璃球烧结退火时间控制要求，加强工艺纪律的执行及检查，确保生产过程严格按照工艺文件执行，避免由于退火时间不足造成玻璃球内部有残存烧结应力。

5.4.4 引出杆可焊性差

案例四：

（1）问题概述

某使用单位对 4JRB - 4 型电磁继电器引出杆浸锡时，发现焊锡浸润不良。

（2）机理分析

该问题发生的原因是工艺文件未规定底座组镀镍后到引出杆镀锡铅的时间间隔。该批底座组生产周期较长，表面镀层钝化，同时由于活化时间不足未能完全去除表面氧化层，降低了锡铅镀层和镍层的附着强度。镀层的弯曲试验法未能有效检验出镀层的耐热情况，导致产品引出杆在浸锡过程受到高温，锡铅镀层脱落裸露出镍层，造成产品引出杆可焊性下降，如图 5 - 97 所示。

引出杆部分
表面未上锡

图 5 - 97　引出杆外观

（3）警示

生产厂应细化量化工艺要求，在工艺文件中明确规定底座组电镀镍和其引出杆电镀锡铅的时间间隔。完善镀层性能检测方法，在常规的外观、镀层厚度、机械强度等检查项目基础上，增加可焊性检查和评价，确保镀层质量。

5.4.5 触点不动作

案例五：

（1）问题概述

某整机产品在老炼试验后测试时，某功能异常，问题定位于 1 只 2JL0.5 - 2 型继电器在线圈去激励后常开触点未断开。

（2）机理分析

解剖检查，发现失效产品的轴向间隙为 0.01 mm，不符合设计（0.03～0.05）mm 的要求，造成继电器衔铁卡滞，常开触点不释放。2JL0.5－2 型继电器内部结构如图 5－98 所示。

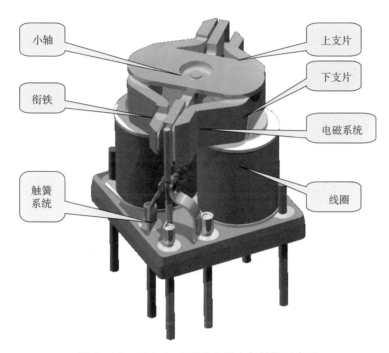

图 5－98　2JL0.5－2 型继电器内部结构示意图

衔铁卡滞的原因是继电器套壳前测试参数工序中，操作者重新调整了轴向间隙，但未按工艺要求检查重调后的间隙值，使得继电器轴向间隙偏小，衔铁转动卡滞，造成继电器线圈去激励后不释放。

（3）警示

轴向间隙主要由操作者通过手感进行控制，安装后用塞规片检查最大间隙值，这种操作安装难度大，一致性不易保证。生产厂应研究改进工艺方法，设计专门的间隙控制工具工装，完善工艺文件，提高指导性与可操作性，降低操作者操作难度。同时，加强对调整后产品的检验控制。

案例六：

（1）问题概述

某整产品机调试时参数异常，问题定位于 5 只 J65/KJMC－069M 继电器在收到开机指令后触点无动作。

（2）机理分析

解剖检查，发现继电器小轴卡滞，该型继电器小轴台阶根部圆角公差设计不合理，极限情况会导致小轴卡滞。同时，问题批产品小轴加工时刀具磨损严重，台阶根部圆角过大，如图 5 - 99 所示，检验文件要求不具体，导致不合格零件装入产品，加电后继电器小轴卡滞引起触点不动作。

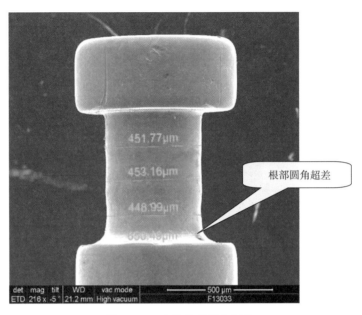

根部圆角超差

图 5 - 99　小轴根部圆角超差

（3）警示

生产厂应加强对产品关键尺寸公差的复核复算，确保尺寸链计算正确，避免极限情况干涉的风险。强化对小轴等关键零部件和关键工序的识别与控制，加强刀具等工装工具的检查确认，完善检验方法和流程，避免不合格零件流转到下一环节。

5.4.6　线圈断线

案例七：

（1）问题概述

某整机产品调试时异常，检测发现 1 只 2JW - 1/Ⅱ28 型继电器线圈电阻异常增大，施加激励电压后不工作。

（2）机理分析

解剖检查，发现漆线圈包线与线圈引出线焊接位置根部发生断裂并处于搭接状态，如图 5 - 100 所示。断口形貌如图 5 - 101 所示。

漆包线断裂的原因是用砂纸去漆皮时漆包线受到损伤，操作者在绕线焊接过程中使用的镊子、电烙铁等工具夹持、挤压焊点位置附近的漆包线，使漆包线再次受到机械损伤，在后续装配、环境试验时损伤处在应力作用下发生塑性断裂。

（3）警示

生产厂应在线圈组件生产、继电器装配各环节，加强对线圈漆包线、引出线的防护。研究使用无损去漆皮技术和针对不同产品的绕焊工艺，避免损伤漆包线，提高检验技术手

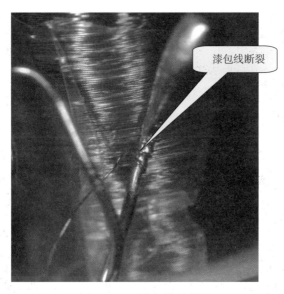

图 5 - 100　漆包线断裂图

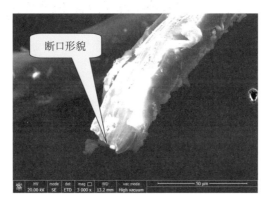

图 5 - 101　断口形貌图

段，避免有缺陷工件流向下道工序。

5.4.7　多余物问题

案例八：

（1）问题概述

某整机产品使用 JRC - 105M 继电器在复验过程中发生多只产品触点不通。

（2）机理分析

解剖检查，发现触点簧片表面有触点打磨痕迹和颗粒状有机多余物，如图 5 - 102 所示，该批产品组件在装配完成后未按规定保存至恒温干燥箱中，触点接触部位吸附水汽后产生有机膜，导致接触电阻超差。操作人员在产品返修过程中，违规使用砂纸对触点进行打磨造成有机物残留，导致触点不通。

图 5 - 102　　触点打磨痕迹与多余物

（3）警示

在流转储运环节，防护不到位将对产品性能与可靠性产生不良影响，生产厂应严格执行工艺要求，确保产品在生产储运等过程中防护到位。同时，生产厂应重点关注产品返修时的质量控制工作，充分识别各项风险，合理编制返修工艺及检验要求，避免采用禁限用工艺，并强化对砂纸等辅料的管控。

案例九：

（1）问题概述

某整机产品在老炼试验时电流输出异常，问题定位于整机上 1 只 2JW - 1/II28 型继电器的一组常闭触点不导通所致。

（2）机理分析

解剖检查，发现继电器的常闭触点接触部位表面有白色絮状物聚集，如图 5 - 103 所示，该多余物导致触点间接触不良引起继电器开路失效。对附着物进行能谱分析，其主要成分为 C 和 O。

工人在焊接线圈引线时，由于防护不当，将助焊剂飞溅到触点接触部位，形成污染源，继电器加电线圈发热，挥发出有机气体吸附在污染源部位，随着污染膜层不断增厚最终影响了触点接触状态，造成无法导通。

（3）警示

针对助焊剂残留问题，生产厂应将焊接、清洗、镜检工序识别为关键工序，明确助焊剂的用量控制要求和防飞溅措施。加强清洗工艺和清洗方法的研究，制定针对性措施去除

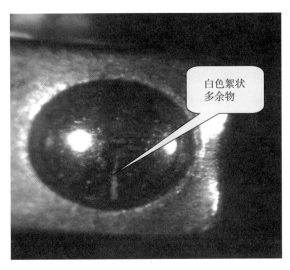

图 5-103　触点上白色多余物

助焊剂残留；明确双人检验的要求，规定镜检倍数、关键部位及观察角度等具体要求。

案例十：

（1）问题概述

某整机产品在环境试验前的测试中参数异常，问题定位于 1 只 4JG-4B 型电磁继电器的一组常闭触点不通所致。

（2）机理分析

解剖检查，发现故障常闭触点的动簧片接触部位表面附着一个白色丝状非金属多余物，如图 5-104 所示。对丝状多余物进行能谱分析，主要成分为 C 和 O。

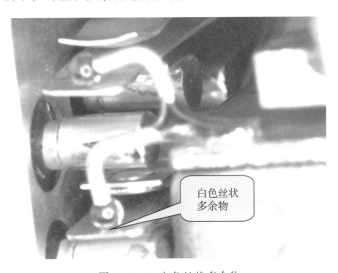

图 5-104　白色丝状多余物

由于工人违反操作规定，将继电器套壳工序从 100 级工作台转至 10 万级工作环境中进行，且未对周转盘中待压装的组件进行有效防护，致使环境中的非金属物质飘落至继电器内部形成多余物。

（3）警示

电磁继电器内部可动非金属多余物对产品触点可靠性影响较大，在产品套壳等工序，对环境洁净度要求十分严格，工人应严格执行工序工艺纪律，生产厂、车间应加强工艺纪律的监督检查，严格奖惩制度，确保产品质量。

案例十一：

（1）问题概述

某整机产品振动试验后发生异常，问题定位于 1 只 JRW－231M 型继电器一组常开触点不通所致。

（2）机理分析

解剖发现，失效继电器动簧片触点与动合静簧片触点接触部位存在微小的白色多余物，如图 5－105 所示。该多余物导致簧片间接触不良引起继电器开路失效。

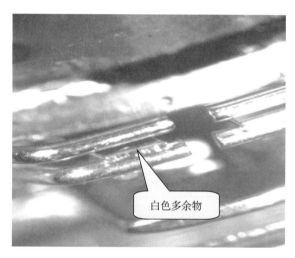

图 5－105　白色多余物

该产品清洗工艺文件不细化，对清洗产品的数量和清洗液的更换时间未作出明确规定，导致清洗液内残留的有机物析出，附着在继电器内部形成白色多余物，引起触点接触失效。

（3）警示

生产厂应加强清洗工艺方法的研究，量化、细化清洗剂的洁净处理要求，明确刷洗、漂洗次数以及清洗液更换要求。在清洗工艺中增加恒温浸泡、去离子水清洗、带酒精吹净等要求，进一步提高清洗的有效性。

案例十二：

（1）问题概述

某整机产品测试时，发现 1 只 2JL0.5－2/II5 型继电器的一组常开触点不通。

（2）机理分析

解剖发现，失效继电器故障触点的动簧片与动合静簧片接触部位，有一白色颗粒状多余物，如图 5 - 106 所示，此多余物导致簧片间接触不良引发继电器开路失效。

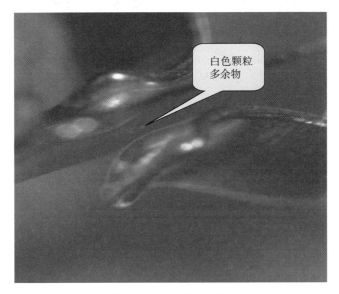

图 5 - 106　白色多余物

由于装调工具塞片在使用前的清洗、吹净操作不到位，造成外部多余物随装调工具进入产品内部并吸附在故障触点上。

（3）警示

继电器的装配调试以手工操作为主，针对装调环节易带入多余物的问题，生产厂应在工艺文件中明确塞片、周转盘等工具在使用前的清洁、检查要求，规定指套等辅助器材的清洗、更换要求。

案例十三：

（1）问题概述

某整机产品在测试时出现异常，故障是由 1 只 2JL0.5 - 1/Ⅱ5 继电器常闭触点未释放导致。

（2）机理分析

解剖检查，发现继电器小轴与轴孔间有一丝状金属多余物存在，能谱分析其主要成分为银（Ag），小轴表面有较深的磨痕，如图 5 - 107 所示。该多余物造成转轴卡滞，导致衔铁组无法转动，常闭触点不能正常释放。

其原因是工人在去除焊点熔瘤时，不慎将小轴镀银层划伤，脱落的镀银层滞留在小轴与衔铁夹缝区域形成多余物。

（3）警示

生产厂针对此类手工操作工序，应在工艺文件中细化操作要求，规定有关防止磕、碰、挤、划伤的要求，在检验文件中明确与之相对应的检查要求，加强操作人员的技能培

图 5 - 107　小轴银镀层损伤

训，提高其工艺技能水平，保证产品质量。

案例十四：

（1）问题概述

某整机产品在试验时出现异常，问题定位于 1 只 2JW - 1/II28/G 型继电器两组常开触点短路失效所致。

（2）机理分析

解剖发现，失效继电器衔铁与磁钢间存在一个尺寸为 0.2 mm 的可动金属多余物，如图 5 - 108 所示，该多余物成分与焊锡一致。

图 5 - 108　金属多余物

此多余物产生于磁钢焊接工序，磁钢焊接过程中需持续调节位置，焊锡易掉落形成多余物。由于产品结构紧凑、空间狭小，多余物在清洗、吹净、镜检工序不易被发现和剔除，造成多余物残留在产品中。

（3）警示

工艺人员在制定工艺技术方案时，应充分了解产品的结构特点，要对每一操作步骤可能引发的质量风险进行深入分析，合理设置工艺流程，尽量减少调整环节，对多余物易滞留且不易被发现的位置，应强化针对性的检查措施。

5.5　术语和定义

5.5.1　一般性术语

5.5.1.1　电气继电器 Electrical Relay

电气继电器是当控制其电气的输入电路达到某些条件时，一个或多个输出电路中将发生预定的变化的一种器件。

同义词：继电器。

5.5.1.2　电磁继电器 Electromagnetic Relay

电磁继电器是利用输入电路内电流在电磁铁铁芯与衔铁间产生吸力作用而工作的一种继电器。

5.5.1.3　机电（式）继电器 Electromechanical Relay

机电（式）继电器是在输入电流的作用下，由于机械部件之间的相对运动而产生预定响应的一种继电器。

5.5.1.4　灵敏继电器 Sensitive Relay

灵敏继电器是利用较低输入功率驱动的继电器，通常规定为等于或小于 100 mW。

5.5.1.5　混合式机电继电器 Hybrid Electromechanical Relay

混合式机电继电器是将机电元件和电子元器件组合在一起，输入与输出隔离，借助机电输出来履行切换功能的一种继电器。

5.5.1.6　时间继电器 Time Relay

时间继电器是当施加或去除输入信号时，输出部分需延时或限时到符合准确度要求的时间间隔才闭合或断开被控电路的继电器。

同义词：延时继电器。

5.5.1.7　自保持继电器 Latching Relay

自保持继电器是去除激励量后，触点仍保持在激励状态的一种双稳态继电器。

5.5.1.8　磁保持继电器 Magnetic Latching Relay

磁保持继电器是利用硬磁或半硬磁材料的磁力，使继电器的衔铁在线圈断电去除激励后仍能将触点保持激励状态的一种自保持继电器。

5.5.1.9　单稳态继电器 Monostable Relay

单稳态继电器是对一个输入激励量（或特性量）作出响应并已改变其状态，当去除该量时，又返回到初始状态的一种继电器。

5.5.1.10　双稳态继电器 Bistable Relay

双稳态继电器是对某一输入激励量（或特性量）作出响应并已改变其状态，当去除该量后，仍保持这种状态，需要再加适当的激励量才能返回到原来状态的一种继电器。

5.5.1.11　交流继电器 Alternating Current Relay

交流继电器是输入控制信号为交流电流或交流电压的继电器。

5.5.1.12　直流继电器 Direct Current Relay

直流继电器是输入控制信号是直流电流或直流电压的继电器。

5.5.1.13　三位置中位断（中位闭）继电器 Three‐Position Center‐off（Center‐on）Relay

三位置中位断（中位闭）继电器是根据激励电流的极性，在两个激励位置之中的一个激励位置工作的一种继电器，当工作绕组去激励时，继电器复原到第三位置，即中位断开（中位闭合）位置。

5.5.1.14　功率型继电器 Power Type Relay

功率型继电器通常用来切换大于 10 A 负载的继电器。

5.5.1.15　固体继电器 Solid State Relay

固体继电器是电子元器件履行其继电器功能而无机械运动结构件，输入与输出隔离的一种继电器。

5.5.1.16　温度继电器 Constant Temperature Relay

温度继电器是由温度敏感元件控制的继电器。

5.5.1.17　极化继电器（直流）Polarized Relay（DC）

极化继电器（直流）是状态改变取决于输入激励量及极性的直流继电器。

5.5.1.18　有或无继电器 All‐or‐Nothing Relay

有或无继电器是预定由某一激励量激励的一种继电器，该激励量值若不在工作值范围内则实际上为零。

5.5.1.19　量度继电器 Measuring Relay

量度继电器是在规定的准确度下，当其特征量达到其动作值时，即进行动作的一种继电器。

5.5.1.20　静态继电器 Static Relay

静态继电器是由电子、磁、光或其他元件产生预定响应而无机械运动的一种继电器。

5.5.1.21　带输出触点的静态继电器 Static Relay with Output Contact

带输出触点的静态继电器是在一个或数个输出电路中具有触点的一种静态继电器（见混合式机电继电器）。

5.5.1.22　输出无触点的静态继电器 Static Relay Without Output Contact

输出无触点的静态继电器是在输出电路中无触点的一种静态继电器（见固体继电器）。

5.5.2　激励（输入激励和辅助激励）

5.5.2.1　激励量 Energizing Quantity

激励量是在规定的条件下，单独地或与其他量（电流或电压）一并施加于继电器，能使继电器完成其功能的某一量值。

5.5.2.2　输入激励量 Input Energizing Quantity

输入激励量是对于有或无继电器，在规定条件下将其施加于继电器时，能使继电器作出预定响应的一种激励量。对于量度继电器，指本身构成或有助于构成特性量的一种激励量。

5.5.2.3　辅助激励量 Auxiliary Energizing Quantity

辅助激励量是除输入激励量以外的任何其他激励量。

5.5.2.4　输入电路 Input Circuit

输入电路是在继电器内连接到施加给定输入激励量的那些引出端的全部电气部件。

5.5.2.5　辅助电路 Auxiliary Circuit

辅助电路是继电器内与施加有给定辅助激励量的各端子相连接的全部电气部件。

5.5.2.6　激励量标称值 Nominal Value of an Energizing Quantity

激励量标称值是用于标志识别继电器的某一激励量的规定名义值。

5.5.2.7　激励量额定值 Rated Value of an Energizing Quantity

激励量额定值是由标准或生产单位给定的，适用于规定条件的某一激励量。

5.5.2.8　激励量的连续耐热极限值 Limiting Continuous Thermal Withstand Value of an Energizing Quantity

激励量的连续耐热极限值是在规定的条件下，继电器能够连续承受而又满足温度要求的激励量最大值（交流为均方根值）。

5.5.2.9　激励量短时耐热极限值 Limiting Short‐Time Thermal Withstand Value of an Energizing Quantity

激励量短时耐热极限值是在规定条件下，继电器在规定的短时间内能够耐受而不致由于过热，使其规定的特性发生永久性降低的某一激励量的最大值（交流为均方根值）。

5.5.2.10　激励量的动稳定极限值 Limiting Dynamic Value of an Energizing Quantity

激励量的动稳定极限值是在规定的波形及时间条件下，继电器能够耐受而不致由于综合电动力作用，使其规定特性发生永久性降低的某一激励量的最大值。

5.5.2.11　激励量工作范围 Operative Range of an Energizing Quantity

激励量工作范围是在规定的条件下，使继电器能按照规定要求完成其预定功能的给定激励量值的范围。

5.5.2.12　激励电路额定功率 Rated Power of an Energizing Circuit

在规定条件下所确定的、继电器的给定激励电路在基准条件下所吸收的功率或负载（交流为伏安）。

5.5.2.13　激励电路额定阻抗 Rated Impedance of an Energizing Circuit

激励电路额定阻抗是在规定条件下所确定的继电器的给定激励电路的阻抗值。

5.5.2.14　动作（释放）安匝 Operating [Release] Ampere‐Turns

动作（释放）安匝是使继电器到达动作状态（释放状态）所需的电流门限值和线圈匝数的乘积。

5.5.3　继电器状态和工作

5.5.3.1　初始状态 Initial Condition

为了在给定输出电路中完成预定功能，继电器将要离开的那个特定状态为初始状态。

5.5.3.2　最终状态 Final Condition

为了在给定输出电路中完成预定功能，继电器所达到的特定状态为最终状态。

5.5.3.3　释放状态 Release Condition

对于单稳态继电器，释放状态指继电器在未激励时的特定状态。

对于双稳态继电器，释放状态为生产单位所指明的特定状态。

5.5.3.4　动作状态 Operate Condition

对于单稳态继电器，动作状态为其按规定方式激励时的规定状态。

对于双稳态继电器，动作状态为生产单位指明的释放状态以外的另一状态。

5.5.3.5　后激励状态 Last Energized Code

对于双线圈双稳态继电器，生产单位指明的后激励线圈施加激励量并去除后，其触点所维持的状态。

5.5.3.6　动作 Operate

从继电器的初始状态到最终状态的过程。

5.5.3.7　释放 to Release

释放是从继电器的最终状态返回到初始状态的过程。

5.5.3.8　转换 to Change Over

动作或释放。

5.5.3.9　循环 to Cycle

动作而后释放，或释放而后动作。

5.5.3.10　动作值 Operate Value

在规定的条件下，动作值是使继电器动作的最小输入激励量值。

5.5.3.11　不动作值 Non‐Operate Value

在规定的条件下，不动作值是不致使继电器动作的最大输入激励量值。

5.5.3.12　规定的动作值 Specified Operate Value

规定的动作值是一只处于释放状态的继电器的激励量增加过程中，当激励量小于或等于某一规定的量值时，所有触点必须完成各自的转换功能。

5.5.3.13　规定的不动作值 Specified Non‐Operate Value

在规定的条件下，规定的不动作值是使继电器不动作的最大输入激励量值。

5.5.3.14　实测动作值 Just Operate Value

当处于释放状态的继电器的激励量增加时，使所有触点都能完成切换功能的最小激励量值。

5.5.3.15　规定的保持值 Specified Hold Value

当处于动作状态的继电器激励量下降时，任一触点改变状态之前所必须达到的激励量值。

5.5.3.16　释放值 Release Value

在规定的条件下，释放值是使继电器释放的输入激励量值。

5.5.3.17　不释放值 Nonrelease Value

在规定的条件下，不致使继电器释放的最大输入激励量值为不释放值。

5.5.3.18　规定的释放值 Specified Release Value

一只处于动作状态的继电器的激励量下降过程中，当激励量大于或等于某一规定的量值时，继电器的所有触点必须恢复到释放状态。

5.5.3.19　实测释放值 Just Release Value

实测释放值是当处于动作状态的继电器的激励量下降时，使所有触点恢复到释放状态的最大激励量值。

5.5.3.20　工作特性 Operating Characteristics

工作特性是指不动作、动作、保持和释放与激励量的关系。

5.5.3.21　工作位置 Service Position

工作位置是继电器连接好后，能执行其预定功能的位置。

5.5.4　影响量或影响因素

5.5.4.1　影响量（影响因素）Influencing Quantity（Factor）

影响量（影响因素）是可能改变继电器的任一规定特性（动作、释放、准确度等）的量（因素）。

5.5.4.2　影响量（影响因素）的基准值 Reference Value of an Influencing Quantitic（Factor）

影响量（影响因素）的基准值是与继电器特性有关的影响量（影响因素）的规定值，对于量度继电器和定时限有或无继电器，这些特性要包括误差和误差极限。

5.5.4.3　影响量（影响因素）的基准条件 Reference Condition of Influencing Quantities（Factor）

所有影响量和影响因素均为基准值。

5.5.4.4　影响量（影响因素）的标称范围 Nominal Range of an Influencing Quantity（Factor）

影响量（影响因素）的标称范围是在规定条件下，继电器能满足规定要求（动作、释放、误差和变化）的影响量值（影响因素）的范围。

5.5.4.5　影响量值的极限范围 Extreme Range of an Influencing Quantity

影响量值的极限范围是继电器只经受自发的可逆变化而不必满足任何其他要求的影响量值的范围。

5.5.5　继电器输出

5.5.5.1　输出电路 Output Circuit

输出电路是在继电器内连接在产生所要求转换功能的引出端上的全部电路。

5.5.5.2　触点 Contact Point

触点是用以闭合或断开电路的载流零件。

5.5.5.3　主触点 Main Contact

主触点是直接对被控电路起闭合或断开作用的触点。

5.5.5.4　辅助触点 Auxiliary Contacts

辅助触点是帮助主触点切换电路或辅助主触点完成其职能的触点组。

5.5.5.5　动触点 Movable Contact

动触点是触点组中直接由驱动系统推动的触点。

5.5.5.6　静触点 Stationary Contact

静触点是触点组中不直接由驱动系统推动的触点。

5.5.5.7　动合触点 Make Contact

动合触点是继电器处于动作状态时闭合，处于释放状态时断开的一种触点。

同义词：常开触点。

5.5.5.8　动断触点 Break Contact

动断触点是继电器处于动作状态时断开，处于释放状态时闭合的一种触点。

同义词：常闭触点。

5.5.5.9　转换触点 Change – Over Contact

转换触点是包括三个触点（其中一个触点为两个触点电路所共有）的触点电路组合，当这两个触点电路之一断开时，另一个触点电路闭合，反之亦然。

5.5.5.10　先断后合转换触点 Change – Over Break – Before – Make Contact

先断后合转换触点是一个触点电路在另一个触点电路接通前断开的一种转换触点。

5.5.5.11　先合后断转换触点 Change – Over Make – Before – Break Contact

先合后断转换触点是一个触点电路在另一个触点电路断开前接通的一种转换触点。

5.5.5.12　中位转换触点 Change – Over Contact with Neutral Position

中位转换触点是具有一个稳定位置，而在此位置上其两个触点电路都断开（或都闭合）的一种转换触点。

5.5.5.13　双断、双合触点 Double Break，Double Make Contact

双断、双合触点是处于一片导电片上能同时断开或闭合两个触点连接的同一电路，当触点断开时，就出现两个串联的触点间隙。

5.5.5.14　双掷触点 Double Throw Contact

双掷触点是具有两个接触位置的触点组，如转换触点等。

5.5.5.15　触点组件 Contact Assembly

触点组件是通过接触件的相对运动，使触点电路闭合或断开的包括其绝缘在内的一组接触件。

5.5.5.16　触点电路 Contact Circuit

触点电路是由触点组件构成的输出电路。

5.5.5.17　触点间隙 Contact Gap

触点间隙是在规定的条件下，当触点断开时，一对耦合触点之间的距离。

5.5.5.18　触点压力 Contact Force

触点压力是在规定的条件下，当触点闭合时，动触点对静触点所施加的压力。

同义词：接触力。

5.5.5.19　触点跟踪 Contact Follow

触点跟踪是触点闭合过程中，触点在刚刚接触后，继续沿着动接触件运动的方向前进的规定位移。

同义词：触点超行程。

5.5.5.20　触点滑动 Contact Wipe

触点滑动是触点闭合时，触点刚接触后的相对摩擦运动。

5.5.5.21　触点滚动 Contact Root

触点滚动是触点闭合时，触点刚接触后的相对滚动运动。

5.5.5.22　触点抖动 Contact Chatter

触点抖动是由于继电器外部的振动、冲击或线圈电流变化等原因引起的闭合触点断开或断开触点闭合的持续跳动现象。

5.5.5.23　触点回跳 Contact Bounce

触点回跳是在触点初始闭合或断开之后，在触点达到最终状态之前，触点可能出现的以瞬断瞬通为特征的一种现象。

5.5.5.24　触点负载 Contact Load

触点负载是在规定的条件下，触点所承受的开路电压值或闭路的电流值。也可以用功率表示。

一般分为低电平负载、中等电流负载和大负载。负载性质有阻性、感性、电动机等负载。

5.5.5.25　低电平负载 Low Level Load

低电平负载是触点负载的一种类型。在这种情况下，触点负载的电压和电流远远低于产生电弧的电压和电流值。在这种负载下只有机械力会改变触点表面状态，其开路电压和闭路电流一般规定在毫伏、微安级范围。

5.5.5.26　中等电流负载 Intermediate Current Load

中等电流负载是触点负载的一种类型。在这种情况下，触点负载的电压和电流可能产生电火花或微弱电弧。

5.5.5.27　大负载 Heavy Load

大负载是触点负载的一种类型。在这种情况下，触点负载的电压和电流可能产生较大的电弧。

5.5.5.28　触点寿命 Contact Endurance

在规定的条件下，触点能可靠地动作所规定的循环数（或时间）。

触点施加规定电负载时的寿命为电寿命；触点不加电负载时的寿命为机械寿命。

5.5.5.29　触点失效 Contact Failure

触点失效是触点不能正常闭合（接触电阻或电压降超过规定值）或不能正常断开。

5.5.5.30　触点熔接 Contact Weld

触点熔接是由于触点表面熔化，因而导致触点不能按要求断开的一种触点失效。

5.5.5.31　触点冷焊 Cold Welding Contacts

触点冷焊是由于触点接触表面金属原子之间引力的作用，而使触点无法断开的失效现象。

5.5.5.32 触点污染 Contact Contamination

触点污染是触点表面沾附杂质或形成膜，使接触电阻增大甚至不通的现象。

5.5.5.33 触点过负载能力 Contact Overload Capability

触点过负载能力是继电器触点在偶然过负载作用后，仍然能维持正常工作特性的能力。它通常以触点所能承受的过载电流相对于额定电流的倍数来表示。

5.5.5.34 灵敏度 Sensitivity

灵敏度是以毫瓦或瓦特表示的吸合电流或电压的动作值。

5.5.5.35 动合输出电路 Output Made Circuit

动合输出电路是当继电器处于动作状态时，该输出电路或为触点闭合，或为有效导通；当继电器处于释放状态时，该输出电路或为触点断开或为有效不导通的一种输出电路。

5.5.5.36 动断输出电路 Output Break Circuit

动断输出电路是当继电器处于动作状态时，该输出电路或为触点断开，或为有效不导通；当继电器处于释放状态时，该输出电路或为触点闭合，或为有效导通的一种输出电路。

5.5.5.37 有效导通输出电路 Effectively Conducting Output Circuit （适用于无输出触点的继电器）

有效导通输出电路是电阻低于规定值的无触点输出电路。

5.5.5.38 有效不导通输出电路 Effectively non‐Conducting Output Circuit （适用于无输出触点的继电器）

有效不导通输出电路是电阻高于规定值的无触点输出电路。

5.5.5.39 输出电路长期极限电流 Limiting Continuous Current of Output Circuit

输出电路长期极限电流是在规定的条件下，已闭合的触点电路（有效导通输出电路）所能连续承受的最大电流值（交流为均方根值）。

5.5.5.40 输出电路短时极限电流 Limiting Short‐Time Current of an Output Circuit

输出电路短时极限电流是在规定的条件下和规定的短时期内，已闭合的触点电路（有效导通输出电路）所能承受的最大电流值。

5.5.5.41 极限接通容量 Limiting Making Capacity

极限接通容量是在规定的条件下（电压、循环次数、功率因数、时间常数等），输出电路能够接通的最大电流值。

5.5.5.42 极限断开容量 Limiting Break Capacity

极限断开容量是在规定的条件下（电压、循环次数、功率因数、时间常数等），输出电路能够断开的最大电流值。

5.5.5.43　极限循环容量 Limiting Cycling Capacity

极限循环容量是在规定的条件下（电压、循环次数、功率因数、时间常数等），输出电路能够相继接通和断开的最大电流值。

同义词：极限通断能力（遮断能力）。

5.5.5.44　接触电阻（电压降）Contact Resistance（Voltage - Drop）

接触电阻（电压降）是从触点组件两引出端测得的一组闭合触点间的电阻（电压）值。

5.5.5.45　动态接触电阻 Dynamic Contact Resistance

动态接触电阻是指机械闭合的触点随着接触压力而变化的接触电阻。

5.5.5.46　介质耐压 Dielectric Strength

介质耐压是材料所能承受而不致遭到破坏的最高电场强度。

5.5.5.47　绝缘电阻 Insulation Resistance

绝缘电阻是用绝缘材料隔开的两个导电体之间在规定条件下的电阻。

5.5.6　时间

5.5.6.1　动作时间 Operate Time

动作时间是处于释放状态的继电器，在规定的条件下，从施加输入激励量规定值的瞬间起至最后一组触点转换时瞬间止的时间间隔。

注：本术语只适用于输出电路是同一类型且对接触时差无精度要求的情况。

5.5.6.2　释放时间 Release Time

释放时间是处于动作状态的继电器，在规定的条件下，从去除输入激励量规定值的瞬间起至继电器返回时瞬间止的时间间隔，若无其他规定，它不包括触点回跳时间。

注：本术语只适用于继电器的辅出电路都是同一类型且对接触时差无精度要求的情况。

5.5.6.3　动断触点的断开时间 Opening Time of a Break Contact

动断触点的断开时间是处于释放状态的继电器，在规定的条件下，从施加输入激励量规定值的瞬间起至动断触点第一次断开（有效不导通）的瞬间止的时间间隔。

5.5.6.4　动断触点的闭合时间 Closing Time of a Break Contact

动断触点的闭合时间是处于动作状态的继电器，在规定的条件下，从施加后沿输入激励量的瞬间起至动断第一次闭合（有效导通）的瞬间止的时间间隔。

5.5.6.5　动合触点的断开时间 Opening Time of a Make Contact

动合触点的断开时间是处于动作状态的继电器，在规定的条件下，从去除输入激励量的瞬间起至动合触点第一次断开（有效不导通）的瞬间止的时间间隔。

5.5.6.6　动合触点的闭合时间 Closing Time of a Make Contact

动合触点的闭合时间是处于释放状态的继电器，在规定的条件下，从施加输入激励量规定值的瞬间起至动合触点第一次闭合（有效导通）的瞬间止的时间间隔。

5.5.6.7　回跳时间 Bounce Time

回跳时间是对于正在闭合（或断开）的电路的触点，从触点电路第一次闭合（或断开）的瞬间起至触点电路最终闭合（或断开）的瞬间止的时间间隔。

5.5.6.8　达到稳定闭合（断开）状态时间 Time to Stable Closed（Open）Condition

达到稳定闭合（断开）状态时间是从施加输入量给定位的瞬间起至某个触点闭合（断开）并满足规定要求的瞬间止的时间间隔。

5.5.6.9　接触时差 Contact Time Difference

接触时差是对于有多组相同类型触点（动合触点或动断触点）的继电器，最慢动作触点的动作（释放）时间最大值与最快动作触点的动作（释放）时间最小值之差。

5.5.6.10　转接时间 Transit Time

转接时间是转换触点组中，从动断触点断开到动作触点闭合之间的时间间隔。

5.5.6.11　占空比 Load Ratio

重复工作中，用于对激励与去激励时间的表述，通常以激励时间占总循环时间的百分比表示。

同义词：负载比。

5.5.7　时间继电器

5.5.7.1　动作延时 Time Delay on Operate（Pick-up）

动作延时是从输入控制电路加额定激励量起，到输出电路完成规定动作的时间。

5.5.7.2　释放延时 Time Delay on Release（Drop-up）

释放延时是输入电路去掉额定激励量起，到输出电路处于释放状态，所需要的时间间隔。

5.5.7.3　间隔定时 Interval Time

间隔定时是在输入电路加额定激励量后，其输出电路立即到达动作状态并按规定时间保持在动作状态。

5.5.7.4　重复循环定时 Reat Cycle Time

重复循环定时是只要输入电路加激励额定值，输出电路就能重复进行规定的接通-断开循环。

5.5.7.5　系统电压 System Voltage

系统电压是要求继电器进行工作的电气系统的额定电压。

5.5.8　固体继电器

5.5.8.1　输入部分 Input
输入部分是固体继电器内部承受输入电压（或电流）的电路。

5.5.8.2　输入阻抗 Input Impedance
输入阻抗是固体继电器在额定输入条件下的输入电压与输入电流之比（欧姆）。

5.5.8.3　输出部分 Output
输出部分是固体继电器内部接通和断开负载的电路。

5.5.8.4　开路阻抗 Open - Circuit Impedance
开路阻抗是指输出部分截止时，加在该部分的电压与负载电流之比（兆欧）。

5.5.8.5　"触点"压降 "Contact" Voltage Drop
"触点"压降是在额定输出电流时，输出部分的压降（伏）。

5.5.8.6　最小输出电流（电压）Minimum Output Current（Voltage）
最小输出电流（电压）是使输出部分能正常工作的最小电流（安）/电压（伏）值。

5.5.8.7　最大输出电流（电压）Maximum Output Current（Voltage）
最大输出电流（电压）是固体继电器正常工作时的输出部分所能承受的最大电流（安）/电压（伏）值。

5.5.8.8　瞬时过载电流 Transient Overload Current
瞬时过载电流是输出部分在规定的某一短暂时间内所能承受的最大电流值（安）。

5.5.8.9　开路漏泄电流 Open Contact Leakage Current
开路漏泄电流是在规定的温度和输出电压时，开路"触点"漏泄电流的最大值（毫安）。

5.5.8.10　浪涌电流 Surge Current
浪涌电流是固体继电器输出部分所允许的瞬时电流的最大绝对值和持续时间。

5.5.8.11　"触点"电压上升率 "Contact" Voltage Rate of Rise
"触点"电压上升率是固体继电器正常工作时，输出部分电压增长速率的最大允许值（伏/秒）。

5.5.8.12　功耗 Power Dissipation
功耗是在额定输入信号、一定辅助电源和额定负载情况下，固体继电器所消耗的功率（瓦）。

5.5.8.13　最大允许功耗 Maximum Power Dissipation
最大允许功耗是在允许的"吸合"电流（电压）和负载范围内，继电器所消耗的最大功率。

5.5.8.14　隔离 Isolation

隔离是输入部分与输出部分之间的电气绝缘。

5.5.8.15　耦合 Couple

耦合是输入部分与输出部分之间实现电气绝缘，并使输入信号有效地驱动输出部分所采用的方式。

5.5.8.16　接通（导通）Turn - on

当输入电压超过预定值（最小接通电压）时，继电器内部状态的变化使输出从非导通状态变换到导通状态（或从导通状态变换到非导通状态）。

5.5.8.17　关断 Turn - off

当输入信号下降到低于某一预定值（最大关断电压）时，继电器内部状态的变化使输出由导通状态变换到非导通状态（或由非导通状态变换到导通状态）。

5.5.8.18　接通电压 Turn - on Voltage

接通电压是确保固体继电器导通的最低输入电压。

5.5.8.19　关断电压 Turn - off Voltage

关断电压是确保固体继电器关断的最高输入电压。

5.5.8.20　接通时间 Turn - on Time

接通时间是从加输入电压使继电器接通时开始至输出达到其最终电压的 90% 为止之间的时间间隔。

接通时间是接通延迟时间（t_{on}）和上升时间（t_r）之和。

5.5.8.21　关断时间 Turn - off Time

关断时间是从切除输入电压使继电器关断时开始至输出降至规定值的 90% 为止之间的时间间隔。

5.5.8.22　热稳定性 Thermal Stability

热稳定性是在规定的环境温度范围内，其最大吸合值与最小释放值允许的变化。

5.5.8.23　最高动作频率 Maximum Operating Frequency

最高动作频率是在规定的工作条件下，固体继电器在单位时间内能正常动作的最高次数。

5.5.8.24　直流失调电压 Direct Offset Voltage

直流失调电压是交流继电器采用了独立切换每一半周电源电压的半导体开关，由于不对称转换和每个半导体开关两端电压降的不平衡，产生的电压直流分量。

5.5.8.25　零点交越 Zero Point Crossover

零点交越是当连接交流负载时，要求继电器只在半周内的零点交越点接通或关断，而与控制电压的施加或切除时间无关的特性。

5.5.8.26   波形畸变 Waveform Distortion
波形畸变是不合理的可控硅控制电路设计所造成的电流或电压波形偏离基本正弦波的现象。

5.5.8.27   反向极性保护 Reverse Phase Polarity Protection
反向极性保护是在直流继电器输入正极串联正向导通的二极管，以保护继电器的电子控制器件不因偶然疏忽施加反极性最大输入电压或因反极性的瞬态电压而造成损坏。

5.5.8.28   输入反极性电压 Input Reverse Polarity Voltage
输入反极性电压是能够施加在固体继电器输入端上，并不会造成继电器永久破坏的最大允许反向电压。

5.5.8.29   额定负载电流 Output Current Rating
额定负载电流是在特定的环境温度下，固体继电器允许使用的最大稳态负载电流。

5.5.8.30   输出漏电流 Output Leakage
当在额定工作电压下，固体继电器处于关断状态时，流过输出电路中的电流为输出漏电流。

5.5.9   温度继电器

5.5.9.1   动作温度 Operating Temperature
动作温度是使继电器在规定条件下接通或分断电路的温度。

5.5.9.2   回复温度 Restoring Temperature
回复温度是继电器的触点在完成规定动作后，使它们复位到初始状态的温度。

5.5.9.3   温度特性 Temperature Characteristic
温度特性是当环境温度变化时，感温元件的参数随之变化的特性。

5.5.9.4   标称动作温度 Nominal Operating Temperature
标称动作温度是由设计规定的动作温度值。

5.5.9.5   动作温度偏差 Operating Temperature Deviation
动作温度偏差是继电器实际动作温度与标称动作温度的差值。

5.5.10   结构和零部件

5.5.10.1   电磁系统 Electromagnetic System
电磁系统是由线圈与闭合磁路（包括铁芯、磁轭衔铁及磁缸等）构成的实现电磁能转换的组件。

5.5.10.2   驱动部件 Actuator
驱动部件是将电磁系统产生的磁力传递到触点的执行机构。

5.5.10.3　铁芯 Core

铁芯是电磁继电器磁路中套（或绕）有线圈的导磁零件。

5.5.10.4　衔铁 Armature

衔铁是电磁继电器中随电磁力作用而驱动触点的可动导磁性零件。

5.5.10.5　平衡衔铁 Balanced Armature

与重力（静态的）和加速力（动态的）基本平衡的，可绕自身质心轴线旋转的衔铁为平衡衔铁。

5.5.10.6　拍合式衔铁 Clapper

拍合式衔铁指用铰链支承或转轴支承的衔铁。

5.5.10.7　吸入式或螺管式衔铁 Plunger or Solenoid Armature

吸入式或螺管式衔铁是在管状铁芯内沿铁芯轴向运动的衔铁。

5.5.10.8　衔铁气隙 Armature Gap

衔铁气隙是当完全恢复到非工作状态时，衔铁与线圈的铁芯面之间被空气所隔开的磁路部分的距离。

同义词：磁气隙。

5.5.10.9　衔铁推杆 Buffer of an Armature

衔铁推杆是将衔铁运动传递给邻近触点的，固定在衔铁上的一个绝缘零件。

同义词：推动器。

5.5.10.10　轭铁 Yoke

轭铁是连接铁芯和衔铁以构成闭合磁路的导磁件。

5.5.10.11　骨架 Bobbin

骨架是用于支承绕组线圈的绝缘零件。

5.5.10.12　线圈 Coil

线圈是由一个或多个绕组、骨架、包扎层等构成的组件的统称。

5.5.10.13　底座 Header

底座是支承继电器零部件和装有引出端的并使之互相绝缘的基座。

5.5.10.14　极面 Pole Face

极面是铁芯（或轭铁）端部与衔铁相对的表面。

5.5.10.15　极靴 Pole Piece

极靴是位于铁芯端部的扩大部分，用以改善极面磁场分布状况。

5.5.10.16　剩余间隙 Residual Gap

剩余间隙是在衔铁处于完全吸持的状态下，磁路中自极面中心到衔铁上最近点之间的非磁性材料厚度。

5.5.10.17　非磁性垫片 Nonmagnetic Shim

非磁性垫片是衔铁或极面上用以形成剩余间隙的非磁性零件。

5.5.10.18　短路环 Shading Ring

短路环是套在交流电磁铁部分磁极上的导电环形零件，以环中通过的磁通的滞后变化来消除或减少衔铁颤动或交流声。

5.5.10.19　交流声 Hum

交流声是由线圈中的交变电流分量引起的机械振动所发出的声音。

参 考 文 献

［1］ 佘玉芳. 机电元件技术手册［M］. 北京：电子工业出版社，1992.

［2］ 孔学东，恩云飞. 电子元器件失效分析与典型案例［M］. 北京：国防工业出版社，2006.

［3］ 罗辑，赵和义. 军用电子元器件质量管理与质量控制［M］. 北京：国防工业出版社，2003.

［4］ 余振醒. 军用元器件使用质量保证指南［M］. 北京：航空工业出版社，2013.

［5］ 许汉成. 正确使用电磁继电器［J］. 航天器工程，2000，9.

［6］ 李凌，陈达. 航天可靠性学术交流会论文集［C］. 军用电磁继电器偶发故障的失效原因和机理分析，2015.

［7］ 赵燕. 机载电子设备中电磁继电器失效机理和失效分析［J］. 电子技术与软件工程，2016，1.

［8］ 刘帼巾，陆俭国，王海涛. 接触器式继电器的失效分析［J］. 电工技术学报，2011，1.

［9］ 叶雪荣，赵韩，梁慧敏. 转换型功率继电器静合触点粘接优化研究［J］. 低压电器，2014，1.

［10］ 管永超. 不同类型负载下电磁继电器失效模式研究［D］. 哈尔滨：哈尔滨理工大学，2016.

［11］ 臧春艳，何俊佳，李劲. 密封继电器接触电阻与表面膜研究［J］. 中国电机工程学报，2008，28.

［12］ 王建国，王少军，陈汉宁. 密封继电器"七专"技术条件和国军标 GJB65B — 1999 分析对比. 机电元件，2013，5.

［13］ 王建国，王少军，陈汉宁. 密封继电器"七专"技术条件和国军标 GJB 65B — 1999 分析对比（续）. 机电元件，2013，6.

［14］ 郑天丕，方珍. 电磁继电器的 MIL 与 IEC 标准的差异初探［J］. 机电元件，2005，2.

［15］ 郑天丕. 继电器制造・工艺・使用［M］. 北京：电子工业出版社，1996.

［16］ 高华，赵海霞. 灌封技术在电子产品中的应用［J］. 电子工艺技术，2003.

［17］ 白战争，等. 环氧灌封材料的研究进展［J］. 材料导报，2009.

［18］ 陈尚达. 航天器电子装联实用技术. 北京：中国空间技术研究院，2007.

［19］ 张论. 电子故障分析手册［M］. 北京：科学出版社，2005.

［20］ 董国江，迟翠莉，杨利锐. 红外光谱在材料检测中的应用［J］. 上海塑料，2008.

［21］ 李锋. 航天电子产品设计工艺性［M］. 北京：中国宇航出版社，2008.

［22］ 李宇春，龚润杰，周科朝. 材料腐蚀与防护技术［M］. 北京：中国电力出版社，2004.

［23］ 中国航天科技集团公司. Q/QJA 20073 — 2012 宇航用密封继电器监制方法. 北京：中国航天科技集团公司，2012.

第6章　电连接器

6.1　概述

电连接器是各类工程系统中必不可少且十分重要的基础机电元件，主要用于实现电信号的传输和控制，以及电子与电气之间的连接。电连接器在航空、航天、兵器、通信等领域应用广泛、数量可观、地位重要。

航天电连接器及其组件是航天系统工程重要的配套接口元件，相当于航天型号的血液循环和神经系统，散布在各个系统和部位，负责信号和能量的传输。其连接的好坏，直接关系到整个系统的安全可靠运行。由电连接器互连组成各种电路系统，从高频到低频、从圆形到矩形、从通过上百安培的大电流连接器到通过微弱信号的高密度连接器、从普通印制板连接器到快速分离、脱落等特种连接器，几乎所有类型品种的连接器在航天系统工程中都得到了大量应用，如神舟飞船仅推进舱和电源系统就使用了各类电连接器500多套，某型号地面设备就使用了各种电连接器400多套。任何一个电连接器接点失灵，都将导致航天飞行器的发射和飞行失败。战术导弹弹体内的导引头、战斗部、发动机、自动驾驶仪等关键部件，都是通过电连接器为基础器件，成百上千个接点的电缆网组成一个完整的武器互连系统。只要其中有一个接点出现故障，即会导致整个武器系统的失效。由此可见，电连接器的质量保证工作至关重要。

6.1.1　电连接器分类

按电连接器外形，可分为圆形、矩形、PCB、条形、导电橡胶等类型；按电连接器工作频率，可分为低频、高频和高低频混装三类；按电连接器尺寸，可分为大型、中型、小型、超小型、微小型、纳小型；按电连接器互连类型，可分为电缆连接器、印制电路连接器、机柜连接器、同轴连接器等；按电连接器结构用途，可分为电缆连接器、电子电气连接器、耐环境连接器、特种连接器、快速分离连接器等。

6.1.2　电连接器质量保证相关标准

与电连接器质量保证相关的标准包括：GJB 101A《耐环境快速分离小圆形电连接器总规范》、GJB 142B《外壳定位小矩形电连接器通用规范》、GJB 598B《耐环境快速分离圆形电连接器通用规范》、GJB 599B《耐环境快速分离高密度小圆形电连接器通用规范》、GJB 600A《螺纹连接圆形电连接器总规范》、GJB 681A《射频同轴连接器通用规范》、GJB 976A《同轴、带状或微带传输线用的射频同轴连接器总规范》、GJB 1212A《射频三同轴连接器通用规范》、GJB 1217A《电连接器试验方法》、GJB 1919A《耐环境中性圆形光纤光缆连接器通用规范》、GJB 1920《耐环境类小型同轴连接器总规范》、GJB 2281《带状电缆电连接器总规范》、GJB 2444A《双芯对称系列射频连接器通用规范》、GJB 2446A《外壳定位微矩形电连接器通用规范》、GJB 2905A《耐环境推-拉式快速分离圆形电连接器总规范》、GJB 3016A《单芯光纤光缆连接器通用规范》、GJB 4337《耐环境圆形电连接器总规范》、GJB 5021A《高可靠射频同轴连接器通用规范》、GJB 5103《耐高温圆形电连接器通用规范》、GJB 5181《复合材料外壳矩形电连接器总规范》、GJB 5976《耐环境旋锁式快速分离圆形电连接器通用规范》、GJB 7245《外壳定位超微矩形电连接器通用规范》、QJ 10008《宇航用低频圆形电连接器通用规范》等。

6.1.3　电连接器质量保证等级

航天型号用国产电连接器经过多年的研制、生产发展，形成了宇航级、军级、企军标等质量等级，具体见表 6 - 1。

表 6 - 1　国产电连接器质量等级

质量等级代号	质量等级名称	质量等级依据的标准	备注
GJB	军级	GJB 101—1986 小圆形快速分离耐环境电连接器总规范	
		GJB 101A 耐环境快速分离小圆形电连接器总规范	
		GJB 176—1986 耐环境线簧孔矩形电连接器总规范	
		GJB 176A—1998 耐环境线簧孔矩形电连接器总规范	
		GJB 177—1986 压接接触矩形电连接器总规范	
		GJB 598A—1996 耐环境快速分离圆形电连接器总规范	
		GJB 599A—1993 耐环境快速分离高密度小圆形电连接器总规范	
		GJB 600A—2001 螺纹连接圆形电连接器总规范	
		GJB 680—1989 射频同轴连接器、转接器总规范	
		GJB 681A—2002 射频同轴连接器通用规范	
		GJB 970—1990 防水快速分离重负荷电连接器总规范	
		GJB 1784—1994 电连接器附件总规范	
		GJB 2281—1995 带状电缆电连接器总规范	
		GJB 2446—1995 外壳定位超小型矩形电连接器总规范	
		GJB 2447—1995 耐振音频电连接器总规范	
		GJB 2889—1997XC 系列高可靠性小圆形线簧孔电连接器规范	
		GJB 2905—1997 耐环境推-拉式快速分离圆形电连接器总规范	
		GJB 3159—1998 机柜和面板用矩形电连接器总规范	
		GJB 3234—1998 耐环境复合材料外壳高密度小圆形电连接器及附件总规范	
		GJB 976A—2009 同轴、带状或微带传输线用的射频同轴连接器总规范	

续表

质量等级代号	质量等级名称	质量等级依据的标准	备注
YA	YA 级	电连接器宇航标准	
YB	YB 级		
YC	YC 级		
QJ	QJ 级	QJ 1796A—1998 分离(脱落)电连接器通用规范 QJ 10008—2008 宇航用低频圆形电连接器通用规范	
SJ	SJ 级	电子行业相关规范	
QJB	企军标级	相关企业军用标准	
QJB+	企军标＋协议	相关企业军用标准和型号技术协议、条件	
QB	企标级	相关企业标准	
QB+	企标＋协议	相关企业标准和型号技术协议、条件	

6.2　电连接器的验收

电连接器的验收应按照第 1 章 1.3.3 的要求进行，其中"交收试验"的具体方法以本节为准。以下内容为不同类型电连接器的交收试验项目和要求。

6.2.1　试验项目

6.2.1.1　低频通用电连接器

低频通用电连接器交收试验项目见表 6-2。

表 6-2　低频通用电连接器交收试验项目

序号	试验项目	技术要求和试验方法	备注
1	破坏性物理分析(DPA)		
2	外观质量		
3	外形尺寸		
4	互换性		
5	标志牢固度检查		
6	接触件分离力		
7	接触电阻	详细规范和通用规范	
8	外壳间导电性		
9	绝缘电阻(常温)		
10	介质耐电压(标准大气压条件)		
11	空气泄漏		
12	接触件金镀层抗腐蚀能力		
13	对接与分离		

6.2.1.2　高频通用电连接器

高频通用电连接器交收试验项目见表 6-3。

表 6-3　高频通用电连接器交收试验项目

序号	试验项目	技术要求和试验方法	备注
1	破坏性物理分析（DPA）		
2	外观质量		
3	外形尺寸		
4	啮合力和分离力		
5	插合特性	详细规范和通用规范	
6	介质耐电压		
7	绝缘电阻		
8	接触电阻		
9	气密封		
10	X 射线检查		

6.2.1.3　分离脱落电连接器

分离脱落电连接器交收试验项目见表 6-4。

表 6-4　分离脱落电连接器交收试验项目

序号	试验项目	技术要求和试验方法	备注
1	破坏性物理分析（DPA）		
2	外形尺寸		
3	重量		
4	标志牢固度检查		
5	外观质量及机械检查		
6	互换性		
7	接触件插入力和分离力		
8	分离性能	详细规范和 QJ 1796A—1998	
9	接触电阻		
10	绝缘电阻（常温）		
11	外壳间导电性		
12	介质耐电压（标准大气压条件）		
13	空气泄漏		
14	接触件金镀层抗腐蚀能力		
15	对接与分离		

6.2.2　试验要求详解

6.2.2.1　通用试验要求
6.2.2.1.1　外观质量

电连接器的外观一般采用目视进行检查，当有需要时，可用 5 倍放大镜、体视显微镜或其他合适工具检查，且应符合下列规定：

1）电连接器及附件的所有标志应正确、清晰、牢固，其位置应正确，如图 6-1 和图 6-2 所示。

图 6-1　字序位置错误

2）电连接器及附件的装配应符合相应的图样和工艺要求，应无多余物，如图 6-3 所示。

图 6-2　字序位置正确

3）电连接器的外壳表面颜色应基本一致，并应无掉色、龟裂、破碎、凹坑、气泡、起皮、毛刺、锈蚀、沾污等缺陷；允许有轻微的加工纹、电镀挂具痕和不露基体金属的轻微划痕，如图 6-4～图 6-6 所示。

图 6-3　金属丝多余物

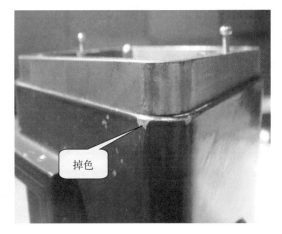

图 6-4　外壳表面掉色

图 6-5　外壳表面正常

图 6-6 外壳表面锈蚀

4）电连接器的螺纹除工艺要求修整外（前后牙型不得大于半圈）应完好，不应有毛刺、崩牙、缺口等影响螺纹连接的缺陷，如图 6-7 和图 6-8 所示。

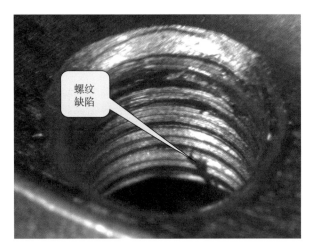

图 6-7 螺纹毛刺、崩牙、缺口

图 6-8 完好螺纹

5）电连接器的绝缘件外表应平整、无明显变形、无气泡、开裂、疏松、缺损、掉渣、划痕及影响使用性能的缺陷。电连接器的插合端面和焊线端面的接触件位置识别代码要对应一致，同一接触件排列的插头与插座的接触件位置识别代码要对应一致，并符合相应图样的规定，如图 6-9～图 6-12 所示。

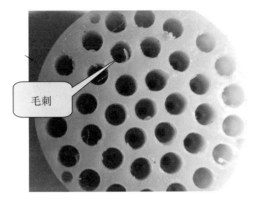

图 6-9　孔口毛刺

图 6-10　孔口平整无毛刺

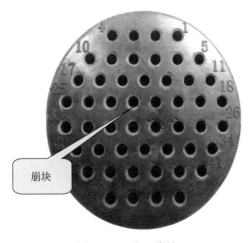

图 6-11　孔口崩块

图 6-12　孔口完整

6）电连接器的接触件应光洁、色泽一致，不应有明显色差，其接触端和焊线端不应有歪斜、弯曲、损伤、污迹（规定使用的润滑脂除外）、胶迹或其他粘着物，如图 6-13和图 6-14 所示。

图 6-13　插针胶迹

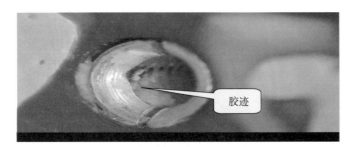

图 6-14　插孔胶迹

7）电连接器的灌封胶面一般应齐平，色泽应一致，胶面不允许有气孔和杂质，如图 6-15 所示。

8）带导线的电连接器，其导线除正常加工装配需要外，不应有明显的色斑、色差、毛刺、破损、压痕、褶皱及其他影响导线性能的缺陷，如图 6-16 所示。

9）电连接器接触件、绝缘体、外壳表面不得加涂未经使用方同意的保护剂或润滑剂。

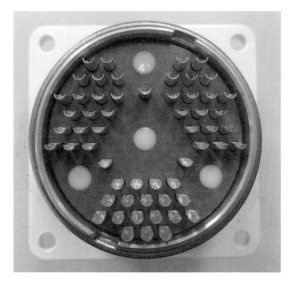

图 6 - 15　合格灌封胶面

图 6 - 16　合格导线

10）电连接器的插针接触端近似球面，其端头允许有一个小于三分之一插针直径的平面或直径小于 0.13 mm、高度小于 0.1 mm 的凸台，如图 6 - 17 所示。

11）电连接器的接触端和焊线端顶部高度应基本一致，最大偏差不允许大于 0.5 mm，如图 6 - 18 和图 6 - 19 所示。

12）电连接器的卡圈封胶表面处允许有一个凹坑；绝缘体焊线端的溢胶孔内允许有低于绝缘体表面的余胶存在；接触件焊线端根部允许有高出绝缘体表面 0.3 mm 以内的余胶存在，如图 6 - 20 所示。

13）电连接器的界面橡胶垫应安装平整，允许与壳体之间有一定的间隙，允许与接触件间有不大于 0.5 mm 的间隙或不大于 0.5 mm 高的鼓起，但不应影响产品的使用性能，如图 6 - 21 所示。

图 6 - 17　合格插针接触端

图 6 - 18　接触件端部一致

14）玻璃封接电连接器，其封接表面不允许有裂纹、夹渣、掉块，不允许有直径大于 1 mm、深度大于 0.5 mm 的气泡或直径大于 0.5 mm 的连续气泡，插针接触配合部位不应粘有玻璃，但允许在金属与玻璃封接面附近粘有少量玻璃，允许玻璃封接表面存在由于玻璃熔融表面张力及收缩产生的不平整，允许小面积封接件插针周围玻璃有 1 mm 的凹进或凸出；玻璃封接电连接器焊线槽口应保持基本一致，允许个别接点焊线槽口以轴向坐标为基准偏移量偏转，但直角坐标排列的一般不应超过 30°，圆周排列的不应超过 90°，如图 6 - 22 所示。

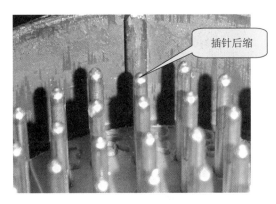

图 6 - 19　接触件后缩（拒收）

图 6 - 20　合格卡圈封胶表面

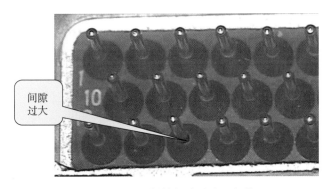

图 6 - 21　20♯插针间隙过大（拒收）

6.2.2.1.2　机械检查（适用时）

电连接器的机械检查采用徒手或合适工具进行，应符合下列规定：

1）电连接器的定位机构应保证连接器插合时，在接触件啮合之前就起到定位或导向作用，以防止产生误插、斜插现象，如图 6 - 23 所示。

图 6 - 22   合格玻璃封接表面

图 6 - 23   合理的定位导向机构

2）电连接器进行啮合锁紧时，锁紧装置应能保证插头和插座锁紧后有足够的强度，满足规定范围内的外力作用。保证连接器可靠地啮合，应具有保持完全连接的防松装置，如图 6 - 24 所示。

图 6 - 24   中心拉杆锁紧防松

3）带拉绳的分离脱落电连接器，正常分离过程中不应出现拉线拉断现象，如图 6 - 25 所示。

图 6 - 25　拉绳分离脱落电连接器

4）正常分离过程中拉杆不应出现影响分离功能的弯曲和损伤现象，如图 6 - 26 所示。

图 6 - 26　正常拉杆

5）电连接器对电磁铁的引出线应采取防护措施，设计结构上应保证钢珠不能脱离，如图 6 - 27 和图 6 - 28 所示。

6）接地簧应牢固地固定在外壳的周边上，并且与外壳的固定不应影响弹性弯曲，如图 6 - 29 所示。

图 6 - 27　电磁铁引出线保护

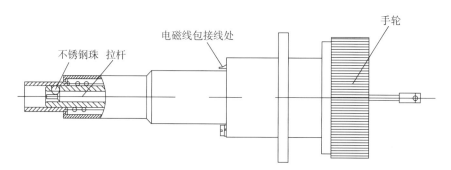

图 6 - 28　钢珠固定示意图

图 6 - 29　接地簧固定可靠

6.2.2.1.3　外形尺寸

用精度符合要求的量具测量电连接器的外形尺寸，电连接器的外形尺寸应符合详细规范或通用规范的要求。

6.2.2.1.4　互换性

将抽取的每只插头（或插座）与相应的任意 3 只插座（或插头）进行连接和分离，同一品种规格的电连接器，其插头和插座应具有互换性。

6.2.2.1.5　接触件插入力和分离力

（1）弹性插孔插入力和分离力

按下述规定进行试验时，弹性插孔的插入力和分离力应符合产品详细规范的规定要求。

按 GJB 1217A—2009 方法 2014 的规定进行试验，并应采取下列细则：

1）试验样品为未插合的插孔接触件连接器。

2）试验插针接触件应符合相应技术文件的规定。

3）试验插针接触件的啮合深度应不小于插孔深度的 3/4。

4）每个插孔与试验插针插入、拔出并测量 3 次。

5）试验程序应符合详细规范或通用规范的规定。

（2）弹性插针插入力和分离力

按下述规定进行试验时，弹性插针的插入力和分离力应符合产品详细规范的规定要求。试验方法如下：

1）试验样品为未插合的插针接触件。

2）试验插孔接触件应符合相应技术文件的规定。

3）插针接触件不应插到试验插孔接触件的底部。

4）每个插针与试验插孔插入、拔出并测量 3 次。

5）试验程序应符合详细规范或通用规范的规定。

6.2.2.1.6　接触电阻

按下述规定进行试验时，电连接器的接触电阻应符合产品详细规范的规定。双层或多层接触对的电连接器，接触电阻应是单层接触对接触电阻的相应层数倍。

按 GJB 1217A—2009 方法 3004 的规定进行，并应采用下列细则：

1）试验样品为插合的电连接器。

2）试验电流为 1 A。

3）测量的接触对数量应符合产品详细规范的规定。

6.2.2.1.7　绝缘电阻

按下述规定进行试验时，电连接器的任意接触件之间，及任意接触件与外壳之间测量绝缘电阻，对有电分离功能的分离脱落电连接器，还应测量线圈引出端与外壳之间的绝缘电阻，绝缘电阻值应不小于产品详细规范的规定值。

按 GJB 1217A—2009 方法 3003 的规定进行，并采用下列细则：

1）试验样品为插头、插座或插合的电连接器。

2）试验前，如有必要，可按 GJB 1217A—2009 方法 3003 中 3.2 条的规定清洗试验样品。

6.2.2.1.8　介质耐电压

按下述规定进行试验时，电连接器的任意接触件之间，及任意接触件与外壳之间测量介质耐电压，对有电分离功能的分离脱落电连接器还应测量线圈引出端与外壳之间的介质耐电压，介质耐电压值应不小于产品详细规范的规定值。试验过程中，应无飞弧或击穿现象，最大漏电流应不大于产品详细规范的规定。

按 GJB 1217A—2009 方法 3001 的规定进行，并应采用下列细则：

1）试验样品为插头、插座或插合的电连接器。

2）试验前，如有必要，可按 GJB 1217A—2009 方法 3003 中 3.2 条的规定清洗试验样品。

6.2.2.1.9　空气泄漏

（1）环境密封（适用灌胶密封的电连接器）

按下述规定进行试验时，环境密封电连接器插座（插头）在产品详细规范规定的气压值下保持 2 min，不应有气泡产生。试验方法如下：

1）试验样品为有环境密封要求的单独插座。

2）使用工装为专用测试工装，如压力测试台或其他设备，具有能够读取压力值的仪表或装置。

3）施加压力气体为氮气或空气。

4）将试验样品加压端朝向进气端放置到工装上，安装密封垫并压紧。

5）测试时向设备进气端通入高压气体达到规定压力值，将出气口处连接的橡胶管放入玻璃瓶的水面以下，并开始计时。

6）观察橡胶管中应无气泡产生。

7）持续时间应符合规定值。

8）测试完成后关闭气源并释放工装中的高压气体，并取出试验样品。

9）试验样品的加压端应符合产品详细规范的规定。

（2）气密封（适用玻璃烧结电连接器）

按下述规定进行试验时，气密封电连接器插座（插头）的空气泄漏率应不大于产品详细规范规定的泄漏值。

应按 GJB 1217A—2009 方法 1008 规定进行，并应采用下列细则：

1）试验样品为未插合的电连接器。

2）加在电连接器两端的压力差应为 1 个大气压（1×10^5 Pa）（或按详细规范规定）。

3）相关详细规范应规定试验样品的放置方向。

6.2.2.2　特定试验要求

一些电连接器的交收试验可能会涉及以下某一或某几个要求，具体需根据其详细规范执行。

6.2.2.2.1　标志牢固度检查

用棉签蘸酒精来回缓慢擦拭标志 5 次，在天然散射光下或无散射光的白色透射光下进行，光照度应不低于 300 lx，零件与眼睛的距离为 350 mm（即相当于制品放在 40 W 日光灯下，距离为 500 mm 处的光照度），用肉眼检查标志质量，电连接器的标志应符合产品详细规范的规定，并清晰、牢固。

6.2.2.2.2　重量

用托盘天平或具有合适精度和量程的称量器具测量，电连接器的重量应符合产品详细规范的规定。

6.2.2.2.3　破坏性物理分析（DPA）

（1）低频通用电连接器

低频通用电连接器的结构示意图如图 6 - 30～图 6 - 32。

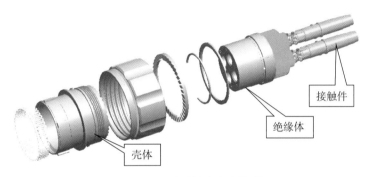

图 6 - 30　圆形插头电连接器

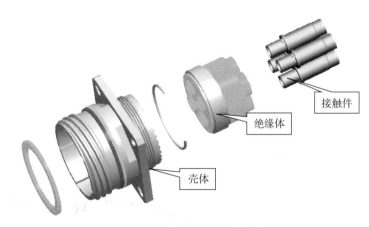

图 6 - 31　圆形插座电连接器

低频通用电连接器的 DPA 项目和顺序见表 6 - 5。

DPA 应符合 GJB 4027A—2006 的要求。若无其他规定，DPA 试验项目应不少于表 6 - 5 的规定，DPA 样品数按交货数量的 10％ 随机抽取，但不少于 2 只，不多于 5 只。

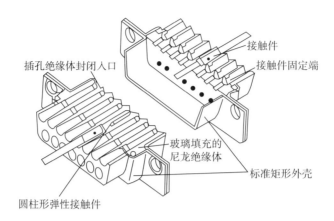

图 6-32　矩形电连接器

表 6-5　低频通用电连接器的 DPA 项目和顺序

序号	项目		说明
1	外部目检		—
2	X 射线检查		—
3	物理检查	接触件保持性	—
		电镀零件镀层测量	—
4	密封(适用时)		—
5	制样镜检		1 只样品
6	分解检查		
7	接触件检查	接触件尺寸测量	其余样品
		单孔分离力测试*(仅对插孔接触件)	
		接触件镀层及外观检查	
		接触件镀层测量	
		接触件可焊性(适用时)	
8	扫描电子显微镜检查		必要时

注：* 对微矩形类弹性插针结构的接触件,测试对象为弹性插针接触件。

（2）高频通用电连接器

高频通用电连接器的结构示意图如图 6-33 和图 6-34 所示。

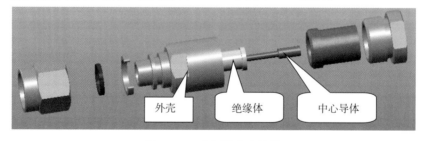

图 6-33　高频插头连接器

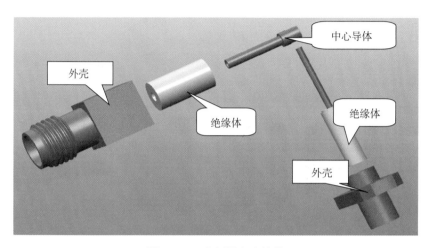

图 6 - 34　高频插座连接器

高频通用电连接器的 DPA 项目和顺序见表 6 - 6。

DPA 应符合 GJB 4027A—2006 的要求。若无其他规定，DPA 试验项目应不少于表 6 - 6 的规定，DPA 样品数每批 3 只。

表 6 - 6　高频通用电连接器的 DPA 项目和顺序

序号	项目	说明
1	外观检查	—
2	X 射线检查	—
3	插合特性	—
4	啮合力和分离力	—
5	中心接触件固定性	—
6	镀层厚度	提交同批次的中心接触件进行
7	镀层结合力	提交同批次的中心接触件进行
8	制样镜检	—
9	镀层孔隙率	提交同批次的中心接触件进行

（3）分离脱落电连接器

分离脱落电连接器的结构示意图如图 6 - 35～图 6 - 37 所示。

分离脱落电连接器的 DPA 项目和顺序见表 6 - 7。

DPA 应符合 GJB 4027A—2006 的要求。若无其他规定，DPA 试验项目应不少于表 6 - 7 的规定，DPA 样品数按交货数量的 10% 随机抽取，但不少于 1 只，不多于 2 只。

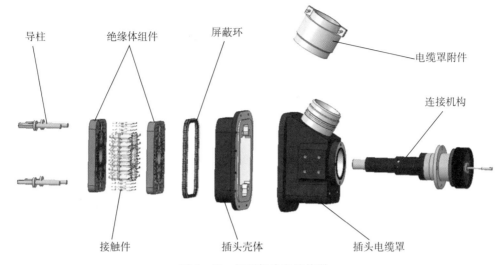

图 6 - 35　矩形插头电连接器

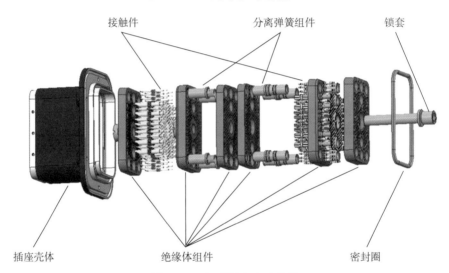

图 6 - 36　矩形插座电连接器

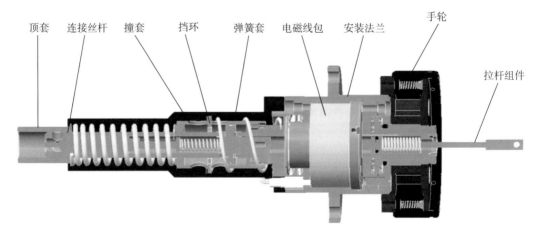

图 6 - 37　连接机构

表 6 - 7　分离脱落电连接器的 DPA 项目和顺序

序号	项目		说明
1	外部目检		—
2	X 射线检查		—
3	物理检查	单孔分离力测试(仅对插孔接触件)	—
		互换性	—
4	密封(适用时)		—
5	制样镜检		1 只样品
6	分解检查		
7	接触件检查	接触件尺寸测量	其余样品
		单孔分离力测试(仅对插孔接触件)	
		接触件镀层及外观检查	
		接触件镀层测量	
		接触件可焊性(适用时)	
8	扫描电子显微镜检查		必要时

6.2.2.2.4　外壳间导电性

按下述规定进行试验时，电连接器从插头电缆罩到插座安装法兰盘的电阻应不大于产品详细规范的规定值。

按 GJB 1217A—2009 中方法 3007 的规定进行试验。并采用下列细则：

1）试验样品为插合好的电连接器。

2）试验电流为 1 A。

6.2.2.2.5　接触件金镀层抗腐蚀能力

按下述规定进行试验时，插针除深孔、盲孔，其余部位的表面上应无连续上升的气泡、无铜绿产生，试验样品从每装配批的插针中随机抽取 30 只，作为预留的试验样件。

试验规定如下：

1）试验样品为插针。

2）将试验样品浸入温度 15～20 ℃，在不少于 50 mL 浓硝酸溶液中静置，目视法观察镀金接触件表面变化情况。

3）试验时间 20 min。

6.2.2.2.6　对接与分离

每一个插头（或插座）与对应的插座（或插头）进行一次对接到位，然后完全分离，在 10 倍显微镜下检查电连接器应无裂纹、损伤、变形、起皮、多余物等现象。

6.3　电连接器典型失效案例

6.3.1　电气性能失效

案例一：

（1）问题概述

YQ 36—39TJ 插头绝缘电阻不合格，问题定位于金属导线绝缘层破损并与屏蔽层接触。

（2）机理分析

解剖发现，插头 8♯同轴插针内部金属导线扭曲，其中蓝色金属导线绝缘层破损，露出内部铜丝，如图 6-38 所示。插头采用注胶灌封，设计工艺为灌封后压套，灌胶过程未对金属屏蔽网进行有效保护，注胶针头余胶残留在金属屏蔽网上。余胶固化后，增加了金属屏蔽网的厚度，使压套与外导体间隙变小，造成金属导线受到异常挤压和摩擦应力后破损并露出金属导体，导致绝缘电阻异常。

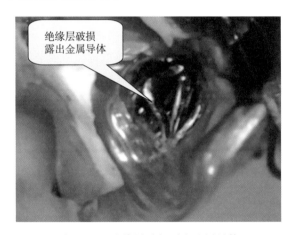

图 6-38　绝缘层破损露出金属导体

（3）警示

电连接器的质量与结构设计和实现工艺直接相关，设计师要严格按照设计准则、规范开展工作，充分考虑产品实现的工艺性因素，生产单位要强化对工艺文件的正确性、合理性审查确认，确保新产品质量与可靠性满足预期要求。

案例二：

（1）问题概述

J14F—51Z1JB 电连接器在整机产品试验时出现第 1 点和第 18 点之间的绝缘电阻下降问题。

（2）机理分析

解剖发现，电连接器第 1 点与第 18 点插针尾部灌封胶中存在粉末状黑色物质，主要成分为 C 和 O，所形成孔洞将两点跨接，如图 6-39 所示。

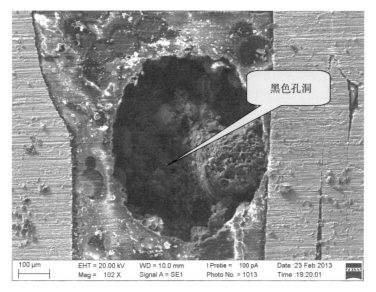

图 6 - 39　灌封胶孔洞碳化

电连接器尾部灌胶时，操作者使用酒精棉球擦除针头上多余的胶液，操作不当将细小的棉纤维挂在注胶针头上，胶液注入产品时滞留在第 1 点与第 18 点两个接触件之间，吸附水汽后形成漏电通道。加电时，棉纤维多余物被烧蚀碳化，造成产品绝缘电阻下降。

（3）警示

生产厂要对灌胶等特殊工艺过程进行深入的识别和控制，根据绝缘体材料、工装工具、工艺流程等具体情况进行综合分析，制定合理的生产工艺，正确选用工具和辅料，强化手工操作工序的控制，避免引入多余物造成质量隐患。

案例三：

（1）问题概述

某产品在总装测试时，发生 JF5—231Z3A 插座（带电线的插座）与地面电缆插头对接后接触电阻异常，故障由插座引出线焊点根部导线损伤引起，如图 6 - 40 所示。

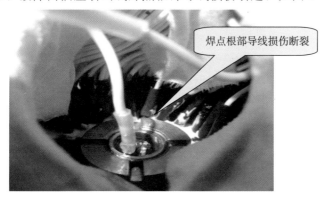

图 6 - 40　引出线焊点根部导线损伤断裂

（2）机理分析

该插座在设计上缺少有效的导线抗弯折措施，工艺文件中没有在生产过程中对导线的防护要求，导致插座在焊线后的周转、检验、测试、包装、运输等过程中受到外力作用出现引线损伤断裂。

（3）警示

在产品设计时应全面识别生产全过程要素风险，对引线焊接部位采取有效的防弯折保护措施，工艺文件应明确产品周转防护的要求，避免引线受外力损伤，提高产品的固有可靠性。

案例四：

（1）问题概述

某电缆网中 1 只 Y2—50TK 插头与对应插座对接时，发现 36♯接点存在接触不良现象。

（2）机理分析

该问题是由于装配工在插孔手工收口工序误将漏收口插孔混入合格插孔中，做完时效后自检及专检抽查未能剔除，并当作合格插孔装配到产品上，使装有漏收口插孔产品出厂，如图 6 - 41 所示。

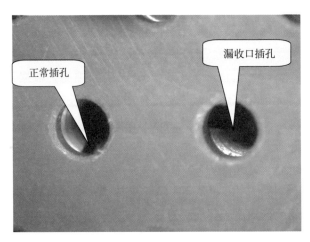

图 6 - 41　正常插孔与漏收口插孔对比图

（3）警示

生产厂应强化对插孔收口等关键工序的质量控制，一要加强教育培训，提高操作人员的质量意识，严格执行工艺纪律，杜绝违章操作，避免低层次质量问题的发生；二要改进制造工艺方法，采用自动/半自动设备加工、检测，代替手工操作，减小人为因素影响。

案例五：

（1）问题概述

某整机产品在使用时发生 A、B 总线不通问题，问题定位于 JY27466Y25E07CN 穿墙密封插座故障。

（2）机理分析

解剖发现，故障插座中的 8♯ 双绞接触件中间转接插针未插合到位，造成中间层导体可以自由转动，呈现虚接状态，如图 6-42 和图 6-43 所示，导致插针与对应插孔间不通，原因是操作者装配失误，且该处未设置检验点，没有及时发现。

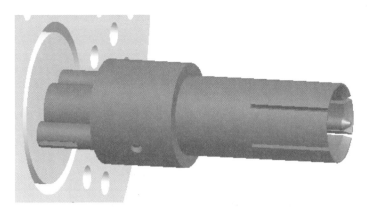

图 6-42 正常插入状态示意图

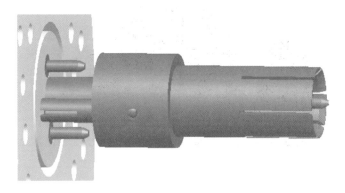

图 6-43 错误接触状态示意图

（3）警示

在产品设计时，生产厂应有效识别与产品结构设计有关的装配风险，充分考虑装配工艺性，进行结构性防错设计，降低装配难度；在编制工艺文件时，应充分识别装配关键工序，合理设置装配流程，指导装配；对于无法进行结构性防错设计的零（部）件，装配时应增加明确的检验要求。

案例六：

（1）问题概述

DK—621（M）—0440—4SWB 电连接器在使用时出现接触件内外导体导通问题。

（2）机理分析

DK—621（M）—0440—4SWB 为弯式印制板插座，接触件内外导体为两体结构，在 90°折弯处采用常温焊锡焊接在一起，如图 6-44 所示。

图 6 - 44　接触件示意图

当用户采用高温焊锡焊接时，折弯处焊点焊锡熔化并沿导体流动，造成相邻接触件间导通，如图 6 - 45 所示。

图 6 - 45　焊锡熔化

（3）警示

原材料的选用直接影响产品的可靠性，设计阶段要充分考虑产品的结构特点和材料的合理选择，在保证产品性能的前提下，尽可能地提高环境适应性和使用可靠性。在产品应用指导手册或说明书中要明示耐焊接温度等极限参数和试验条件。

案例七：

（1）问题概述

某电缆网在测试时发现一只 CFH1 — 80T 插头在第 16、18 点之间短路。

（2）机理分析

解剖发现，故障产品在 16、18 点之间有带状金属多余物存在，如图 6 - 46 所示。由于工艺文件中对自动车工工序去除切屑的操作及检验要求不细化，工人操作不当，致使个别带有切屑的插孔流入后道工序并装入产品，造成接点间短路。

（3）警示

生产厂应细化工艺文件中的工序操作及检验要求（如去毛刺工序），提高指导性和可

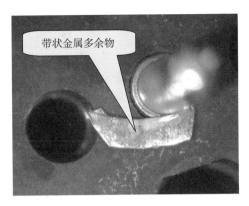

图 6 - 46　带状金属多余物

操作性。同时应增加产品任意两点间绝缘与耐压性能检测，剔除不合格品，确保交付产品质量。

6.3.2　机械性能失效

案例八：

（1）问题概述

某产品在测试时，发现一只 YF5P — 129Ta 分离电连接器插头存在缩针现象，对应插座绝缘面板上出现顶伤痕迹，如图 6 - 47 和图 6 - 48 所示。

图 6 - 47　插头 77# 插针后缩

（2）机理分析

由于插头插针定位精度设计不合理，在极限尺寸情况下，头座对接时插针不能顺利插入插孔，顶在插座绝缘体面板上，在手轮插合力作用下，出现插针后缩现象。

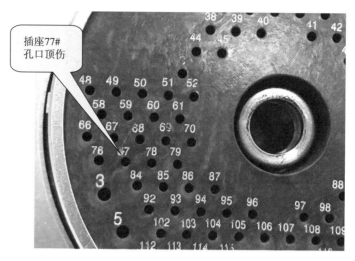

图 6-48 插座 77♯孔口顶伤

（3）警示

生产厂在产品设计时，应重视产品的可靠性设计，开展极限情况分析和充分的仿真验证，选择合理的配合精度；在产品使用说明书中明确产品的操作方法和注意事项，指导用户使用。

案例九：

（1）问题概述

某型电缆网在总装测试时发现 Y11X—0804TK2 插头无法插合到位。

（2）机理分析

零件加工过程中刀具磨损产生"让刀现象"，导致连接卡帽螺旋槽尺寸超差，如图 6-49 所示，由于检验方式为抽检，个别不合格品漏检流入下道工序，在后续试验中未被有效剔除，导致用户使用过程中发生尺寸干涉无法插合到位。

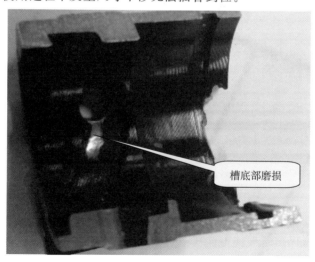

图 6-49 不合格连接卡帽

（3）警示

生产厂应加强零件加工工序的过程控制，强化对刀具等工具工装的管控，细化、量化检验点的设置和要求，改变抽检为全检方法，确保检验有效，杜绝问题产品出厂。

案例十：

（1）问题概述

某型号系统在测试过程中出现 JF5 — 231TD — 1/Z1 插头电解锁未脱落问题。

（2）机理分析

问题是由于插头手轮（如图 6 - 50 所示）扭矩设计值偏下限，头座间插合阻力偏上限，驱动力与阻力值接近，在润滑不良的条件下，插头座插合不到位，电分离时中心拉索未拔出，引起电解锁失效，插头未脱落。

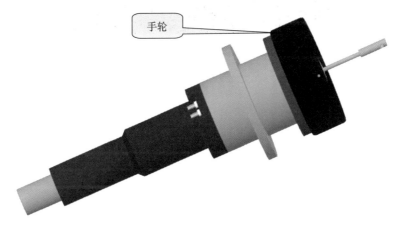

手轮

图 6 - 50　手轮示意图

（3）警示

生产厂在产品设计时要充分考虑使用环境和条件，设置较高的可靠性指标，按润滑不良等恶劣条件选取合理的摩擦系数，计算插合/分离阻力，确定手轮驱动力，提升产品使用可靠性。

案例十一：

（1）问题概述

某系统在进行地面电缆连接检查时，出现 JF20A — 186TD/ZM3 电连接器插合不到位问题。

（2）机理分析

该问题是由于故障插头连接机构上的一只钢球存在缺陷，在使用过程中受力破损，将连接机构挤伤，如图 6 - 51 所示，增大了插合阻力，造成插头座插合不到位。

（3）警示

生产厂应充分识别钢球等外购件的质量风险，严格归零管理和措施的落实，加强外购外协产品的评价验证和质量专项检查，确保外购外协件质量受控；加强对二次配套物资供应商的准入管理和监督检查，传递航天质量管理要求。

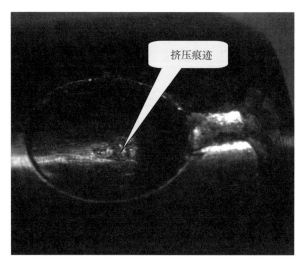

图 6 - 51 挤压痕迹

6.3.3 外观失效

案例十二：

（1）问题概述

某型号进行总装检查时，发现 1 只 JF19 — 85ZK2 插座壳体开裂，如图 6 - 52 所示。

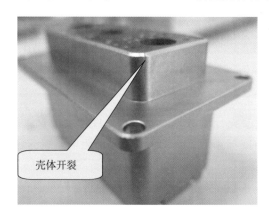

图 6 - 52 插座壳体开裂

（2）机理分析

此问题是由于零件机械加工工艺流程不合理，先加工壳体薄壁端再加工较厚一端，薄壁端内腔受到与胎具配合带来的应力作用，如图 6 - 53 所示，出现隐性损伤，多次插合后壳体口端表面开裂。

（3）警示

生产厂应合理设置零件机械加工工艺流程，确定合理的工装模具配合参数，定期校验工装模具，完善薄壁类零件的加工工艺文件，细化操作要求，提高工艺文件的指导性，确保零件加工质量。

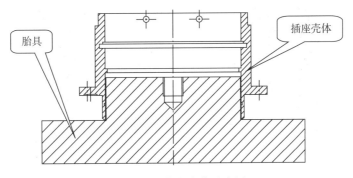

图 6 - 53　装夹定位示意图

案例十三：

（1）问题概述

某型号产品在进行使用前状态检查时，发现部分电缆分支插头根部与电缆连接部位夹线板有锈蚀现象，如图 6 - 54 和图 6 - 55 所示。

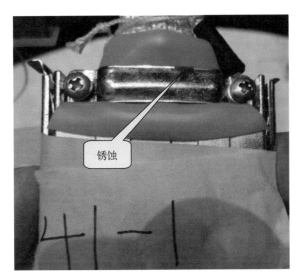

图 6 - 54　夹线板锈蚀 1

（2）机理分析

由于夹线板在电镀后的周转过程中，个别棱边受到磨损，致使夹线板的耐腐蚀性能下降。产品在周转搬运和包装作业时，操作人员徒手接触夹线板，汗液残留，含有氯离子的汗液加速了镀锌层的腐蚀，引起夹线板锈蚀。

（3）警示

产品设计时应从材料选择和表面处理等方面，提高产品的耐环境性能。生产厂应完善零件、产品周转及储运环节的相关控制文件，对周转工具使用提出相应管理要求，有效预防各阶段因周转、存放不规范而造成的撞击、划伤、磨损等问题的发生。加强操作人员的质量意识培训，强化工艺纪律的执行和检查，杜绝违章操作。

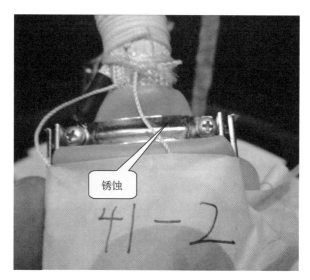

图 6-55　夹线板锈蚀 2

案例十四：

（1）问题概述

某型号产品用 JF3—256T 插头与插座对接时，发现手轮转动力矩偏大，无法达到连接到位的打滑状态。

（2）机理分析

在加工手轮圈时，产生的金属毛刺残留在手轮圈与手轮体之间，如图 6-56 和图 6-57 所示，手轮使用过程中，在弹簧力的持续挤压作用下，金属毛刺使手轮体表面镀层出现磨损，导致手轮圈与手轮体之间的摩擦系数增大，造成手轮转动力偏大，无法达到打滑状态。

图 6-56　手轮圈上残留毛刺

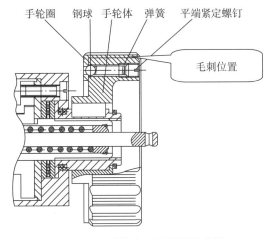

手轮圈　钢球　手轮体　弹簧　平端紧定螺钉

毛刺位置

图 6-57　手轮及毛刺位置示意图

（3）警示

生产厂在编制零件的机加工工艺文件时，应充分识别毛刺残留等风险，明确对加工工序产生的金属毛刺的处理要求，并细化检验措施，避免不合格零件装入产品。

案例十五：

（1）问题概述

某型号产品在单元状态外观检查时，发现 YF6—57TJ 插头壳体与绝缘板间存在长约 4 mm 金属多余物，如图 6-58 所示。

金属多余物

图 6-58　金属多余物

（2）机理分析

此问题是工人在对插头壳体进行去毛刺时漏操作，导致部分壳体切屑和毛刺未被有效去除，由于零件检验环节为抽检，未能及时发现不合格品，切屑和毛刺在插头插拔使用过程中脱落成为可动多余物。

（3）警示

生产厂应充分识别产品生产过程中易出错的环节，此类去毛刺等手工工序要在工艺文件中细化，应采用100％检验方法，量化检验控制要求，防止不合格品流入下道工序，同时加强对员工质量意识的培训教育。

6.3.4　其他失效

案例十六：

（1）问题概述

YQ 36 — 39TJ 插头在下厂验收时，发现部分插头的漏率不满足详细规范要求。

（2）机理分析

工艺方案中对吹封热融胶套管考虑不周，先热缩热融胶套管后灌封密封胶，且未明确热融胶套管内溢出胶的处理及热缩后热融胶套管的长度，使得热融胶溢胶粘结在外导体上，导致灌封密封胶时，密封胶的有效粘结长度不足，密封胶与外导体粘结处出现漏气通道，造成漏率不合格（图 6 - 59）。

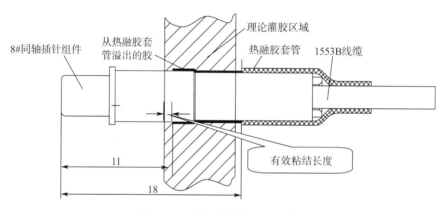

图 6 - 59　漏率不合格机理示意图

（3）警示

生产厂应充分识别产品生产过程中的关键环节，优化工艺流程，确保加工工序设置合理，针对有密封性要求的产品应采用先灌封密封胶再吹封热融胶套管的工艺流程，明确热熔胶套管的长度，避免因密封胶粘结长度（面积）不足造成的漏率不合格问题。

案例十七：

（1）问题概述

某型号电缆网综合测试时，出现 J29P — 66ZKHL1 电连接器屏蔽簧片与外壳焊接处变形、脱焊问题，如图 6 - 60 所示。

（2）机理分析

J29P 电连接器是一款具有电磁屏蔽功能的产品，结构如图 6 - 61 所示。

生产厂未将屏蔽簧片焊接识别为关键工序，工艺文件指导性不足，操作人员焊接时，

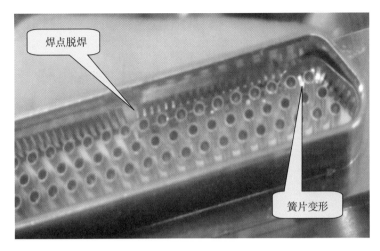

图 6-60 簧片变形、脱焊

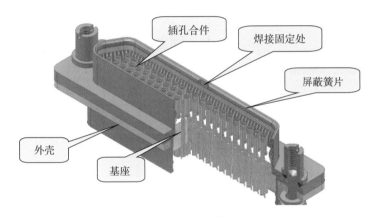

图 6-61 J29P 插座结构示意图

簧片接头部位明显偏离焊槽中间位置，接头部分搭接引起焊接部位吃锡不足，导致在用户对接使用后出现焊点开裂。

（3）警示

生产厂应充分识别产品制造过程中的关键工序（如屏蔽片焊接等）并加强控制，完善细化工艺文件，提高工艺文件的指导性，加强工艺评审，提前识别薄弱环节并采取有效措施进行控制，关键工序应进行 100% 检验。

案例十八：

（1）问题概述

某型号产品在进行常温测试时，出现 SMA（M）— KWFD 射频插座外导体异常分离问题。

（2）机理分析

SMA（M）— KWFD 产品外导体为两体式过盈压配结构，如图 6-62 所示。

由于产品结构设计不合理，过盈配合采用非光滑圆柱面，且过盈量偏小，导致正常对接与分离操作时，压配处受旋转力矩影响，发生外导体松动分离问题，如图 6-63 所示。

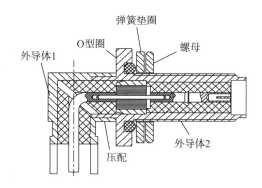

图 6 - 62　SMA（M）— KWFD 产品结构示意图

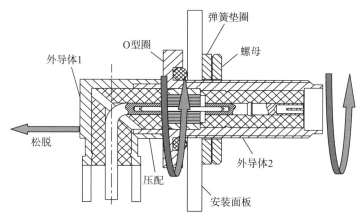

图 6 - 63　产品受力示意图

（3）警示

生产厂应加强设计开发流程的管控，严格按设计控制程序要求对产品进行 FMEA 分析，强化设计评审把关，避免设计结构不合理、设计余量不足等问题，从设计源头保证产品质量。

案例十九：J29P — 66ZKHL1 屏蔽簧片脱焊问题

（1）问题概述

某整机产品在进行筛选振动试验后，出现 J29B—86ZKZ2 电连接器屏蔽簧片断裂问题，如图 6 - 64 所示。

（2）机理分析

J29B 系列电连接器是快速锁紧卡口结构的密封产品，如图 6 - 65 所示。为实现插头壳体与插座壳体间的电连续性，提高产品电磁兼容能力，在插座壳体内槽设计了屏蔽接地簧片结构。屏蔽簧片采用铍青铜材料，通过回流焊方式固定于壳体上。

设计人员对铍青铜板材的最小允许弯曲半径未进行必要的计算和仿真验证，屏蔽簧片弯折圆角 R 值设计过小（0.05 mm），导致簧片弯折处存在较大的应力集中及形变，使用过程中断裂，如图 6 - 66 所示。

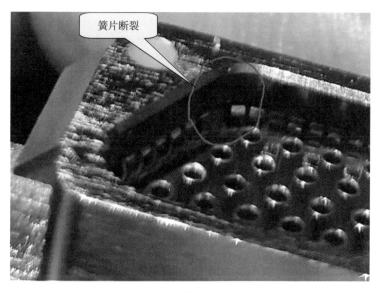

图 6 - 64　屏蔽簧片断裂

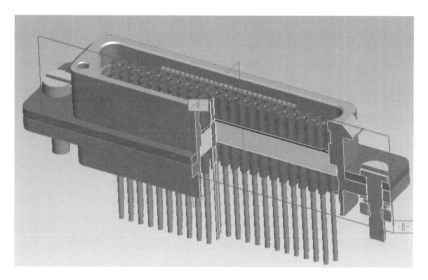

图 6 - 65　J29B 插座结构示意图

（3）警示

生产厂设计研制时，应充分识别产品的关键尺寸（如屏蔽簧片弯折圆角 R 等），并进行充分的计算及仿真验证，确保关键尺寸合理、可靠。

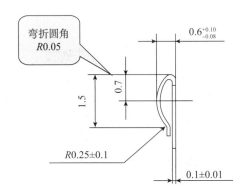

图 6-66　屏蔽簧片相关尺寸图

6.4　术语和定义

6.4.1　一般性术语

6.4.1.1　电连接器 Electrical Connector

电连接器指插头或插座，一种用来端接或连接电缆及其导线的电导体（插针或插孔接触件），再将这些导体与安装在电气设备板面、穿墙、印刷电路板上的配对插合元件进行连接和分离的机械装置。

6.4.1.2　圆形连接器 Circular Connector

圆形连接器是基本结构为圆柱形并具有圆形插合面的连接器。

6.4.1.3　矩形连接器 Rectangular Connector

矩形连接器是基本结构为矩形并具有矩形插合面的连接器。

6.4.1.4　固定连接器 Fixed Connector

固定连接器是安装在刚性表面的连接器。

6.4.1.5　自由连接器 Free Connector

自由连接器是装接在自由端的连接器。

6.4.1.6　密封连接器 Sealed Connector

密封连接器是采用了能满足规定密封性要求的密封装置的连接器。

6.4.1.7　气密封连接器 Hermetic Connector

气密封连接器是具有气密封性能的连接器。

6.4.1.8　分离电连接器 Separate Electrical Connectors

分离电连接器是连接同一飞行器各部分之间的电连接器（或以电连接为主），但在飞行过程中各部分分离时，插头与插座按预定的方式实现分离的电连接器。

6.4.1.9　脱落电连接器 Fall Electrical Connectors

脱落电连接器是连接飞行器与其母体之间的电连接器。当飞行器起飞离开母体之前或是同时，插头与插座按预定的方式实现分离的电连接器。

6.4.2　结构和零部件

6.4.2.1　附件 Accessory

附件是指一种用螺纹或其他连接方式连在电连接器尾部，构成电连接器组件的机械装置，如：电缆夹、灌封套等。有时也称"尾部附件"或"尾罩"。

6.4.2.2　电缆夹 Cable Clamp

电缆夹是夹紧电缆或导线的连接器附件或零件，它能消除张力并缓冲机械应力，使之不至于传递到接线端。

6.4.2.3　接触件 Contact

接触件是指电连接器的导体（插针或插孔），其互相接触传导电流，是电连接器的核心。

6.4.2.4　插孔接触件 Socket Contact

插孔接触件是预定用其内表面与另一接触件外表面配合形成电啮合的接触件。

6.4.2.5　插针接触件 Pin Contact

插针接触件是预定用其外表面与另一接触件内表面配合形成电啮合的接触件。

6.4.2.6　弹性接触件 Resilient Contact

弹性接触件是具有弹性的、对与其配合的零件能产生压力的接触件。

6.4.2.7　连接 Connection

连接是导线之间预定的电接触或包括光纤在内的波导管之间预定的连接。

6.4.2.8　螺纹连接 Threaded Coupling

螺纹连接是借助配对连接器上的啮合螺纹进行连接的方式。

6.4.2.9　卡口连接 Bayonet Coupling

卡口连接是利用配对连接器快速连接装置上的卡钉沿卡槽的曲线运动并旋转来达到快速插合和锁定作用的连接方式。

6.4.2.10　绝缘安装板 Insert

绝缘安装板是连接器的绝缘体，用来定位、固定、支撑和分离接触件。

6.4.2.11　绝缘体 Insulator

绝缘体是指在连接器用来定位、固定、支撑和分离接触件的绝缘零件。

6.4.2.12　连接器界面 Connector Interface

连接器界面是插合插头座的两个接触面，它们互相面对面，在插头插座插合时成为界面。

6.4.2.13　锁紧装置 Locking Device
锁紧装置是在连接器中使它们的配对部分保持机械锁紧状态的装置。

6.4.2.14　互换性 Interchangeable
互换性是当各个连接器的一半（插头或插座）为不同来源时，插合连接器的所有部分能保证符合连接器原有的电气、机械和环境性能要求。

6.4.2.15　灌封 Potting
灌封是在连接器装接导线处，用复合材料密封，以隔离污染物。

6.4.2.16　冷隔 Cold Shut
冷隔是指在铸件上穿透或不穿透，边缘呈圆角状的缝隙。多出现在远离浇口的宽大上表面或薄壁处、金属汇流处、激冷部位等。

6.4.2.17　气孔 Air Hole
气孔是指表面一般比较光滑，主要为梨形、圆形、椭圆形的孔洞，一般不在铸件表面露出，大孔常孤立存在，小孔则成群出现。

6.4.3　技术特征

6.4.3.1　接触件浮动 Contact Float
接触件浮动是连接器中接触件在允许范围内的活动。

6.4.3.2　接触件孔位排列 Contact Arrangement
接触件孔位排列是连接器中接触件的数量、尺寸、间距及其分布的情况。

6.4.3.3　接触件插拔力 Contact Insertion Force
接触件插拔力是插针、插孔接触件插合或分离所需的力。

6.4.3.4　接触电阻 Contact Resistance
接触电阻是在规定条件下一对插合接触件的电阻。

6.4.3.5　接触件固定性 Contact Fixity
接触件固定性是指任意方向（推或拉）的轴向负荷，接触件应能承受该负荷而不会移离其在连接器绝缘安装板中的正常位置。

6.4.3.6　密封 Sealing
密封是连接器具有的防止污染物进入的方法。

6.4.3.7　环境密封 Environment Seal
环境密封是连接器利用封线体、界面密封、外围密封、垫圈或胶封材料来防止灰尘和湿气等污染物进入连接器的密封。

6.4.3.8　气密封 Hermetic Seal

气密封是泄漏率比一般环境密封小若干个数量级的密封。

6.4.3.9　额定电流 Rated Current

额定电流是在规范用途确定的工作条件下，连接器接有最大规格导线的所有接触件上连续和同时通过的连接器所使用的电流。

6.4.3.10　额定电压 Rated Voltage

额定电压是由制造厂按产品规定的工作条件给定的电压。

6.4.3.11　工作电压 Working Voltage

工作电压是当连接器在额定电压下工作时，在任一特定绝缘的两端所产生的最高交流电压（有效值）或直流电压。

6.4.3.12　耐电压 Withstand Voltage

耐电压是在规定的条件下，进行规定允许击穿放电次数的耐电压试验时施加的试验电压值。

6.4.3.13　电接触 Electric Contact

电接触是两导电零件有意地或偶然地互相接触并形成单独连续导电通路的状态。

6.4.3.14　电啮合长度 Electrical Engagement Length

电啮合长度是接触件在啮合或分离过程中，在其插合接触表面的接触滑行距离。

参 考 文 献

［1］ 佘玉芳．机电元件技术手册［M］．北京：电子工业出版社，1992．

［2］ 姚永义．航空制造工程手册：电连接器工艺［M］．北京：航空工业出版社，1996．

［3］ 张任．最新连接器选型设计制造新工艺新技术与质量检验使用调试标准规范实用手册［M］．北京：中国电力工艺出版社，2007．

［4］ 任国泰．电连接器基本知识［J］．机电元件，2004．

［5］ 孔学东，恩云飞．电子元器件失效分析与典型案例［M］．北京：国防工业出版社，2006．

［6］ 苏亚斌．中国航空学会可靠性工程分会第十二届学术年会论文集．电连接器的选用与整机系统的连接可靠性，2010．

［7］ 杨奋为．电连接器检验技术基础［J］．机电元件，2006．

［8］ 陈学永，张晓光．宇航环境电连接器的失效机理及应用研究［J］．测控技术，2015．

［9］ 周建新．浅谈电连接器的失效分析和预防［J］．机电元件，2014，06（3）．

［10］ 叶世龙．电连接器插接工艺［J］．电器与仪表，2013，04（4）．

［11］ 杨奋为．航天用电连接器的可靠性研讨［J］．机电元件，1996．

［12］ 杨奋为．航天电连接器的选用［J］．上海航天，2002，3．

［13］ 赵飞明，等．航天产品聚氨酯灌封材料及工艺研究．中国聚氨酯工业协会第十四次年会，2008．

［14］ 高华，赵海霞．灌封技术在电子产品中的应用［J］．电子工艺技术，2003．

［15］ 白战争，等．环氧灌封材料的研究进展［J］．材料导报，2009．

［16］ 陈尚达．航天器电子装联实用技术．北京：中国空间技术研究院，2007．

［17］ 张论．电子故障分析手册［M］．北京：科学出版社，2005．

［18］ 董国江，迟翠莉，杨利锐．红外光谱在材料检测中的应用［J］．上海塑料，2008．

［19］ 杨奋为．航天电连接器组件的常见故障检验［J］．机电元件，2005．

［20］ 程礼椿．电接触理论及应用［M］．北京：机械工业出版社，1988．

［21］ 宋冬．电连接器的特性和选用［J］．电子机械工程，2009，11（2）．

［22］ 李晓麟．多芯电缆装焊工艺与技术［M］．北京：电子工业出版社，2010．

［23］ 王卫东．电缆工艺技术原理及应用［M］．北京：电子工业出版社，2011．

［24］ 李锋．航天电子产品设计工艺性［M］．北京：中国宇航出版社，2008．

［25］ 徐英．压接连接工艺技术研究［J］．电子工艺技术，2005，01（1）．

［26］ 李宇春，龚洵杰，周科朝．材料腐蚀与防护技术［M］．北京：中国电力出版社，2004．

中国航天科技集团公司标准

FL 6100 Q/QJA 40.1—2007

航天型号配套物资分类与代码
第1部分：电气、电子和机电元器件

Classification and code of material for aerospace products
——Part 1：EEE parts

2007—11—27 发布 2007—12—27 实施

中国航天科技集团公司　发布

前　言

　　《航天型号配套物资分类与代码》是一个分成若干部分的标准，与 Q/QJA 39—2007 《航天型号物资编码规则》配套使用。Q/QJA 40.1—2007《航天型号配套物资分类与代码 第 1 部分：电气、电子和机电元器件》是其第 1 部分，其他部分将陆续颁布。

　　本部分由中国航天科技集团公司提出。

　　本部分由中国航天标准化研究所归口。

　　本部分起草单位：中国航天科技集团公司武器部、中国航天标准化研究所。

　　本部分主要起草人：张海利、管长才、余斌、肖利全、蔡娜、李兰英、魏子鹏、刘正高。

航天型号配套物资分类与代码
第1部分：电气、电子和机电元器件

1 范围

本部分规定了航天型号常用电气、电子和机电元器件（以下简称航天元器件）的分类与代码。

本部分适用于航天型号配套元器件的物资管理和物资信息化系统的数据交换，元器件选用、设计、采购及目录的编制可参照使用。

2 规范性引用文件

下列文件中的条款通过本部分的引用而成为本部分的条款。凡是注日期的引用文件，其随后所有的修改单（不包含勘误的内容）或修订版均不适用于本部分，然而，鼓励根据本部分达成协议的各方研究是否可使用这些文件的最新版本。凡是不注日期的引用文件，其最新版本适用于本部分。

Q/QJA 39－2007《航天型号物资编码规则》

3 分类与编码原则

3.1 航天元器件分类主要遵循以下原则

1）以航天型号现行使用的元器件种类为依据，按元器件的本质属性进行分类编码；

2）适当兼顾航天物资分类习惯，类目设置尽可能与航天物资和技术的管理实际相符合；

3）充分考虑航天元器件未来发展的需求，使分类具有可扩展性；

4）分类对象为航天型号已经使用和潜在使用的元器件，与相关的国家标准、国家军用标准、行业标准及相应的国际标准协调一致。

3.2 航天元器件编码主要遵循以下原则

1）唯一性原则，每一个编码对象对应一个代码，一个代码仅唯一表示一个编码对象；

2）简明性原则，代码结构应尽量简单，不易出错，并易于计算机系统实现；

3）可扩充性原则，编码可根据实际需要，通过增加新的属性码对物资代码进行扩充；

4）稳定性原则，代码在一定应用范围和尽量长的时间跨度内应保持其结构的相对稳定，保证其偶然修改的最小可能性。

4 分类与编码方法

4.1 在航天元器件分类原则的基础上，元器件分类层级一般为大类、中类、小类、细类4个层次，部分元器件的分类层次适当简化，以便于分类。

4.2 分类的第Ⅰ层级大类按元器件的类别名称划分。

4.3 分类的第Ⅱ、Ⅲ、Ⅳ层级的中类、小类、细类是在大类的基础上，根据特定功能或不同的工艺、结构及原理等进一步细分。

4.4　根据元器件的特点，不同类元器件分级层数不统一，同一层级分类也包含按不同功能、工艺、结构及原理的分类。

4.5　根据 Q/QJA 39－2007 规定的航天型号物资编码分类属性码的编码规则，元器件物资分类代码采用 5 层 10 位的数字代码，其中第 0 层为物资大类中元器件代码 01，其他 4 层 8 位为元器件的分类代码，格式如图 1 所示。

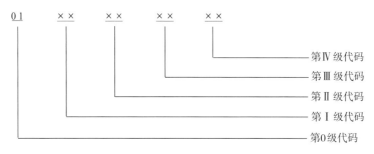

图 1　编码规则

注：各层次中，元器件代码为物资大类中元器件代码 01；第 I 级代码为元器件的大类名称代码；第 II 级代码
　　为元器件的中类名称代码；第 III 级代码为元器件的小类名称代码；第 IV 级代码为元器件的细类名称代码。

4.6　元器件分类代码见表 1～表 20。

4.7　分类代码表中内容的补充说明在分类备注栏中加以说明。

5　类目与代码

5.1　航天元器件分为以下 20 大类

1) 集成电路；

2) 半导体分立器件；

3) 光电子器件；

4) 真空电子器件；

5) 电阻器；

6) 电容器；

7) 电连接器；

8) 继电器；

9) 滤波器；

10) 频率元件；

11) 磁性元件；

12) 开关；

13) 微波元件；

14) 微特电机；

15) 敏感元件及传感器；

16) 电池；

17) 熔断器；

18）电声器件；

19）电线电缆；

20）光纤光缆。

5.2　详细类目及代码

航天元器件分类的详细类目与 4 层 8 位的类目代码见表 1～表 20。

表 1　集成电路分类与类目代码

大类	中类	小类	细类	代码	备注
01 集成电路	0101 单片集成电路	010101 数字集成电路	TTL 电路	01010101	包括：LSTTL、ALSTTL、ASTTL 等
			ECL 电路	01010102	
			CMOS 电路	01010103	包括：CMOS4000B、HC、HCT、AC 等
			其他数字集成电路	01010199	
		010102 模拟集成电路	运算放大器	01010201	
			宽带放大器	01010202	
			仪用放大器	01010203	
			电压调整器	01010204	包括：电压基准电路
			压控振荡器	01010205	
			模拟开关	01010206	
			时基电路	01010207	
			脉宽调制电路	01010208	
			调制/解调电路	01010209	
			中频放大器	01010210	
			晶体管阵列	01010211	
			其他模拟集成电路	01010299	
		010103 微型计算机与存储器	存储器	01010301	包括：RAM、ROM 等
			中央处理器	01010302	
			微处理器	01010303	
			微控制器	01010304	
			数字信号处理器	01010305	
			可编程门阵列	01010306	包括：现场可编程门阵列（FPGA）
			其他微型计算机与存储器	01010399	

续表

大类	中类	小类	细类	代码	备注
01 集成电路	0101 单片集成电路	010104 接口集成电路	电压比较器	01010401	
			接口电路	01010402	
			外围接口电路	01010403	
			电平转换器	01010404	
			数/模(D/A)转换器	01010405	
			模/数(A/D)转换器	01010406	
			压/频(V/F)转换器	01010407	
			频/压(F/V)转换器	01010408	
			线接收器	01010409	包括:线驱动器
			其他接口集成电路	01010499	
		010105 微波单片集成电路	放大器	01010501	
			振荡器	01010502	
			开关	01010503	
			移相器	01010504	
			鉴相器	01010505	
			其他微波单片集成电路	01010599	
		010106 专用单片集成电路		01010600	
		010107 霍尔集成电路		01010700	
		010199 其他单片集成电路		01019900	
	0102 混合集成电路	010201 通用混合集成电路	DC/DC 转换器	01020101	
			功率放大器	01020102	包括:功率运算放大器
			滤波器	01020103	
			其他通用混合集成电路	01020199	
		010202 专用混合集成电路		01020200	
		010203 微波混合集成电路		01020300	
		010299 其他混合集成电路		01029900	
	0103 电子模块			01030000	
	0104 微组装件			01040000	

表 2　半导体分立器件分类与类目代码

大类	中类	小类	细类	代码	备注
02 半导体分立器件	0201 二极管	020101 普通二极管	检波二极管	02010101	
			整流二极管	02010102	
			开关二极管	02010103	
			电压调整二极管	02010104	
			电流调整二极管	02010105	
			电压基准二极管	02010106	
			肖特基二极管	02010107	
			变容二极管	02010108	
			瞬态电压抑制二极管	02010109	
			单结晶体管	02010110	
			桥式整流器	02010111	
			其他普通二极管	02010199	
		020102 微波二极管	微波检波二极管	02010201	
			微波混频二极管	02010202	
			微波变容二极管	02010203	
			微波开关二极管	02010204	
			微波体效应二极管	02010205	
			微波雪崩二极管	02010206	
			微波隧道二极管	02010207	
			微波 PIN 二极管	02010208	
			微波阶跃恢复二极管	02010209	
			其他微波二极管	02010299	
	0202 晶体管	020201 双极型晶体管	高频小功率晶体管	02020101	
			小功率开关晶体管	02020102	
			高反压小功率晶体管	02020103	
			低频大功率晶体管	02020104	
			高频大功率晶体管	02020105	
			大功率开关晶体管	02020106	
			达林顿晶体管	02020107	
			其他双极型晶体管	02020199	
		020202 场效应晶体管	结型场效应晶体管	02020201	
			MOS 型场效应晶体管	02020202	
		020203 闸流晶体管		02020300	
		020204 微波晶体管	微波双极型晶体管	02020401	
			微波场效应晶体管	02020402	
			其他微波晶体管	02020499	

表 3　光电子器件分类与类目代码

大类	中类	小类	代码	备注
03 光电子器件	0301 显示器件及组件	030101 发光二极管及其组件	03010100	
		030102 数码符号显示器件	03010200	
		030103 平面显示器件	03010300	
		030104 液晶显示器件及组件	03010400	
		030199 其他显示器件及组件	03019900	
	0302 光发射器件及组件	030201 红外发光二极管及组件	03020100	
		030202 激光二极管及组件	03020200	
		030299 其他光发射器件及组件	03029900	
	0303 光处理器件及组件	030301 光电耦合器	03030100	
		030302 光开关	03030200	
		030303 光电模块	03030300	
		030304 光电组件	03030400	
		030399 其他光处理器件及组件	03039900	
	0304 光探测器件及组件	030401 光敏二极管	03040100	
		030402 光敏晶体管	03040200	
		030403 光伏探测器	03040300	
		030404 红外探测器	03040400	
		030405 CCD 器件及组件	03040500	
		030499 其他光探测及组件	03049900	
	0305 激光器	030501 固体激光器	03050100	
		030502 半导体激光器	03050200	
		030503 液体激光器	03050300	
		030599 其他激光器	03059900	
	0399 其他光电子器件		03990000	

表 4　真空电子器件分类与类目代码

大类	中类	小类	细类	代码	备注
04 真空电子器件	0401 微波电子管	040101 速调管	反射速调管	04010101	
			多腔速调管	04010102	
			功率速调管	04010103	
			其他速调管	04010199	
		040102 行波管	连续波行波管	04010201	
			脉冲行波管	04010202	
			功率行波管	04010203	
			其他行波管	04010299	

续表

大类	中类	小类	细类	代码	备注
04 真空电子器件	0401 微波电子管	040103 磁控管		04010300	
		040199 其他微波电子管		04019900	
	0402 离子器件(充气管)	040201 触发管		04020100	
		040202 气体放电管		04020200	
		040299 其他离子器件(充气管)		04029900	
	0499 其他真空电子器件			04990000	

表 5　电阻器分类与类目代码

大类	中类	小类	细类	代码	备注
05 电阻器	0501 固定电阻器	050101 膜电阻器	金属膜电阻器	05010101	
			氧化膜电阻器	05010102	
			其他膜电阻器	05010199	
		050102 线绕电阻器	普通线绕电阻器	05010201	
			精密线绕电阻器	05010202	
			功率线绕电阻器	05010203	
			其他线绕电阻器	05010299	
		050103 精密合金箔电阻器		05010300	
		050104 电阻网络		05010400	包括:电阻电容网络
		050199 其他固定电阻器		05019900	
	0502 电位器	050201 实心电位器		05020100	
		050202 膜电位器	氧化膜电位器	05020201	
			金属膜电位器	05020202	
			其他膜电位器	05020299	
		050203 线绕电位器	精密线绕电位器	05020301	
			微调线绕电位器	05020302	
			其他线绕电位器	05020399	
		050299 其他电位器		05029900	

表6　电容器分类与类目代码

大类	中类	小类	细类	代码	备注
06 电容器	0601 固定电容器	060101 有机介质固定电容器	聚碳酸酯电容器	06010101	
			聚苯乙烯电容器	06010102	
			涤纶电容器	06010103	
			复合介质电容器	06010104	
			其他有机介质固定电容器	06010199	
		060102 无机介质固定电容器	瓷介电容器	06010201	
			云母电容器	06010202	
			其他无机介质固定电容器	06010299	
		060103 电解电容器	钽电解电容器	06010301	
			铝电解电容器	06010302	
			其他电解电容器	06010399	
		060199 其他固定电容器		06019900	
		060201 瓷介微调电容器		06020100	
		060202 玻璃釉微调电容器		06020200	
		060299 其他可变电容器		06029900	

表7　电连接器分类与类目代码

大类	中类	小类	细类	代码	备注
07 电连接器	0701 低频电连接器	070101 低频圆形电连接器	螺纹式低频圆形电连接器	07010101	
			卡口式低频圆形电连接器	07010102	
			直插式低频圆形电连接器	07010103	
			推/拉式低频圆形电连接器	07010104	
			其他低频圆形电连接器	07010199	
		070102 低频矩形电连接器		07010200	
		070103 印制板用电连接器		07010300	
		070199 其他低频电连接器		07019900	
	0702 射频电连接器	070201 射频同轴电连接器	直插式射频同轴电连接器	07020101	
			螺纹式射频同轴电连接器	07020102	
			卡口式射频同轴电连接器	07020103	
			精密式射频同轴电连接器	07020104	
			其他射频同轴电连接器	07020199	
		070202 转接器		07020200	
		070299 其他射频电连接器		07029900	

续表

大类	中类	小类	细类	代码	备注
07 电连接器	0703 分离(脱落)电连接器	070301 圆形分离(脱落)电连接器		07030100	
		070302 矩形分离(脱落)电连接器		07030200	
		070399 其他分离(脱落)电连接器		07039900	
	0799 其他电连接器			07990000	包含:单接触件及附件

表 8 继电器分类与类目代码

大类	中类	小类	细类	代码	备注
08 继电器	0801 电磁继电器	080101 非磁保持继电器	超小(微)型电磁继电器	08010101	
			小型电磁继电器	08010102	
			功率型电磁继电器	08010103	
		080102 磁保持继电器	超小(微)型电磁继电器	08010201	
			小型电磁继电器	08010202	
	0802 温度继电器			08020000	
	0803 时间继电器			08030000	
	0804 固体继电器	080401 直流固体继电器		08040100	
		080402 交流固体继电器		08040200	
	0899 其他继电器			08990000	

表 9 滤波器分类与类目代码

大类	中类	代码	备注
09 滤波器	0901 石英晶体滤波器	09010000	
	0902 压电陶瓷滤波器	09020000	
	0903 声表面波滤波器	09030000	
	0904 机械滤波器	09040000	
	0905 LC 滤波器	09050000	
	0906 介质滤波器	09060000	
	0999 其他滤波器	09990000	

表 10 频率元件分类与类目代码

大类	中类	小类	代码	备注
10 频率元件	1001 谐振器	100101 石英谐振器	10010100	
		100199 其他谐振器	10019900	

续表

大类	中类	小类	代码	备注
10 频率元件	1002 振荡器	100201 石英振荡器	10020100	
		100202 压电陶瓷振荡器	10020200	
		100299 其他振荡器	10029900	
	1003 延迟线	100301 声表面波延迟线	10030100	
		100399 其他延迟线	10039900	
	1099 其他频率元件		10990000	

表 11　磁性元件分类与类目代码

大类	中类	小类	代码	备注
11 磁性元件	1101 电感器		11010000	
	1102 磁芯	110201 软磁铁氧体	11020100	
		110202 金属磁粉芯	11020200	
		110299 其他磁芯	11029900	
	1199 其他磁性元件		11990000	

表 12　开关分类与类目代码

大类	中类	代码	备注
12 开关	1201 微动开关	12010000	
	1202 行程开关	12020000	
	1203 钮子开关	12030000	
	1204 按钮开关	12040000	
	1205 键盘开关	12050000	
	1206 旋转开关	12060000	
	1207 直键开关	12070000	
	1208 微波开关	12080000	
	1299 其他开关	12990000	

表 13　微波元件（无源）分类与类目代码

大类	中类	代码	备注
13 微波元件	1301 功率分配器和功率合成器	13010000	
	1302 隔离器	13020000	
	1303 环行器	13030000	
	1304 衰减器	13040000	
	1305 波导及转换器	13050000	
	1306 负载	13060000	
	1399 其他微波元件	13990000	

表 14 微特电机分类与类目代码

大类	中类	小类	代码	备注
14 微特电机	1401 驱动微电机	140101 异步电动机	14010100	
		140102 同步电动机	14010200	
		140103 直流电动机	14010300	
		140199 其他驱动微电机	14019900	
	1402 控制微电机	140201 旋转变压器	14020100	
		140202 自整角机	14020200	
		140203 测速发电机	14020300	
		140204 步进电动机	14020400	
		140205 直流伺服电动机	14020500	
		140206 直流力矩电动机	14020600	
		140299 其他控制微电机	14029900	
	1499 其他微特电机		14990000	

表 15 敏感元件及传感器分类与类目代码

大类	中类	小类	细类	代码	备注
15 敏感元件及传感器	1501 敏感元件	150101 力敏元件		15010100	
		150102 光敏元件		15010200	
		150103 热敏元件		15010300	
		150104 磁敏元件		15010400	
		150105 湿敏元件		15010500	
		150106 气敏元件		15010600	
		150107 声敏元件		15010700	
		150108 压敏元件		15010800	
		150199 其他敏感元件		15019900	
	1502 传感器	150201 压力传感器	压阻式压力传感器	15020101	
			薄膜式压力传感器	15020102	
			应变片式压力传感器	15020103	
			电容式压力传感器	15020104	
			硅谐振式压力传感器	15020105	
			电位器式压力传感器	15020106	
			电感式压力传感器	15020107	
			压电式压力传感器	15020108	
			其他压力传感器	15020199	

续表

大类	中类	小类	细类	代码	备注
15 敏感元件 及传感器	1502 传敏器	150202 温度传感器	热电阻温度传感器	15020201	
			热敏电阻温度传感器	15020202	
			热电偶温度传感器	15020203	
			半导体温度传感器	15020204	
			光纤温度传感器	15020205	
			其他温度传感器	15020299	
		150203 加速度传感器	压电式加速度传感器	15020301	
			硅电容式加速度传感器	15020302	
			硅压阻式加速度传感器	15020303	
			其他加速度传感器	15020399	
		150204 液位、位移传感器	电容式液位、位移传感器	15020401	
			浮子式液位、位移传感器	15020402	
			磁致伸缩式液位、位移传感器	15020403	
			光电式液位、位移传感器	15020404	
			霍尔位移传感器	15020405	
			其他液位、位移传感器	15020499	
		150205 烧蚀传感器	应变片式烧蚀传感器	15020501	
			弹簧触点式烧蚀传感器	15020502	
			超声式烧蚀传感器	15020503	
			其他烧蚀传感器	15020599	
		150206 流量传感器	涡轮式流量传感器	15020601	
			差压式流量传感器	15020602	
			超声式流量传感器	15020603	
			其他流量传感器	15020699	
		150207 热流传感器	电堆式热流传感器	15020701	
			辐射式热流传感器	15020702	
			其他热流传感器	15020799	
		150208 噪声传感器	驻极体式噪声传感器	15020801	
			压电式噪声传感器	15020802	
			其他噪声传感器	15020899	
		150209 气体传感器	半导体式气体传感器	15020901	
			电化学式气体传感器	15020902	
			有机高分子式气体传感器	15020903	
			其他气体传感器	15020999	

续表

大类	中类	小类	细类	代码	备注
15 敏感元件 及传感器	1502 传感器	150210 湿度传感器	陶瓷式湿度传感器	15021001	
			半导体式湿度传感器	15021002	
			电解质式湿度传感器	15021003	
			其他湿度传感器	15021099	
		150211 电流传感器		15021100	
		150212 电压传感器		15021200	
		150213 振动传感器		15021300	
		150299 其他被测量传感器		15029900	

表 16　电池分类与类目代码

大类	中类	小类	代码	备注
16 电池	1601 原电池	160101 热电池	16010100	
		160102 锂电池	16010200	
		160103 锌银电池	16010300	
		160199 其他原电池	16019900	
	1602 蓄电池	160201 氢镍蓄电池	16020100	
		160202 镉镍蓄电池	16020200	
		160203 锌银蓄电池	16020300	
		160204 铅酸蓄电池	16020400	
		160205 锂离子蓄电池	16020500	
		160299 其他蓄电池	16029900	
	1603 太阳电池		16030000	
	1699 其他电池		16990000	

表 17　熔断器分类与类目代码

大类	中类	代码	备注
17 熔断器	1701 管状熔断器	17010000	限焊接式
	1702 片状(厚膜)熔断器	17020000	

表 18　电声器件分类与类目代码

大类	中类	代码	备注
18 电声器件	1801 送话器	18010000	
	1802 受话器	18020000	
	1803 送受话器组	18030000	
	1899 其他电声器件	18990000	

表 19　电线电缆分类（弱电）与类目代码

大类	中类	小类	代码	备注
19 电线电缆	1901 电线	190101 安装线	19010100	
		190199 其他电线	19019900	
	1902 电缆	190201 控制电缆	19020100	
		190202 射频电缆	19020200	
		190299 其他电缆	19029900	
	1903 电缆组件		19030000	
	1999 其他电线电缆		19990000	

表 20　光纤光缆分类与类目代码

大类	中类	代码	备注
20 光纤光缆	2001 光纤	20010000	
	2002 光缆	20020000	
	2003 光缆组件	20030000	
	2004 纤维光学互连器件	20040000	
	2099 其他光纤光缆	20990000	

附录 B

元器件生产单位静电放电防护情况点检表

检查项目		检查标准或要求	点检确认		备注
			符合要求	不符合要求	
工作台、垫	每月检查接地情况	通过焊接或铆接可靠接地			
	每年测试对地电阻	$1 \times 10^5 \sim 1 \times 10^9 \ \Omega$			
地板、地垫	每月检查接地连接情况	接地良好			
	每年检查对地电阻	$1 \times 10^4 \sim 1 \times 10^9 \ \Omega$			
防静电服	每天检查个人着装情况	符合要求			
	每月检查点对点电阻或对地电阻	$1 \times 10^5 \sim 1 \times 10^{10} \ \Omega$			
连续静电监测仪（如配置）	每天检查工作状况	按生产厂规定			
	每年检查技术性能	按生产厂规定			
静电接地系统	每月检查连续性、完整性	每个静电防护设备、设施、插座均独立接地			
	每月检查公共接地点对电源保护地电阻	具备资质第三方出具的检测报告			
	每年检查交流设备导体阻抗	具备资质第三方出具的检测报告			
	每年检查专用地线接地电阻	具备资质第三方出具的检测报告			
每次使用腕带时检查对地连接情况		$7.5 \times 10^5 \sim 3.5 \times 10^7 \ \Omega$			
进入防静电工作区（EPA）时每次检查穿着鞋、袜情况下人体对地连接情况		$7.5 \times 10^5 \sim 3.5 \times 10^7 \ \Omega$			
每半年检查工作凳、椅对地电阻		$1 \times 10^5 \sim 1 \times 10^9 \ \Omega$			
每年检查离子风机性能		具备资质第三方出具的检测报告			
每半年检查移动设备（手推车、搬运车、吊车等）表面对地电阻		$1 \times 10^5 \sim 1 \times 10^9 \ \Omega$			
每年检查周转容器表面点对点电阻		$1 \times 10^3 \sim 1 \times 10^{10} \ \Omega$			
每次交付产品时检查防静电屏蔽包装		$1 \times 10^3 \sim 1 \times 10^{10} \ \Omega$			
每年检查储存架对地电阻		$1 \times 10^5 \sim 1 \times 10^9 \ \Omega$			
连续或每日定时记录防静电工作区环境温度、相对湿度		温度 $16 \sim 28 \ ℃$ 湿度 $30\% \sim 70\%$			
防静电工作区静电源现场管理		无纸制品、塑料制品等绝缘物品			
元器件生产单位人员签字：	日期：	下厂监制、验收人员签字：		日期：	

附录 C

多媒体记录要求

C.1 多媒体记录产品范围

航天型号弹、箭、星、船上设备，地面、艇上关键测发控设备用国产陶瓷、金属封装的空封半导体集成电路、分立器件等一次集成类元器件，混合电路、微组装件、电子模块、固体继电器、晶体振荡器等二次集成类元器件，分离脱落电连接器、精密合金箔电阻器等特殊元器件应开展多媒体记录工作，相关元器件产品标志中应具备唯一编号（序列号），并与多媒体记录文件（照片、视频）一一对应。

C.2 多媒体记录相关职责

a) 型号元器件订货单位在采购合同、质保委托书中应向元器件生产单位、型号物资质量保证机构提出多媒体记录要求，并将相关具体要求传递给元器件生产单位。

b) 型号元器件质量保证机构应按元器件订货单位委托要求，组织质保人员监督元器件生产单位在下厂监制环节中做好多媒体记录工作。

c) 型号元器件生产单位应建立多媒体记录硬件能力，根据多媒体记录技术要求，结合本单位实际情况制定切实可行的多媒体记录实施方案或技术文件，在用户下厂监制时完成多媒体记录工作，形成多媒体记录文件。

C.3 多媒体记录技术要求

多媒体记录要真实反映监制产品的质量状况，记录工作要符合如下技术指标和要求。

a) 记录硬件要求

应使用数码相机和数码摄像设备进行多媒体记录。数码相机有效像素数应不小于1 000万；微距最小距离不大于5厘米。数码摄像设备不低于720 P，摄像不低于400线（摄像画面以水平方向分割后形成的扫描线）。

b) 记录像素要求

表示被拍摄物间相对关系和位置的图像，单位面积像素数应不少于200万/平方分米；表示被拍摄物形貌和细节的图像，如焊点、键合点等，单位面积像素数应不少于600万/平方分米；对有拍摄要求的细小部位图像，应采用微距进行拍摄。

c) 记录构图要求

至少要有垂直方向、四个45°倾斜方向构图的图像，遇有遮挡时，应选择合适的角度进行局部拍摄；对表示弯曲的，应选择弯曲构成的平面的垂直方向进行拍摄。

d) 拍摄参数要求

数码相机的ISO感光度值应不大于200，快门速度低于1/60秒，微距拍摄时快门速度不低于相机镜头的安全指标；应尽量不使用闪光灯，并应考虑相机的固定。

C. 4 多媒体记录存储要求

元器件生产单位应建立产品多媒体记录数据库，并形成记录台账，台账中要体现产品型号规格、质量等级、生产批次、合同编号、记录人员、记录日期等信息。多媒体记录应作为元器件产品质量证明材料之一，由元器件生产单位按档案管理相关要求妥善保存，在产品验收和质量复查时提交用户审查。

附录 D

元器件监制报告

归档编号：　　　　　　　　　　　　　　　　　　　　报告日期：

合同号			通知单号	
监制地点		监制时间	承制单位	
型号规格		质量等级	管壳批号	
监制标准		流程卡号	管壳厂家	
芯片批号		芯片设计单位	芯片生产单位	

管壳质量等级		内部元件的控制是否满足 GJB 2438 要求(适用混合电路)	
管壳入厂检验报告号		承制单位在上次监制后是否有搬迁,搬迁后是否经过生产线鉴定? 鉴定报告(证书)号	
产品设计和工艺文件编号		产品过程记录审查是否合格	
产品设计是否改变? 若改变,是否已按要求履行相关审批手续		产品工艺是否改变? 若改变,是否已按要求履行相关审批手续	
主要生产设备是否在检定合格周期内		进口芯片的入厂检验报告编号	
是否按有效版本图纸进行生产,即是否按图纸进行焊接、键合等,内部元器件、原材料型号规格及位置与图纸是否一致			
承制单位确认上述结果 （签字）		监制人确认上述结果 （签字）	

元器件监制报告（续）

归档编号：　　　　　　　　　　　　　　　　　　　　　报告日期：

<table>
<tr><td>型号规格</td><td></td><td>生产批次</td><td></td></tr>
<tr><td>监制地点</td><td></td><td>监制时间</td><td></td></tr>
</table>

<table>
<tr><td rowspan="20">产
品
监
制
情
况
记
录</td><td colspan="7">按标准检验　　只,接收　　只,拒收　　只,接收率　　　%</td></tr>
<tr><td colspan="7">（请在"□"内打"√"）　　□检验合格,同意进入下道生产工序
　　　　　　　　　　　　□检验不合格,不同意进入下道生产工序</td></tr>
<tr><td colspan="7">
<table>
<tr><td>拒收原因统计:存在问题</td><td>数量</td><td>存在问题</td><td>数量</td><td>存在问题</td><td>数量</td></tr>
<tr><td></td><td></td><td></td><td></td><td></td><td></td></tr>
<tr><td></td><td></td><td></td><td></td><td></td><td></td></tr>
<tr><td></td><td></td><td></td><td></td><td></td><td></td></tr>
</table>
</td></tr>
</table>

A 金属化缺陷
1. 划伤
2. 空洞
3. 腐蚀
4. 起皮
5. 探针划伤
6. 搭接
7.

C 划伤和芯片缺损
1. 金属化与芯片边缘之间钝化
   层有小于 0.25 mil 的可见缺损
2. 芯片缺损进入有源区
3. >3 mil 长度划伤或接近
   金属化 0.25 mil
4.

E 内引线缺损
1. 任何引线距离裸露金属化或另一
   引线或焊点小于内引线直径 2 倍
2. 由于压焊使得引线缺损大于 25%
3. 引线交叉
4.

G 管壳缺陷
1. 玻璃绝缘子缺陷
2. 管壳镀层缺陷
3. 多余物
4. 外管脚缺陷
5.

B 扩散和钝化层缺陷
1. 扩散缺陷
2. 钝化层缺陷
3. 玻璃钝化层起皮
4. 玻璃钝化覆盖压焊区>25%
5. 玻璃钝化层划伤
6.

D 压焊
1. 压焊盘在压焊区内的面积小于 75%
2. 尾丝过长
3. 重新压焊
4. 键合在多余物上
5.

F 装片及外来物
1. 粘片材料过量或延伸至芯片表面
2. 粘片材料不足
3. 芯片表面有外来物资,且不可清除
4. 表面有化学污渍
5.

H 内部元件缺陷
1. 与设计型号不符
2. 空洞、破损、划伤等机械缺陷
3. 镀层缺陷
4. 粘结缺陷
5.

元器件监制报告（续）

归档编号：　　　　　　　　　　　　　　　　　　　　报告日期：

产品监制情况记录	I 厚薄膜电阻器缺陷 1. 空洞、破损、划伤等机械缺陷 2. 与金属化引出端对准缺陷 3. 激光调阻缺陷 4.
是否存在 批次性问题	
备注	

承制单位对监制结果的意见： （签字表示同意） 　　签名：　　　年　月　日	监制人员： （签字表示同意） 　　签名：　　　年　月　日

提交验收元器件自查表

序号	型号规格	批次	质量等级	数量	合同号	备注

1. 产品贮存期自查情况

是否符合产品详细规范及相关标准要求？　满足（　）不满足（　）不适用（　）

2. 是否存在上次验收时的遗留问题？否（　）

是（　）处理情况：

3. 是否存在以往验收拒收产品再次提交的情况？　是（　）否（　）

4. 技术状态自查情况

(1) 拟提交验收产品详细规范、设计文件、工艺文件、相关作业指导书及关键设备的操作规程的内容及版本是否发生变更？否（　）

是（　）变更情况：

(2) 承制单位在上次验收后是否进行过搬迁？是（　）否（　）

　　搬迁后是否经过生产线鉴定？　　是（　）否（　）

　　关键设备是否发生故障？　　　　是（　）否（　）

　　关键设备是否在检定计量有效期内？　是（　）否（　）

5. 过程控制自查情况

(1) 关键原材料元器件自查情况

是否按要求选用，是否发生变化？　是（　）否（　）

变化情况：

是否按要求进行了入厂（所）检验？是（　）否（　）

检验结果是否合格？是（　）否（　）

(2) 产品工序流程卡、筛选流程卡、质量一致性流程卡自查情况

是否符合相关文件要求并填写完整？是（　）否（　）

检验及生产过程中是否存在返工、返修和超差放行等不一致情况？否（　）

是（　）具体情况：

(3) 不合格品控制自查情况（各元器件分别描述）

生产成品率为　％，筛选成品率为　％，质量一致性检验是否合格？是（　）否（　）

不合格品分布及分析：

备注：当阻（容）元件、继电器、电连接器产品提交验收的规格或批次较多时，可以由不少于"本表头信息项的元器件清单"作为附件替代"表头"，同时在"表头备注栏"中作指向性说明。

填表人（加盖公章）：　　　　　　　　　　　　　　　　　　　日期：

元器件监制、验收严重失效报表

编号：

元器件名称		型号规格	
生产批次		承制单位	
质量等级		监制、验收数量	
不合格数量		使用单位	
订货单位		任务承担单位	
通知单编号		任务类别	

试验技术要求	
失效现象描述	任务承担单位代表：　　　　　　　　　承制单位签章：

失效原因及机理分析情况	失效分析单位		失效分析数量	
	失效分析结论： 承制单位签章：			

处理结果	任务承担单位代表：　　　　　　　　　任务承担单位盖章：

注："任务类别"指监制或验收。

元器件验收报告

归档编号：   报告日期：

承制单位：	
承制单位联系人：	承制单位联系人电话：
需方单位：	需方单位联系人：
产品验收单位：	
验收人：	验收人联系电话：
产品名称：	产品型号： 产品批号：
质量等级：	技术条件： 合同号：
提交验收产品数量：	合格产品数量：
1. 产品贮存期情况	满足（ ） 不满足（ ） 不适用（ ）
2. 产品质量一致性（鉴定）检验样品审查情况	合格（ ） 不合格（ ）
3. 产品提交验收元器件自查表审查结果	合格（ ） 不合格（ ）
4. 监制情况审查结果	合格（ ） 不合格（ ） 不适用（ ）
5. 承制方筛选试验情况审查结果	合格（ ） 不合格（ ） 不适用（ ）
6. 质量一致性（鉴定）检验审查结果	合格（ ） 不合格（ ） 不适用（ ） 未完成（ ）
7. 内部水汽/气氛含量试验审查结果	合格（ ） 不合格（ ） 不适用（ ） 未完成（ ）
8. 交收试验情况	合格（ ） 不合格（ ）

9. 总结论
合格（ ）   不合格（ ）
合格所需条件：

说明事项 1：如果所有信息均符合要求，请在"总结论"栏内填写"合格"，否则注明产品合格所需的条件。

说明事项 2：验收人员在完成元器件验收后，针对每项每批产品，必须按要求填写本验收报告单 4 份（可以复印），将其中 1 份交承制单位留存，另外 2 份随相关验收资料封存入资料袋内，在资料袋封口处由验收人员签章。

验收人员签字（签章）   日期：

承制单位签字（签章）   日期：

附录 E

质量一致性检验组别划分的一般原则
(摘自 GJB 0.2—2001)

E.1　A 组检验

A 组检验是为证实产品是否符合规范要求而对一个检验批中的样品或生产的全部产品所进行的非破坏性试验。A 组检验用来检查那些最易受生产或生产技能变化影响的特性，以及对于达到预定要求至关重要的性能。经过 A 组检验的样品可作为产品交付。

E.2　B 组检验

B 组检验一般是比 A 组检验更复杂或需要更多试验时间的一种非破坏性试验。B 组检验用来检查那些受零部件和设备质量影响较大，而受生产工艺或生产技能影响较小的特性，以及那些要求特殊工装或特殊环境的性能。所需的受试样品数量比 A 组少，经过试验的样品稍加整修或不加整修即可作为产品交付。

E.3　C 组检验

C 组检验一般是周期性的破坏性试验，用来定期检查那些与产品设计及材料有关的特性。C 组检验通常要求模拟工作环境，所需受试样品的数量比 B 组检验少，而且与生产量或生产周期有关。经 C 组检验的样品需作较大修正后才能作为产品交付。

E.4　D 组检验

D 组检验通常是进行一种破坏性试验，或者是一种要消耗全部或相当大一部分设计使用寿命的长时间试验。D 组检验只能在少数样品上进行。受试样品数量与生产量或生产周期有关。经过 D 组检验的样品，经订购方同意，作整修后可作为产品交付。不可修复的样品不能作为产品交付。